建筑构造与识图

主　编　刘建邦　贾宝平

副主编　范伟伟　翟晓力　燕　芸

　　　　耿　楠　侯小霞　许丽丽

参　编　段霄玥　刘琴丽

北京理工大学出版社

BEIJING INSTITUTE OF TECHNOLOGY PRESS

内 容 提 要

本书力求突出高等教育的特色，将强化技能训练及实际岗位能力作为重点，采用一系列国家标准规范，内容编排上图文并茂、由浅入深，引导学生在完成任务的过程中实现知识技能的内化。本书设计了"建筑认知""建筑制图与识图基础""建筑工程图的形成原理""识读建筑工程图纸""识读构造详图""建筑工业化""工业建筑概述"七个项目，包含认知民用建筑的基本构造、制图的基本方法与步骤、分析基本形体的投影、建筑总平面图识读、墙体构造及详图识读等若干个任务。

本书可作为高等院校土木工程类相关专业的教学用书，也可作为土木工程相关工程技术人员的参考用书。

图书在版编目（CIP）数据

建筑构造与识图 / 刘建邦，贾宝平主编 . -- 北京：
北京理工大学出版社，2024.6.
ISBN 978-7-5763-4239-0

Ⅰ．TU22；TU204

中国国家版本馆 CIP 数据核字第 2024301X5Z 号

责任编辑：江　立　　　　文案编辑：江　立
责任校对：周瑞红　　　　责任印制：王美丽

出版发行 / 北京理工大学出版社有限责任公司
社　　　址 / 北京市丰台区四合庄路 6 号
邮　　　编 / 100070
电　　　话 / （010）68914026（教材售后服务热线）
　　　　　　（010）63726648（课件资源服务热线）
网　　　址 / http：//www.bitpress.com.cn
版 印 次 / 2024 年 6 月第 1 版第 1 次印刷
印　　　刷 / 河北鑫彩博图印刷有限公司
开　　　本 / 787 mm × 1092 mm　1/16
印　　　张 / 17.5
字　　　数 / 394 千字
定　　　价 / 89.00 元

党的二十大报告指出，教育是国之大计、党之大计。培养什么人、怎样培养人、为谁培养人是教育的根本问题。育人的根本在于立德。全面贯彻党的教育方针，落实立德树人根本任务，培养德智体美劳全面发展的社会主义建设者和接班人。坚持以人民为中心发展教育，加快建设高质量教育体系，发展素质教育，促进教育公平。

"建筑构造与识图"是建筑工程技术专业的一门专业核心基础课程，本课程的主要任务是帮助学生学习建筑的基本构造原理和构造方法，熟悉常用构造的适用场合、构造做法和选用要求，促进施工图识读能力的提高，培养学生运用所学知识解决实际问题的能力。为积极推进课程改革和教材建设，满足高职高专教育教学改革和发展的需要，我们根据高职高专院校建筑工程技术等相关专业的教学要求，结合各种新工艺、新标准，组织编写了本书。

本书采用项目任务式的编写体例，分为建筑认知、建筑制图与识图基础、建筑工程图的形成原理、识读建筑工程图纸、识读构造详图、建筑工业化、工业建筑概述等七大项目，以及认知民用建筑的基本构造、制图的基本方法与步骤、分析基本形体的投影、建筑总平面图识读、墙体构造及详图识读等若干个任务。本书在编写过程中，注重理论性、基础性、现代性，强化学习概念和综合思维，有助于学生知识与能力的协调发展。本书主要有如下特点：

（1）依据现行《房屋建筑制图统一标准》（GB/T 50001—2017）、《总图制图标准》（GB/T 50103—2010）、《建筑结构制图标准》（GB/T 50105—2010）等相关规范，结合高职高专院校教育教学的要求，以社会需求为基本依据，以就业为导向，以学生为主体，在内容上注重与岗位实际要求紧密结合，符合国家对技能型人才培养的要求，体现教学组织的科学性和灵活性。

（2）本书在编写时倡导先进性、注重可行性，注意淡化细节，强调对学生思维能力的培养，编写时既考虑内容的相互关联性和体系的完整性，又不拘泥于此，对部分在理论研究上有较大意义，但在实践中实施尚有困难的内容不进行深入的讨论。

FOREWORD

（3）任务设置实用。本书编写时打破传统教材体系，注重建筑构造与识图的实际训练，将建筑构造识图的学习和训练任务相结合，实现学习、任务联动，更贴近社会、贴近行业。

本课程为山西省省级职业院校线上线下混合式"金课"。为推进线上线下混合教学，本书在"智慧树"（www.zhihuishu.com）平台配套开设了"建筑构造与识图"在线开放课程，读者可通过扫描右侧的二维码或登录以下网址进行学习：https://coursehome.zhihuishu.com/courseHome/1000075386#teach Team。

本书由山西水利职业技术学院刘建邦，贾宝平，范伟伟，翟晓力，燕芸；长治职业技术学院侯小霞，许丽丽；山西铁道职业技术学院耿楠；山西省建筑设计研究院有限公司段霄玥和山西省水利水电勘测设计研究院有限公司刘琴丽共同编写完成，其中，刘建邦负责绪论和项目五的编写以及全书的统稿工作；贾宝平负责项目二的编写；范伟伟负责项目三的编写；耿楠负责项目四的编写；侯小霞和许丽丽负责项目六的编写；翟晓力负责项目七的编写；燕芸负责项目一和附图部分；段霄玥和刘琴丽编写项目五部分内容，并提供了部分案例和技术指导。

本书在编写过程中参阅了大量文献和参考资料，在此向原作者致以衷心的感谢！由于编写时间仓促，编者的经验和水平有限，书中难免有不妥和错误之处，恳请读者和专家批评指正。

编　者

CONTENTS 目录

绪论 ···················· 1
一、课程性质和作用 ··········· 1
二、课程学习目标 ············ 1
三、课程内容和学习方法 ········ 2

项目一 建筑认知 ············· 3

任务一 初识中国古代建筑 ····· 5
一、结构 ················ 5
二、组群布局 ·············· 6
三、艺术形象 ·············· 7
四、园林 ················ 7
五、城市规划 ·············· 7

任务二 知悉中国近现代建筑
技术发展及展望 ········ 10
一、近代建筑技术发展 ········· 10
二、现代建筑技术发展 ········· 11
三、建筑行业发展现状以及未来
发展趋势 ············· 14

任务三 认知民用建筑的基本
构造 ·············· 16

项目二 建筑制图与识图基础 ····· 22

任务一 常用制图工具及使用
方法 ·············· 23

任务二 工程制图标准与制图
规范 ·············· 29
一、图纸幅面和格式 ·········· 30
二、图线 ················ 32
三、字体 ················ 34
四、比例 ················ 35
五、尺寸标注 ·············· 35

任务三 制图的基本方法与
步骤 ·············· 37
一、绘图前的准备工作 ········· 37
二、绘制铅笔底稿图 ·········· 38
三、铅笔加深底稿 ··········· 38
四、墨线加深 ·············· 38

项目三 建筑工程图的形成
原理 ·············· 43

任务一 认知投影原理 ········ 44
一、投影的形成 ············ 44
二、投影的分类 ············ 45
三、投影的特征 ············ 45
四、形体的三面投影 ·········· 46

任务二 分析形体上点的投影 ···· 50
一、点的三面投影 ··········· 50
二、两点的相对位置 ·········· 51

任务三 分析形体上线的投影 ···· 52

一、投影面平行线 ·······53

二、投影面垂直线 ·······54

三、一般位置直线的投影 ·······55

任务四 分析形体上面的投影 ···57

一、投影面平行面 ·······57

二、投影面垂直面 ·······58

三、一般位置平面 ·······60

任务五 分析基本形体的投影 ···61

一、棱柱体的投影图 ·······62

二、棱锥体的投影图 ·······63

三、棱台体的投影图 ·······64

四、圆柱体的投影图 ·······65

五、圆锥体和圆台体的投影图 ···66

六、组合体的投影图 ·······67

任务六 分析正等测轴测图 ···73

一、正等测投影的形成 ·······73

二、正等测轴测投影轴的设置 ···73

三、正等测投影图的画法 ·······74

任务七 分析斜二测轴测图 ···77

一、斜二测投影图的轴间角和

轴向伸缩系数 ·······77

二、斜二测投影图的绘制步骤 ···77

项目四 识读建筑工程图纸 ·······81

任务一 建筑施工图首页图

识读 ·······82

一、施工图的产生与分类 ·······83

二、建筑施工图首页图 ·······84

三、阅读施工图的步骤 ·······87

任务二 建筑总平面图识读 ···89

一、总平面图的形成 ·······89

二、总平面图的用途 ·······90

三、总平面图的内容 ·······90

四、总平面图的图示方法 ·······92

五、建筑总平面图的识读 ·······92

六、总平面图常用图例 ·······93

任务三 建筑平面图识读 ·······99

一、建筑平面图的形成 ·······100

二、建筑平面图的作用 ·······100

三、建筑平面图的组成 ·······100

四、建筑平面图的图示方法 ·······101

五、建筑平面图的图示内容 ·······101

六、建筑平面图的有关规定 ·······102

七、建筑平面图的识读 ·······105

任务四 建筑立面图识读 ·······108

一、建筑立面图的形成 ·······109

二、建筑立面图的种类 ·······109

三、建筑立面图的用途 ·······110

四、建筑立面图的命名 ·······110

五、建筑立面图的图示内容 ·······111

六、建筑立面图的识读 ·······111

任务五 建筑剖面图识读 ·······115

一、建筑剖面图的形成 ·······115

二、建筑剖面图的用途 ·······116

三、建筑剖面图的内容 ·······116

四、建筑剖面图的识读 ·······117

项目五 识读构造详图 ·······122

任务一 基础构造及详图识读 ···124

一、基础平面图的含义 ·······124

二、基础平面图的图示内容及

读图方法 ·······126

三、基础详图的图示内容与识读

方法 ·······126

四、有关概念及基本知识⋯⋯⋯⋯127

任务二　楼地层构造及详图识读⋯⋯137
一、地坪层构造⋯⋯⋯⋯⋯⋯⋯138
二、楼板层构造⋯⋯⋯⋯⋯⋯⋯138
三、楼地面的构造⋯⋯⋯⋯⋯⋯139
四、钢筋混凝土楼板的构造⋯⋯143
五、阳台与雨篷构造⋯⋯⋯⋯⋯148

任务三　墙体构造及详图识读⋯⋯152
一、墙身节点详图含义⋯⋯⋯⋯154
二、墙身节点详图内容及识图
方法⋯⋯⋯⋯⋯⋯⋯⋯⋯⋯⋯154
三、墙身主要构造节点⋯⋯⋯⋯154

任务四　屋顶构造及详图识读⋯⋯167
一、屋顶的组成和分类⋯⋯⋯⋯167
二、屋顶排水⋯⋯⋯⋯⋯⋯⋯⋯169
三、平屋顶的构造⋯⋯⋯⋯⋯⋯170
四、坡屋顶的构造⋯⋯⋯⋯⋯⋯173

任务五　楼梯构造及详图识读⋯⋯176
一、楼梯的组成⋯⋯⋯⋯⋯⋯⋯177
二、楼梯的类型⋯⋯⋯⋯⋯⋯⋯177
三、钢筋混凝土楼梯的构造⋯⋯179
四、楼梯的细部构造⋯⋯⋯⋯⋯183
五、楼梯详图识读的要点⋯⋯⋯187

任务六　门窗构造及详图识读⋯⋯189
一、门的组成⋯⋯⋯⋯⋯⋯⋯⋯189
二、门扇的开启方式⋯⋯⋯⋯⋯190
三、窗的组成⋯⋯⋯⋯⋯⋯⋯⋯191
四、窗的开启方式⋯⋯⋯⋯⋯⋯192
五、门窗类型代号⋯⋯⋯⋯⋯⋯193
六、铝合金窗的构造⋯⋯⋯⋯⋯193
七、塑钢窗的构造⋯⋯⋯⋯⋯⋯195
八、平开门的构造⋯⋯⋯⋯⋯⋯195
九、铝合金门的构造⋯⋯⋯⋯⋯197

十、门窗详图的识读要点⋯⋯⋯198

任务七　变形缝构造及详图识读⋯⋯199
一、伸缩缝（温度缝）的构造⋯⋯200
二、沉降缝的构造⋯⋯⋯⋯⋯⋯201
三、防震缝的构造⋯⋯⋯⋯⋯⋯202

项目六　建筑工业化⋯⋯⋯⋯⋯209

任务一　认知建筑工业化⋯⋯⋯211
一、建筑工业化的内涵⋯⋯⋯⋯211
二、建筑工业化的特征⋯⋯⋯⋯212
三、实现建筑工业化的途径⋯⋯212

任务二　工业化建筑常见类型⋯⋯214
一、砌块建筑⋯⋯⋯⋯⋯⋯⋯⋯215
二、大板建筑⋯⋯⋯⋯⋯⋯⋯⋯216
三、升板建筑⋯⋯⋯⋯⋯⋯⋯⋯220
四、大模板建筑⋯⋯⋯⋯⋯⋯⋯221
五、滑模建筑⋯⋯⋯⋯⋯⋯⋯⋯222
六、框架轻板建筑⋯⋯⋯⋯⋯⋯222
七、盒子建筑⋯⋯⋯⋯⋯⋯⋯⋯226

项目七　工业建筑概述⋯⋯⋯⋯232

任务一　工业建筑的分类及特点⋯⋯232
一、工业建筑的分类⋯⋯⋯⋯⋯233
二、工业建筑的特点及设计要求⋯⋯239
三、工业建筑的安全性⋯⋯⋯⋯240

**任务二　装配式排架结构单层
工业厂房**⋯⋯⋯⋯⋯⋯⋯242
一、承重结构⋯⋯⋯⋯⋯⋯⋯⋯243
二、围护结构⋯⋯⋯⋯⋯⋯⋯⋯250
三、其他构件⋯⋯⋯⋯⋯⋯⋯⋯258

参考文献⋯⋯⋯⋯⋯⋯⋯⋯⋯⋯270

绪　论

1. 了解本课程的性质和作用。
2. 了解本课程的学习目标、课程内容和学习方法。

一、课程性质和作用

建筑是人们为了满足社会生活需要，依据美学法则建造的空间环境。根据使用性质和要求不同，建筑的形式多种多样，很难用文字来描述，只能通过工程图纸来完整地表达其形状、构造方式等。图纸是工程界的语言，是工程建设过程中工程技术人员表达设计意图、组织工程施工、完成工程预算不可缺少的重要技术资料，能够绘制和识读工程图纸是对建筑行业从业者最基本的技能要求。

本课程是研究房屋的构造组成、构造原理、构造方法和图纸识读及绘制能力的一门专业基础课程，具有非常重要的专业启蒙作用，是建筑类专业学生毕业后从事建筑工程施工、造价控制、质量管理等不同技术岗位所必须具备的基本知识和技能，也是学好后续各门专业课程的基础。

二、课程学习目标

1. 知识目标
(1)掌握建筑形体的图示原理和图示方法。
(2)掌握建筑制图国家标准和规范。
(3)掌握建筑工程图的图示内容和识读方法。
(4)掌握民用建筑构造的原理和构造做法。

2. 能力目标
能准确识读一般民用建筑施工图，用以进行造价计算或指导施工。

3. 素质目标
(1)体会我国建筑文化的内涵与传承，增强文化自信。
(2)严格按照国家建筑制图标准绘制工程图样，树立良好的遵规守纪意识。
(3)重视建筑施工安全，树立良好的安全责任意识。

（4）具有严谨细致、精益求精的工匠精神。

（5）建立团队协作意识，养成良好的沟通协调能力。

三、课程内容和学习方法

1. 主要内容

本课程主要内容包括建筑识图基础、建筑施工图识读和建筑构造三部分。

（1）建筑识图基础部分包括建筑制图标准、施工图形成原理、建筑形体的表达方法等知识。

（2）建筑施工图识读部分包括建筑工程图的图示方法、图示内容和识读方法。

（3）建筑构造部分介绍民用建筑各组成部分[基础、墙或柱、楼（地）层、楼梯、屋顶和门窗]的构造原理和构造方法，以及构造详图的识读。

2. 学习方法

本课程是一门实践性很强的专业基础课程。在学习过程中应注意以下几点：

（1）手绘是脑、眼、手、绘图工具密切配合、充分想象、缜密思维、快速反应的过程，要认识到手工绘图的重要性，培养严谨细致、精益求精的工作态度。

（2）多想、多看、多画，由易到难、由简单到复杂反复训练，理论联系实际，培养空间想象能力，提高制图识图能力。

（3）牢固掌握房屋各组成部分的常用构造方法，将对房屋各组成部分的构造方法的理解和运用反馈到建筑识图中，从而更加灵活及系统地掌握本课程的内容。紧密联系工程实践，经常参观已建和在建的房屋，在实践中验证、理解、充实所学的知识。

（4）随时了解建筑行业发展的动态，及时学习新材料、新工艺、新技术，养成自主学习的良好习惯。

（5）工程图是施工的依据，差之毫厘，谬以千里，图纸出现错误会严重影响工程进度，造成工程问题，因此在学习时，应严格遵守国家制图标准，掌握房屋构造方面的有关现行标准，培养严肃认真、一丝不苟的工作态度和耐心细致的工作作风，培养良好的职业道德和敬业精神。

视频：绪论

辉煌成就——

项目一　建筑认知

>>> **知识与能力目标**

1. 了解中国建筑体系与建筑行业的发展现状及未来发展趋势。
2. 掌握民用建筑基本组成，能列举各组成部分的名称和作用。
3. 能够进行职业生涯发展规划。

✱ **情感与价值目标**

1. 体会我国建筑文化的内涵与传承，增强文化自信。
2. 我国基建实力享誉世界，增强民族自豪感，激发爱国之情和强国之志。

阅读材料

北京"十大建筑"工地上曾经激情燃烧的岁月

"当年，我25岁，能够在青春岁月时期就参与到人民大会堂伟大工程的设计之中，至今都感到非常自豪荣幸！特别是在党的关怀、国家领导人的重视下，与老一辈建筑师们一起工作学习，这种机会弥足珍贵。"近日，作为曾经的人民大会堂建筑工程设计组专业技术员，现今88岁高龄满头银发的李国胜讲述往事时，眼睛里闪烁着奕奕神采，仿佛回到了那段激情燃烧的日子。

建筑是一座城市的标志和记忆。20世纪50年代，为了迎接中华人民共和国成立10周年，在党中央领导下，政府决定在首都建设人民大会堂、国家博物馆、全国农业展览馆、北京工人体育场等十大国庆工程，由中国本土建筑师、设计师设计，在钢筋混凝土的外表下营造出独特的美学特征，开启我国建筑设计探索的最初步伐。

建筑设计深远，兼顾中西特色

"步进万人大礼堂，使你突然地开朗舒畅了起来，好像凝立在夏夜的星空之下，周围的空气里洋溢着田野的芬芳。"这是作家冰心在《走进人民大会堂》中的形容。

只见大会堂顶棚大弧线与墙身以大圆角交接，上下浑然一体；穹窿顶中心镶嵌直径5米的五角星灯，三圈水波纹暗槽灯环绕似璀璨的围拱群星，"这种'满天星斗''水天一色'之感，来自周恩来总理的启发指点。"中国工程院院士、北京市建筑设计研究院有限公司（以下简称北京建院）顾问总建筑师马国馨介绍说。

时光刻度定格在 1958 年 8 月，在没有任何资料可以参考的情况下，亟待一份工程方案。为确保工程进展顺利，毛泽东、周恩来等党和国家领导人亲自指挥，短短三天，梁思成、杨廷宝、张开济等 30 多位建筑专家云集北京，一个多月内数百份设计方案出炉。

马国馨介绍说，对于人民大会堂的设计，北京市规划管理局设计院（现为北京市建筑设计研究院有限公司）大胆提出一个建筑面积超过原要求（7 万平方米）一倍多的设计方案。经与时任北京市副市长万里商议，周总理果断拍板：就用这个！

"时至今日，人民大会堂没有太大的变化，依然可以满足不同的功能要求和变化，60 多年来，完全适应我国这么多年的快速发展需求。"马国馨说。

据介绍，周总理当年提出"古今中外、皆为我用"的原则，创作思路兼收并蓄大屋顶模式（全国农业展览馆），不拒绝西洋古典建筑（人民大会堂）或类似苏联模式建筑（中国人民革命军事博物馆），同时包含着对新结构和新形势下的中国建筑的探讨（民族文化宫）等。

对我国建筑有重要辐射和示范作用

在如今的北京建院里，收藏着 1958—1959 年间部分北京"十大建筑"的设计图纸和资料，鲜活见证中国精英建筑师、设计师们在 10 个月内，边设计、边备料、边施工，高质量完成总面积超过 67 万平方米"十大建筑"的恢宏历程。

"十大建筑"在建设中不乏应用新技术、施工中创新突破。"1958 年，国家领导人对科技创新特别重视，在建筑中应用了很多创新技术，例如，偌大的大会堂保障温度、照明等舒适度；无论坐在大礼堂哪里都能听得见，视线上也能看到主席台。"李国胜介绍说。

此外，据北京建院副总经理、首席总建筑师邵韦平介绍，民族饭店是我国第一栋预制全装配结构、考虑抗震建筑的高层旅馆，其在国庆工程中开工最晚，但施工速度最快，开创了我国大型预制装配式结构机械化施工的先河；北京火车站全部采用钢筋混凝土框架结构，中央大厅采取当时较先进的预应力双曲扁壳屋盖成功施工。

"可以说，当时建成的十大建筑达到了专业技术的顶点，是中国建筑史上的一个创举，是建筑文化和技术发展重要的里程碑。"邵韦平表示。

如今，诞生于 20 世纪 50 年代的北京"十大建筑"仍然活跃在人们的视野和生活中。"虽然叫北京'十大建筑'，实际上其很多建筑原则对现在影响至深，如以人为本，考虑人如何使用，对我国建筑有着很重要的辐射和示范作用。"马国馨指出，而其重要意义在于，体现了在党的指引下，那个时代的建筑设计人员自力更生、艰苦奋斗、万众一心的可贵精神。

资料来源：https://baijiahao.baidu.com/s? id＝1696808269487078001&wfr＝spider&for＝pc

任务一 初识中国古代建筑

视频：建筑定义及分类

任务要求

请从结构、组群布局、艺术形象等方面对故宫进行分析。

任务资讯

我国悠久的历史创造了灿烂的古代文化，而古代建筑便是其重要的组成部分。从上古至清末，营造了许许多多传世的宫殿、陵墓、庙宇、园林、民宅，其建筑形态及营造方式远播东亚各国。中国古代建筑不仅是现代建筑设计的借鉴，而且早已产生了世界性的影响，成为举世瞩目的文化遗产。

中国古代建筑在以下方面形成了自己的特点。

一、结构

中国是一个地域辽阔的国家，经过上千年的发展，形成了丰富的建筑结构类型，其中，分布最广、数量最多的建筑结构当为木构架结构。

木构架结构的优点：取材方便，适应性强，具有"墙倒屋不塌"的抗震性能，施工速度快，便于修缮和搬迁。

木构架结构的缺点：木材资源日趋短缺，容易遭受火灾和虫害。

中国传统木构架结构形式主要分为抬梁式、穿斗式和井干式。木构架于汉代形成，于唐代发展成熟，于宋代趋于精致，并于明清时期达到高潮。木构架又被称为"大木作"。其上构件非常多，放置位置不同，名称也有所变化，主要构成部件有柱、梁、枋、檩、椽、斗拱。

(1)柱：承受上部重量的直立构件。经过长期实践，人们开始对建筑中的柱子加以处理，使其具有一定倾斜角度的侧脚和升起，这样可以使屋面呈一定坡度，既利于排水，又可使建筑更坚固。

(2)梁：承受屋顶重量的水平构件。

(3)枋：连接柱与柱之间的水平构件，主要起辅助和稳定梁柱的作用。

(4)檩：将屋面的荷载传递到枋和梁上。

(5)椽：搁置在檩上的构件，主要承受屋面的荷载。

(6)斗拱：中国传统木构架建筑中特有的构件，主要由斗、升、拱、昂组成，位于柱顶、额枋、屋檐、构架之间。斗拱在周代时主要用于承重，唐宋时基本成熟，主要用于承重和装饰，至明清时则完全用于装饰。宋朝的《营造法式》中称之为铺作，清朝的《工程做法》中称之为斗科，通常称之为斗拱(图1-1-1)。

知识拓展：传统木结构古建筑建造技艺

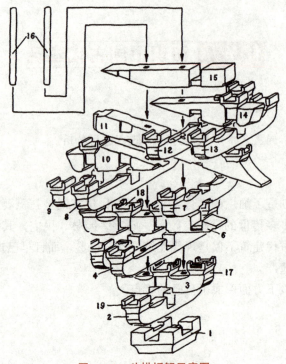

图 1-1-1　斗拱拆解示意图

1—栌斗；2—泥道拱；3—单材华拱；4、8、12—慢拱；5、7—瓜子拱；6—华头子里转、
第二阮华拱；9、13—令拱；10、14—耍头；11—下昂；15—村方头；16—昂栓；
17—交互斗；18—齐心斗；19—散斗

小贴士

中国古代的工官制度主要是掌管统治阶级的城市和建筑设计、征工、征料与施工组织管理，同时，对于总结经验、统一做法实行建筑"标准化"，也发挥一定的推进作用，如《营造法式》的编著就是工官制度的产物。

二、组群布局

从组群布局方面来看，中国建筑体系具有以下几个特点。

1. 注重群体组合

中国建筑体系中的建筑物往往不是孤立的，而是通过一定的布局规则进行组合，形成完整的建筑群。这种组合方式常常采用轴线对称布局，以一个主要的建筑为中心，其他建筑则按照轴线关系进行排列和组合。这种布局方式使整个建筑群具有强烈的秩序感和整体感。

2. 层次感和空间感强

中国建筑体系中的组群布局注重层次感和空间感的营造。每个建筑都有其特定的位置和作用，通过合理的布局和排列，形成高低错落、层次分明的建筑群。同时，通过设置庭院、天井等空间元素，使整个建筑群具有较好的空间感和通风采光性能。

3. 与自然环境相融合

中国建筑体系中的组群布局注重与自然环境的融合。在选址方面，常常考虑地形、水文等自然条件，使建筑物与自然环境相互融合、相得益彰。这种融合不仅增强了建筑物的自然美感和文化内涵，还有利于改善周围环境和小气候。

4. 注重规划性和统一性

中国建筑体系中的组群布局还注重规划性和统一性的实现。每个建筑群都有其特定的规划方案和设计原则，各个单体建筑按照统一的风格和标准进行设计与施工。这种规划性和统一性使整个建筑群具有较高的整体感和美感。

知识拓展：故宫
的建筑布局

三、艺术形象

中国古代建筑的艺术处理，经过长期努力和经验的累积，创造了丰富多彩的艺术形象，主要表现在以下几个方面。

(1)单座建筑从整个形体到各部分构件，利用木构架的组合和各构件的形状及材料本身的质感等进行艺术加工，达到建筑的功能、结构和艺术的统一。

(2)组群建筑的艺术处理，随着组群的性质与规模大小，产生各种不同的方式。

(3)中国古代建筑的室内装饰是随着起居习惯和装饰、家具的演变而逐步发生变化的。

(4)中国古代建筑的色彩，从春秋时期起，不断发展，大致到明代总结出一套完整的手法，但是随着民族和地区的不同，又有若干差别。

四、园林

中国古代园林是在统治阶级居住与游览的双重目的下发展起来的，这种园林的主要特点是因地制宜，掘池造山，布置房屋花木，并利用环境、组织借景，构成富于自然风趣的园林。所谓自然风趣是设计时将大自然的风景素材，通过概括与提炼，在园林中创造各种理想的意境，它不是单纯地模仿自然，而是自然的艺术再现。经过长期的实践，逐步形成中国独特风格的自然风景式园林。

五、城市规划

中国古代建筑体系在城市规划方面也有着独特的特点。

中国古代城市规划注重城市功能分区和布局。不同的区域有不同的功能和作用，如商业区、居民区、手工业区、官署区等都有明确的分区和布局。这种功能分区和布局方式使城市更加有序和高效。

中国古代城市规划还注重城市绿化和环境保护。在城市中设置了许多绿地和公园，同时，提倡保护自然环境和水资源，使城市具有较好的生态环境和可持续性。

总之，中国古代建筑体系在城市规划方面注重整体性和统一性、与自然环境的融合、城市功能分区和布局以及城市绿化和环境保护等特点。这些特点使中国古代城市规划既具有实用性和功能性，又具有独特的美学价值和文化内涵。

1. 结构

故宫作为中国明清两代的皇家宫殿，其建筑结构以木结构为主，具有独特的风格和特点。

在木结构方面，故宫的建筑采用了框架式结构，以木材为主要材料，通过榫卯等连接方式将各个构件连接在一起。这种结构具有较好的抗震性能和适应性，能够适应不同的地形和气候条件。

在故宫中，许多宫殿都采用了木结构，如太和殿、中和殿、保和殿等。这些宫殿的木结构都有其独特的特点。

(1)太和殿是故宫中最大的宫殿，其木结构采用了抬梁式和穿斗式相结合的方式。抬梁式木结构用于承重，穿斗式木结构用于支撑和固定。这种混合式的木结构使太和殿的建筑空间更加灵活和多样，可以根据不同的功能需求进行变化和组合。

(2)中和殿是故宫中的一座重要宫殿，其木结构采用了穿斗式和混合式相结合的方式。穿斗式木结构用于支撑和固定；混合式木结构用于承重。这种混合式的木结构使中和殿的建筑空间更加稳定和安全。

(3)保和殿是故宫中的一座主要宫殿，其木结构采用了抬梁式和混合式相结合的方式。抬梁式木结构用于承重；混合式木结构用于支撑和固定。这种混合式的木结构使保和殿的建筑空间更加宽敞和高大。

2. 组群布局

(1)故宫的组群布局以南北向为主轴线。这种布局方式使整个建筑群具有强烈的秩序感和整体感。从南向北依次为午门、太和殿、中和殿、保和殿等主要建筑，这些建筑都采用了坐北朝南的方向，以示皇权的至高无上。

(2)故宫的组群布局注重左右对称。这种对称布局使整个建筑群更加平衡和协调。以太和殿为中心，左右两侧分别设置了东、西两宫，形成了对称的建筑格局。这种对称布局也体现了中国古代的阴阳平衡思想。

(3)故宫的组群布局还注重层次感和空间感。每个宫殿都有其特定的位置和作用，通过合理的布局和排列，形成高低错落、层次分明的建筑群。同时，通过设置庭院、天井等空间元素，使整个建筑群具有较好的空间感和通风采光性能。

(4)故宫的组群布局还注重与自然环境的融合。在选址方面，常常考虑地形、水文等自然条件，使建筑物与自然环境相互融合、相得益彰。这种融合不仅增强了建筑物的自然美感和文化内涵，还有利于改善周围环境和小气候。

3. 艺术形象

(1)单座建筑的艺术处理。故宫的单座建筑非常注重艺术处理，每个宫殿都有其独特的风格和特点。以太和殿为例，太和殿是故宫中最大的宫殿，也是明清两代皇帝举行大典的地方。它的艺术处理非常精细，屋顶上铺满了黄色的琉璃瓦，并在檐口处设置了多个龙头和脊兽，使整个宫殿显得非常庄重和威严。此外，太和殿的门前还放置着两只石狮子，寓意着皇家的尊严和权威。

(2)组群建筑的艺术处理。故宫的组群建筑同样也非常注重艺术处理。组群建筑通常以一个主要建筑为中心，其他建筑则按照一定的规则和秩序进行排列与组合。以太和殿为中心的建筑群为例，太和殿的两侧分别是中和殿和保和殿，三座宫殿形成了层层递进的格局，彰显了皇帝的权威和尊严。同时，在建筑之间还设置了庭院、花园等空间元素，使整个建筑群显得错落有致，具有很强的层次感和空间感。

（3）室内装饰。故宫的室内装饰非常精美，每个宫殿的内部都充满了各种装饰品和文化艺术品。以太和殿为例，太和殿的内部装饰非常华丽，墙上挂着精美的壁画和龙凤图案，表达了皇帝的权威和神性。同时，在太和殿的内部还放置着各种文物和艺术品，如瓷器、玉器、书画等展示了中国古代文化的瑰宝。

（4）建筑色彩。故宫的建筑色彩非常鲜艳明亮，每个宫殿的色彩都有其独特的风格和特点。以太和殿为例，太和殿的屋顶上铺满了黄色的琉璃瓦，墙面上则采用了红色和金色等鲜艳的色彩，使整个宫殿显得非常华丽和庄重。此外，在故宫的建筑中还大量使用了彩绘和油漆等装饰手法，使整个建筑色彩更加丰富多样，具有很强的视觉冲击力。

【课堂任务单】

课堂任务单				
学习项目	建筑认知	班级	组别	
训练任务	任务一	姓名	日期	
请根据本任务所学，从网络上选取某一经典的中国古建筑，从结构、组群布局、艺术形象、园林、城市规划等1个或几个方面进行描述，字数不少于500字。				
小组互评				
教师指导与评价				
成绩(等级)		A/优秀	B/良好	C/中等	D/合格	E/不合格

请查阅有关资料，从现代建筑技术发展的角度对鸟巢进行分析。

中国近现代建筑体系是在中国传统文化和西方现代建筑理念相互交融的基础上形成的一种独特的建筑风格。这个时期的建筑既保留了中国传统建筑的特色，又吸收了西方现代建筑的元素和风格，形成了具有时代特色的建筑体系。

中国近现代建筑体系注重群体组合、层次感和空间感的营造、与自然环境的融合，以及规划性和统一性的实现。每个建筑群都有其特定的规划方案和设计原则，各个单体建筑按照统一的风格和标准进行设计与施工。这种规划性和统一性使整个建筑群具有较高的整体感和美感。

同时，中国近现代建筑也注重细节和装饰，在木柱、木梁、木门窗等部位都雕刻着精美的图案和纹饰，如龙、凤、云、花卉等。此外，中国近现代建筑还引入了新的建筑元素和风格，如砖石结构、钢筋混凝土结构等。这些新的建筑元素和风格与中国传统建筑相结合，形成了具有中国特色的近现代建筑风格。

一、近代建筑技术发展

从建筑类别的部分内容中，已出现近代建筑技术发展的身影。中国近代建筑技术发展非常不平衡。在广大中小城镇、农村和少数民族地区，建筑技术仍然停留在旧的生产力水平。近代新建筑技术主要集中在一些大城市，它突破了封建社会后期建筑技术迟缓发展的局面，形成了一套新技术体系和相应的施工队伍。

1. 建筑材料

近代我国建筑材料工业的基础十分薄弱。整个建筑材料工业在近代都处于风雨飘摇之中，生产能力很低，产量很不稳定，设备较差。

我国近代早期新建筑材料，大都由国外输入，国产的新建筑材料到19世纪末20世纪初才逐渐发展起来。水泥工业开始得稍早些，19世纪末就已出现，近代若干种名牌水泥产品质量很好，其细度、固性、凝结时间、拉张强度多超过英国标准。近代中国钢铁工业很不发达，所能轧制的建筑钢材很少，大型的建筑型钢多由国外进口。机制砖瓦在20世纪初期兴起，发展较快。1910年前后，全国主要城市几乎都没有机器砖瓦工厂，以上海及其附近最为发达。到1935年前后，供上海各主要工程使用的国产砖瓦品种规格已相当齐全，国内绝大部分建筑所用砖瓦已全部是国产。另外，玻璃工业也有较普遍的发展。

2. 建筑结构

我国近代建筑的主体结构，大体上经历了砖（石）木混合结构、砖（石）钢筋（钢骨）混凝土混合结构、钢和钢筋混凝土框架结构三个阶段(表1-2-1)。但由于中华人民共和国成立前的社会生产力低下,近代建筑发展受到很大局限,结构科学也得不到进一步的发展。

表1-2-1　我国近代建筑结构演进过程及主要特点

主体结构类型	出现时间	采用建筑	结构特点
砖(石)木混合结构	19世纪中期以后	早期"外廊样式"和外国古典式建筑,20世纪初期的工厂、学校、商店、住宅、办公楼	仍采用传统建筑材料,传统技术易适应,技术简单,一些大城市中的砖(石)木混合结构已可以做到较高的层数
砖(石)钢筋(钢骨)混凝土混合结构	约19世纪末20世纪初	砖石钢骨混凝土结构主要用于外国人建造的重要工程;砖石钢筋混凝土混合结构在3～4层建筑中得到广泛的运用,是中国近代多层建筑最常用的结构方式	砖石钢骨混凝土结构费钢量大;砖石钢筋混凝土混合结构以砖墙承重,楼层、楼梯、过梁、加固梁用钢筋混凝土
钢和钢筋混凝土框架结构	20世纪初出现并快速发展	多、高层建筑	以钢筋混凝土框架作为建筑的主体,结构牢固,建设时间短,建筑物的墙体不承受重力荷载

3. 建筑施工

中国传统的施工机构是各种专业性的"作";从19世纪60年代开始,为适应租界建造西式建筑的需要,一批西方营造机构陆续进入上海,近代先进的施工技术和投标制、承包制等经营方式、管理制度随之传入中国。中国人办的营造厂与外向营造厂在建筑业市场竞争中表现出强大的活力。中国近代建筑工人和建筑技术人员很快掌握了新的一整套施工工艺、施工机械、预制机械、预制构件和设备安装的技术,形成了一支庞大的、具有世界一流水平的施工队伍。

总的看来,近代建筑技术在材料品种、结构计算、施工技术、设备水平等方面,相对于封建社会的技术水平,有重大的突破和发展。但在半殖民地半封建社会条件下,并没有得到正常的发展。中国近代建筑材料工业基础十分薄弱;一些复杂的工业建筑和结构设计,还没有被中国建筑师和结构工程师普遍掌握;具备近代施工机构和技术水平的施工力量,全部集中在有限的几个大城市内;面向城乡劳动人民的建筑几乎得不到新技术的改进;新技术一直没有扩展到全国城乡,活动领域十分狭窄。这些都反映出中国近代建筑新技术发展的历史局限性。

二、现代建筑技术发展

20世纪中期以来,我国建筑设计进入现代化发展时期。我国现代建筑设计在建筑的空间、造型、材料、装饰及营造方式等方面都不同于以往盛行的传统建筑形式。

现代建筑是在欧洲现代建筑设计运动的影响下，在我国特定社会背景及地区环境下产生的新型建筑设计形式，众多因素的综合作用导致这一时期的我国现代建筑从形式及设计思想上均具有不同的类型，大致可分为新传统建筑、折中式建筑和世界建筑等设计类型。

（1）新传统建筑是指建筑基本承袭传统形制与构造法则，但材料与空间造型等方面适应现代需求。

（2）折中式建筑是指造型、材料等吸收国内外建筑的主要设计特点，在外观上不同于我国传统的建筑。

（3）世界建筑是指受世界现代建筑思潮的影响，基本脱离我国传统的建筑形制，参考世界其他国家的现代建筑设计理念进行设计。

从复古风格到现代主义，建筑设计形式风格的变化并不是突变和跳跃式的，从时序上说，现代建筑的大多数作品处于中间过渡状态，说明这一时期的我国现代主义建筑仍然处于萌芽及先锋开拓时期，而处于中间状态的现代建筑经过充分调整和发展之后，已成为我国早期现代作品的主体。

另外，建筑结构形式也逐渐步入现代化。改革开放之前，砖木结构、砖混结构一直是我国房屋建筑的主体，砖瓦在房屋建筑和房屋造价中占据非常重要的地位与比重。改革开放以后，各种新的建筑设计体系应运而生，现代建筑出现钢结构、框架结构、框架轻板材结构，以及大量采用现浇、筒体、剪力墙和复合墙体，如今更是提倡节能环保型智能建筑。

时至今日，中国传统式与西方现代式两种设计思潮的碰撞与交融在中国建筑设计的发展历程中仍在继续，将民族风格和现代元素相结合的设计作品也越来越多，有复兴传统式的建筑，即保持传统与地方建筑的基本构筑形式，并加以简化处理，突出其文化特色与形式特征；发展传统式的建筑，其设计手法更加讲究传统或地方的符号性和象征性，在结构形式上不一定遵循传统方式；也有扩展传统式的建筑，就是将传统形式从功能上扩展为现代用途，如我国建筑师吴良镛设计的北京菊儿胡同住宅群，就是结合了北京传统四合院的构造特征，并进行重叠、反复、延伸处理，使其功能和内容更符合现代生活的需要；还有重新诠释传统式的建筑，即仅将传统符号或色彩作为标志以强调建筑的文脉，类似于后现代主义建筑的某些设计手法。

总而言之，我国的建筑设计曾经灿烂辉煌，或许在将来的某一天能够重新焕发光彩，成为世界建筑设计思潮的另一种选择。

\\\ 小贴士

新旧建筑体系对比见表 1-2-2。

表 1-2-2　新旧建筑体系对比

项目	新建筑体系	旧建筑体系
概念	与近代化、城市化相联系的建筑体系，是向工业文明转型的建筑体系	原有传统建筑体系的延续，仍属于农业文明相联系的建筑体系

续表

项目	新建筑体系	旧建筑体系
形成途径	从早发现代化国家输入和引进（主要途径）；从中国原有建筑改造、转型（比重较小）	传统民间建筑活动的延续
历史地位	主流地位：是中国近代时期建筑发展的新事物，是近代中国建筑活动主流，是中国近代建筑史研究的主要内容	传统地位：是推迟转型的传统乡土建筑，虽不是近代中国建筑活动的主流，但却是中国古老建筑体系延续到近代的活化石，是近代中国留下的珍贵并应妥善保护的建筑遗产

 拓展阅读

　　库哈斯设计的 CCTV 大楼（图 1-2-1），也许是目前世界上最具有解构意味的设计作品。空中相连的双塔楼在形象上成为一个富于动感的"连续的巨环"。为了强调动感，两栋主体塔楼呈倾斜状；更引人注目的部分在于两栋塔楼之间的空中联结部分不是从各塔楼平面的几何中心处通过直线直接相连，而是经过一个巨型悬挑出去的"空中拐角"间接相连的。与此同理，两栋塔楼之间的地面连接则是经过另外一个与"空中拐角"相对应的"地面拐角"相连的。"空中拐角"的重心是悬挑在两栋塔楼的几何中心连线之外。尽管"巨环"的整体结构是均衡的不至于倾倒，但要保证巨型悬挑出去的"空中拐角"不在转折部位折断，必须采取相当的结构加固措施。这里技术的挑战归根结底是对经济的挑战。

图 1-2-1　CCTV 大楼

三、建筑行业发展现状以及未来发展趋势

从最早的古代木结构建筑，到近现代的混凝土和钢结构建筑，以及近年来开始兴起的绿色建筑和智能建筑，中国的建筑体系在适应社会发展和技术进步的同时，也展示了其独特的传统和地方特色。

近年来，中国的建筑业发展迅速，呈现出许多新的变化和趋势。

(1)总产值持续增长。根据观研报告网发布的报告，近年来建筑业总产值持续增长。2021年全国建筑业总产值达到293 079亿元，比2020年增加29 132亿元，同比增长11.04%，连续两年上升。2022年上半年，全国建筑业企业完成建筑业总产值128 979.8亿元，同比增长7.6%。这种增长主要得益于国内经济发展的持续稳定，以及建筑业企业的不断扩张和效率提升。

(2)行业竞争加剧。尽管建筑业总产值持续增长，但建筑业企业数量也在不断增加，导致行业竞争压力不断加大。截至2022年6月底，全国有施工活动的建筑业企业129 495个，同比增长12.5%，从业人数4 174.7万人，同比增长0.1%。这种竞争压力促使建筑业企业不断提升自身的技术水平和管理能力，以在激烈的市场竞争中保持领先地位。

(3)行业转型升级正在加速。随着技术的发展和市场的变化，建筑业正在发生深刻的变化。一方面，大量的行业工人正在更新换代，新一代的建筑工人正在崛起，他们有着更好的技能和更高的素质，将为建筑行业的发展注入新的活力；另一方面，随着信息技术的广泛运用，建筑行业正在加快转型升级，智能建筑和绿色建筑成为新的发展方向。

在绿色建筑方面，中国已经全面实现新建建筑节能。在"双碳"目标的背景下，中国建筑业正逐步加快绿色建筑的发展步伐。近年来，借助"浅层地热能"等先进技术手段，我国绿色建筑实现跨越式增长。这不仅有利于降低建筑能耗和减少环境污染，也为未来的可持续发展打下了坚实的基础。

总的来说，中国建筑行业的发展迅速，未来还有很大的发展空间。随着经济的发展、技术的进步以及行业竞争的加剧，建筑业将不断转型升级，迈向新的高度。同时，随着绿色建筑的推广和普及，中国的建筑业将更加注重环保和可持续发展，为未来的生态文明建设做出更大的贡献。

任务实施

鸟巢，作为中国国家体育场的象征，不仅承载着丰富的文化内涵，还是现代建筑技术发展的典范。

(1)从设计理念上，鸟巢充分体现了人文关怀。碗状座席环抱着赛场呈现收拢结构，每位观众和赛场中心点之间的视线距离都在140 m左右。这种设计使观众无论在哪个位置都能获得最佳的观赛体验。

(2)鸟巢在建筑材料和结构上展现了前沿技术。外壳采用防水气垫膜，阳光可以透过屋顶满足室内草坪的生长需要。此外，鸟巢的下层膜采用的吸声膜材料，配合钢结构上设置的吸声材料，以及场内使用的电声扩音系统，使场内语音清晰度指标指数达到了0.6。这些措施确保了观众无论在哪个位置都能听清看清比赛。

（3）鸟巢的流体力学设计为残障人士设置了 200 多个轮椅座席，为有听力障碍和视力障碍的观众提供个性化的服务。这种设计体现了对所有人的关怀和尊重，使每个人都能在观赛中感受到平等和尊严。

（4）从可持续发展的角度看，鸟巢的设计也颇具前瞻性。其采用流体力学设计模拟出 91 000 个人同时观赛的自然通风状况。这种设计理念在当时世界建筑发展史上也是独树一帜的，为 21 世纪的中国和世界建筑发展提供了历史见证。

总的来说，鸟巢以其独特的建筑设计和先进的建筑技术，完美地融合了传统与现代、人文与科技，是现代建筑技术发展的典范之一。

【课堂任务单】

课堂任务单					
学习项目	建筑认知	班级		组别	
训练任务	任务二	姓名		日期	
通过书籍或网络检索的方式，了解最新的前沿建筑技术及发展，并谈谈自己未来的职业规划，字数不少于 300 字。					
小组互评					
教师指导与评价					
成绩（等级）		A/优秀	B/良好	C/中等	D/合格	E/不合格

能够辨识出图 1-3-1 中的基本构造。

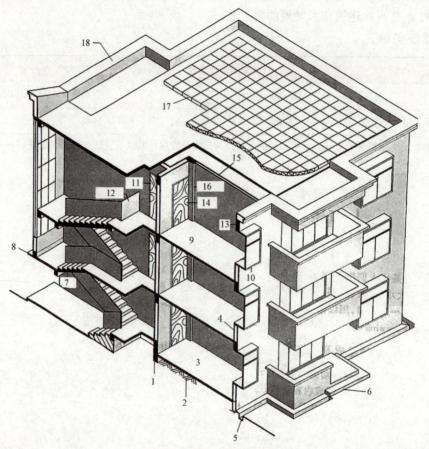

图 1-3-1 某民用建筑构造图

建筑物一般由基础、墙或柱、楼（地）层、楼梯、屋顶和门窗六大部分组成。民用建筑构造组成如图 1-3-2 所示。

1. 基础

基础是建筑物的组成部分，是埋在地下的受力构件，承受其建筑物上的所有荷载，并将这些荷载与基础自身的荷载一起传递给地基。因此，基础承重并传力，就要求基础必须坚固，具有足够的强度与耐久性，并能抵御地下各种因素的侵蚀破坏。

2. 墙或柱

墙或柱是建筑物中竖向的构件。墙是建筑物的承重、围护、分隔建筑空间的构件。作为承重构件，墙要承受屋顶和楼板层传来的荷载，并将这些荷载及自重传递给基础。作为围护构件，外墙要抵御自然界中各种不利因素的侵袭；内墙起分隔建筑物室内空间的作用。因此，要求墙体具有足够的强度与稳定性，具有保温、防水、隔声、防火等性能。

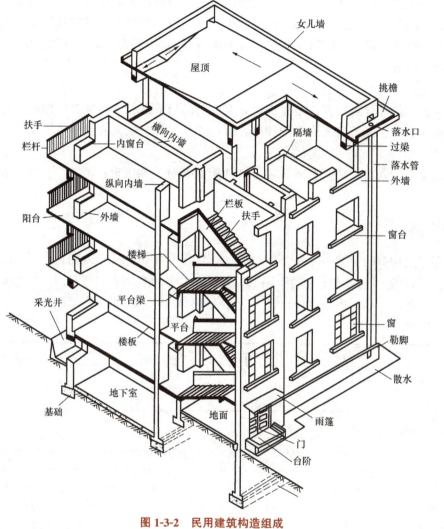

图 1-3-2 民用建筑构造组成

视频：民用建筑构造组成及基本构成要素

柱是框架或排架结构中的竖向受力构件，承重并传力，它必须具有足够的强度。

3. 楼（地）层

楼（地）层是楼板层和地坪层的统称。楼层是建筑物水平方向的承重构件，在垂直方向上将整个建筑物分成上下空间层，并承受着家具设备和人的荷载及隔墙等荷载，并将这部分荷载及自重传递给墙或柱，同时，楼层还对墙体起着水平支撑作用，增强墙或柱的稳定性，楼层必须具有足够的强度和刚度，具有隔声、防水、保温、隔热等功能。地层是底层房间与土壤相接的部分，它除承受作用在其上的所有荷载外，还要具有防潮、防水、保温、耐磨等功能。

4. 楼梯

楼梯是多层建筑中的垂直交通设施，供人们上下楼层和防火、疏散之用。因此要求楼梯具有足够的通行宽度，满足坚固耐久、防火、防滑等要求，按建筑规范规定，高层建筑还需设置电梯。

5. 屋面

屋面是建筑物最上部的围护和承重构件。屋面作为承重构件，要承受自然界的活荷载（风荷载、雪荷载、积灰荷载、上人荷载等）、恒荷载（构件自身的重量），并将其传递给墙或柱；作为围护构件屋面，还应具有抵御自然界各种因素（防雨雪侵袭、太阳辐射、保温、隔热等）对顶层房间屋面的影响。

6. 门窗

门窗是建筑物的围护和分隔构件，是建筑物立面造型的组成部分。门主要用作内外交通联系及分隔房间，有时也兼有采光通风的作用。窗主要是采光、通风和眺望的作用，也起围护和分隔作用。

在建筑物中，除上述六大组成部分外，还有其他附属部分，如阳台、雨篷、台阶、散水等。

任务实施

任务所示民用建筑构造图中的构件分别是 1—基础梁；2—回填土；3—地面；4—外墙；5—排水沟；6—室外台阶；7—楼梯；8—雨篷；9—楼面；10—窗台板；11—户门；12—安全板；13—梁；14—房门；15—内墙；16—柱；17—隔热层；18—女儿墙。

【课堂任务单】

课堂任务单					
学习项目	建筑认知	班级		组别	
训练任务	任务三	姓名		日期	
请回答以下民用建筑构造的作用。 1. 基础： 2. 墙或柱： 3. 楼（地）层： 4. 楼梯： 5. 屋面： 6. 门窗：					
小组互评					
教师指导与评价					
成绩（等级）		A/优秀	B/良好	C/中等	D/合格	E/不合格

智能技术让高铁站房"绿意盎然"

只需 45 s，屋面 420 扇玻璃天窗就能一键开启，并随着光照、风力、降雨及室内外温差自动选择开闭角度。

近日，新建厦门北站公交枢纽站完成主体结构封顶，其建筑面积约为 1 400 m² 的天窗也施工调试成功，标志着国内站房面积最大的侧悬式模块化滑移启闭感应智能天窗建成。根据厦门地区以往的天气计算，运用这项智能天窗技术，预计每年可减少约 40 天的通风系统运转，相当于每年减少 14.13 t 二氧化碳排放。

党的二十大报告指出，推动能源清洁低碳高效利用，推进工业、建筑、交通等领域清洁低碳转型。"为响应国家'碳达峰''碳中和'的战略目标，在新建厦门高铁站房项目中，探索了多项感应式智能天窗、太阳能光纤照明等绿色新技术应用，让高铁站房建设不断变'绿'。"中铁建设集团有限公司新建厦门北站项目负责人耿彬说。

绿色设计降低站房能耗

新建厦门北站位于既有厦门北站北侧，是国内首条跨海高铁福厦铁路全线技术难度最大的站房，也是福建省内规模最大的换乘中心，建筑面积为 25 万 m²。

新建厦门北站采用了多项绿色设计降低能耗。

正上方屋面采用感应式智能天窗设计。整个天窗呈人字形，高差 2.6 m，由 420 个单重 180 kg 的工厂预制化模块构成。分布在天窗四周的风雨感应器，可根据每天实时监测的光照强度、风力大小、降雨及室内外温差等数据，自动开合天窗及窗帘，为旅客营造舒适的换乘环境，同时实现节能降耗。

这块智能天窗十分"聪明"。"不仅能实现传统的联动，还可以自定义调整天窗的开合角度、开合时间及窗帘的覆盖面积。"中铁建设集团有限公司天窗施工负责人潘峰潭说。

得益于预制化技术，施工现场仅用 15 天就完成了安装，极大地提高了施工效率。

新建厦门北站屋面设计安装的是智能光纤照明系统，面积达 7 000 m²，居全国之首。

"智能光纤系统宛如向日葵。"耿彬说。原来，整个智能光纤系统的光纤长度超过 10 万 m，并可以通过采光机每天自动精准追踪太阳方位。耿彬介绍说，该系统一次光能利用率最高可达 80%，较国外同类型产品提升 120%，全年可节约用电约 40 000 kW·h。

安全监管装上智慧"大脑"

新建厦门北站中轴线正下方，是运营中的厦门地铁 1 号线。站房基础底部距地铁隧道仅 3 m，重合长度达 250 m。地铁 1 号线每天往返运营 300 余次，一旦施工有误，将对地铁运营造成极大的安全隐患。

面对地铁保护、复杂钢结构等安全施工难题，建设团队遵循"守底线、补缺陷、除隐患、防风险"的安全专项整治行动目标，全面应用智慧监测手段，确保工程建设安全可控。

　　"我们在地铁隧道内布置了 83 个监测点位，实时监测地铁结构位移、沉降等各项参数，保证施工安全。"耿彬说，通过自动地铁监测，团队把看不见的地下情况以数字化的方式直观呈现到地面终端系统，科学指导安全施工。

　　智慧监测手段无处不在。

　　新建厦门北站站房钢屋盖南北跨度约 267 m，东西跨度约 143 m，由 22 705 根杆件拼接而成，拼接截面约 54 222 个，屋盖最高点与最低点相差 24 m，总重量 7 423 t。

　　"金属杆件看似坚不可摧，但在施工过程中由于受力、温度等条件的变化，杆件内部会自发产生应力形变，凭肉眼难以分辨，存在安全隐患。"耿彬说。

　　为保证工程复杂钢结构时时处于健康状态，项目团队研发了钢结构健康监测系统，对钢结构在安装过程、整体提升和卸载后的受力状态进行全面"体检"。

　　"安装在钢构件上的 136 个阵列传感器，可实现每秒 30 次高频采集，实时感知钢结构施工全过程的应力、挠度、位移和温度变化等状态，并将数据传至计算机、手机等系统终端。"耿彬说，钢结构健康监测系统提供的预警功能，让施工管理人员一目了然。

　　此外，施工现场还安装了 AI 全景机器人转动"鹰眼"，对施工现场进行 360°巡检，小到不扣戴安全帽等不安全行为都能一一捕捉，全方位确保了安全监管无漏洞。

智能设备助力高效施工

　　工期紧张，如何构建高效建造体系？"我们通过引进各类智能化生产设备、建立智慧管理平台等多种措施，持续提升施工效率。"耿彬说。

　　在基础和主体施工阶段，项目部搭建了数控钢筋加工中心。通过引进数控调直弯箍一体机、自动码垛机器人、数控钢筋笼滚焊机、智能锯切套丝机等 15 种智能钢筋加工设备，每天可加工钢筋 300 余吨。"只需在系统上输入所需钢筋的参数，便能一键下发指令到对应的智能设备，做到按需定制。"耿彬说，通过智能化、产业化生产，在大幅减少人工投入的同时，日均产能提高了 30%，钢筋用量也节省了 9%。

　　混凝土浇筑凝固前的刮平工序，俗称"收面"。项目部摒弃了传统的人工收面，改用自动收面机器人，通过遥控和提前进行 AI 设定，机器人自动找平收面，从过去的 10 mm 优化到 4 mm 内，施工效率提升了 2 倍。

　　在钢结构施工中，为保证结构稳定性，焊缝表面绝不能出现裂纹、焊瘤等缺陷。以往，部分超壁厚钢构件，仅焊接一条焊缝就要耗时 40 个小时，需安排多名焊工倒班轮换不停歇工作。项目技术团队探索应用智能焊接机器人替代人工进行焊接。

　　"焊接机器人自带的摄像头与智能芯片，将焊接深度和焊接路线的调整精确至毫米级别，避免了人工焊接时手抖、注意力不集中等影响焊接质量的问题。"耿彬说，相对比人工焊接，机器人焊接时长缩短了 3 倍，焊接质量提升了 2 倍，且焊缝 100%一次性通过 UT 超声无损探伤。

围绕提升现场机械施工工效的问题，项目技术团队建立了机械物联网管理平台。现场上百台大型施工机械均安装了智能监测芯片，每台机械每天的作业情况都被精准传输至该平台进行计算分析，帮助项目管理人员及时调整闲置或工作效率低下的机械。

　　"智能设备、智能平台的应用，让我们实现了工序的高效推进，最终工程主体结构提前15天封顶，钢结构提前23天合拢，金属屋面提前16天封闭。"耿彬说。

　　新建厦门北站施工建设已进入最后的百日冲刺关键时期，预计5月底将完成装饰装修工作。新建厦门北站总体规模将达到13台27线，建成运营后，年旅客发送量达5 000万人次，将串联起福州、厦门"一小时生活圈"和厦漳泉"半小时交通圈"，形成一条黄金旅游带，进一步促进福建沿海城市群快速发展。

　　资料来源：https://baijiahao.baidu.com/s? id＝1763024069390013202&wfr＝spider&for＝pc

视频：影响建筑构造
因素、建筑的等级

项目二　建筑制图与识图基础

知识与能力目标

1. 掌握制图工具的使用方法。
2. 能运用国家制图标准绘制工程图样。
3. 熟悉房屋建筑制图相关规定。
4. 掌握制图的基本方法与步骤，能按照制图标准绘图。
5. 能够正确使用制图工具依据房屋建筑制图标准绘图。

情感与价值目标

1. 失之毫厘，谬以千里，养成严谨细致的工作态度。
2. 做人有分寸、做事有尺度，养成遵规守纪的行为习惯。
3. 养成认真细致、求真务实的工作作风。
4. 养成坚忍、理性、科学严谨的工作态度。

阅读材料

1 000 多个日夜活化"功夫熊猫"

暑期来临，北京环球影城主题公园持续"升温"。炎炎夏日，园区内唯一的全室内景区——"功夫熊猫盖世之地"让人倍感清凉。更吸引人的是，这里汇集了各种中国元素，八方来客步入其中，仿佛穿越电影银幕，走入熊猫阿宝和朋友们生活的和平山谷。

竹林、木质牌楼烘托出浓浓的武侠氛围，白墙灰砖、红色灯笼、小桥流水更让人"一秒入戏"……"这里虽然没有变形金刚火种源争夺战、飞越侏罗纪那么惊险刺激，但场景布置全是细节，值得全家一起慢慢体验。"市民韩德鑫已经带孩子玩了好几次，家里的冰箱上就贴着一张在"功夫熊猫"景区拍摄的合影。

鲜为人知的是，北京环球影城主题公园一开始确定的主题 IP 是没有"功夫熊猫"的。"当时，缺乏中国元素是一个遗憾。"北京市建筑设计研究院有限公司第一设计院副院长张庆利说，在北京环球影城主题公园的建设过程中，他和同事们配合美国创意团队共同完成了"功夫熊猫"景区的创意及深化设计。

2016 年，张庆利开始参与北京环球影城主题公园的规划设计和建设工作，负责全园区的总体规划，以及"功夫熊猫"和"未来水世界"两个景区的设计及工程协调。一开始，项目由外方设计团队负责全部设计，国内设计院只负责翻译和本地化咨询。"我们一直在关注、学习环球团队的相关经验和设计方法，暗暗憋着一股劲儿，要做中国人自己的创意。"张庆利说。

然而，设计中国元素IP的主题项目，没有任何可参考的先例。为了做好设计，张庆利带领团队，配合业主做了大量中国IP的梳理和调研。

经过中外双方多轮谈判，"功夫熊猫"入驻北京环球影城一事终于敲定。双方决定将标段三原有项目改成"功夫熊猫"景区——这也是环球影城在世界范围内首个功夫熊猫主题景区。

大家欣喜之际，也清楚地意识到真正的困难来了：标段三原有项目已进入施工图设计阶段，此时全部推翻、重新开始设计，势必影响整体进度。困难面前，张庆利和同事们没有畏惧，大家全面接手主题设计以及主题照明、音视频、特效等原来由外方负责的全部设计。

这还没完，他们还要同美方创意总监一起，深挖电影的故事线和场景，寻找符合大众精神体验的源头，从一砖一瓦到每个场景，从一帧一帧的影片到声光电结合的效果，从天马行空的构思到付诸施工的图纸，不断进行探讨改进，不断创新。

张庆利和团队运用技术云，实现全球38家设计公司在一个平台、一个模型上协同工作，所有设计细节都变得更加直观，大大提高了设计建造的精确度。

"景区里看不到一根电线、一根水管，是因为在设计阶段，我们把所有的机电管线全都精准地布置到了隐藏部位。"作为项目设计总负责人，张庆利统筹协调各个专业，落细落实图纸。"功夫熊猫"景区3万多平方米建筑面积的设计图纸，总共有14 000多张，要装满2辆卡车才能运走，可见其复杂程度。

坚持1 000多个日日夜夜，痛并快乐着。当北京环球影城主题公园盛大开园后，张庆利再次走进熊猫大侠的山谷，心潮澎湃。"这是以世界眼光看到的中国，这是一个有关中国文化自信的故事，我为我的团队骄傲。"张庆利说。

资料来源：https://baijiahao.baidu.com/s? id=17718093935918841638&wfr=spider&for=pc

任务一 常用制图工具及使用方法

任务要求

如图 2-1-1 所示，使用常用制图工具，过圆外一点 A，向圆 O 作切线。

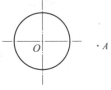

图 2-1-1 已知图形

视频：建筑工程制图发展

任务资讯

为了保证绘图质量，提高绘图的准确度和效率，必须了解各种绘图工具和仪器的特点，掌握其使用方法。常用的绘图工具有图板、丁字尺、三角板、圆规和分规、绘图笔、曲线板和建筑模板等。

1. 图板

图板是用来铺放、固定图纸的。板面要求平整光滑，图板四周镶有硬木边框，图板的工作边要保持平直，它的左右边是丁字尺的导边。在图板上固定图纸时，要用胶带纸贴在图纸的四角上，图纸下方要留有放丁字尺的位置，如图 2-1-2 所示。

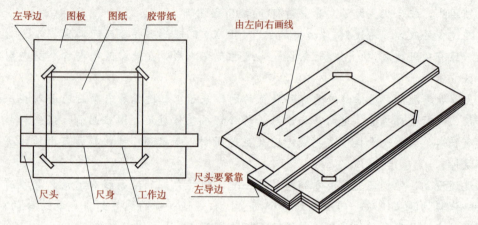

图 2-1-2　图板与丁字尺

2. 丁字尺

丁字尺主要用于画水平线，它由尺头和尺身两部分组成。使用时，左手握紧尺头，使尺头紧靠图板左边缘，不要有缝隙。画图时，握住尺头沿图板的左边缘上下滑动到需要画线的位置，自左向右画水平线，应注意尺头不能靠图板的其他边缘滑动画线。丁字尺的使用方法如图 2-1-3 所示。

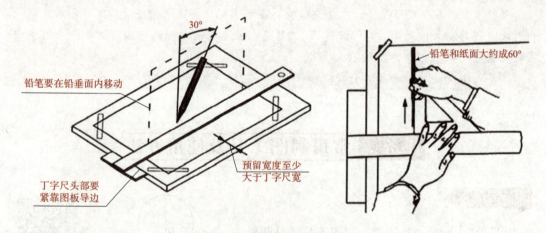

图 2-1-3　丁字尺的使用方法

3. 三角板

三角板主要与丁字尺配合绘制各种方向的直线。画垂线时应使丁字尺尺头紧靠图板工作边，三角板一边紧靠丁字尺，由下向上画线。其他线条的绘制方向如图 2-1-4 所示。

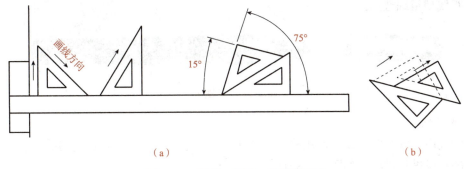

（a） （b）

图 2-1-4　垂线、与任一角度平行线

⧹⧹⧹ 小贴士

用一副三角板和丁字尺配合，可画出与水平线成 15°及其倍数（30°、45°、60°、75°）角的斜线，如图 2-1-5 所示。

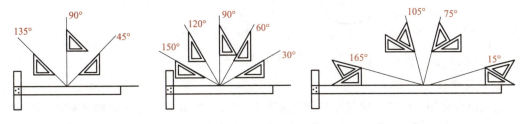

图 2-1-5　斜线的画法

4. 圆规和分规

圆规主要用来画圆及圆弧（图 2-1-6）。一般圆规附有铅芯插腿、钢针插腿、直线笔插腿和延伸杆等。在画图时，应使针尖固定在圆心上，尽量不使圆心扩大，应使圆心插腿与针尖大致等长，在一般情况下画圆或圆弧，应使圆规按顺时针方向转动，并稍向画线方向倾斜，在画较大圆或圆弧时，应使圆规的两条腿都垂直于纸面。分规与圆规类似，只是两腿均装有钢针，既可以用它量取线段长度，也可用于等分直线段或圆弧。分规的两针合拢时应对齐。

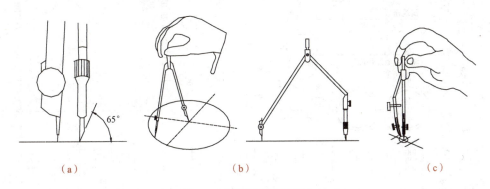

（a） （b） （c）

图 2-1-6　圆规的使用方法

5. 绘图笔

绘图笔头部装有带通针的针管，能吸存碳素墨水，使用较方便（图 2-1-7）。绘图笔分不同粗细型号，可绘制出不同粗细的图线，笔尖的管径从 0.1 mm 到 1.2 mm 不等，有多种规格，可视线型粗细选用。

图 2-1-7　绘图笔

6. 曲线板

曲线板用来画非圆曲线。使用时应根据曲线的弯曲趋势，从曲线板上选取与所画曲线相吻合的一段进行描绘，如图 2-1-8 所示。

图 2-1-8　曲线板

7. 建筑模板

建筑模板常用来画各种建筑标准图例和常用符号，模板上刻有用来画各种不同图例或符号的孔，其大小符合比例，如柱、墙、门的开启线等，用建筑模板制图能提高绘图的速度和质量，如图 2-1-9 所示。

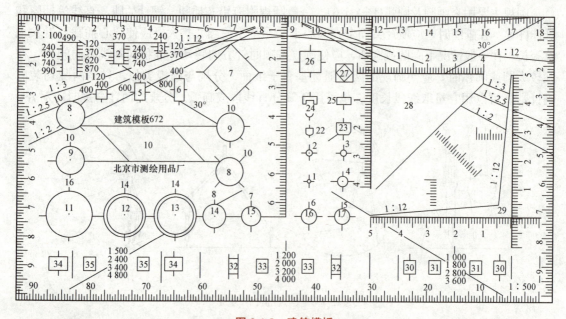

图 2-1-9　建筑模板

8. 擦图片

擦图片由薄金属片制成，其上刻有各种形状的槽孔，用来修改图线。使用时可选择擦图片上合适的槽孔，盖在铅笔画错的图线上，再用橡皮擦拭，避免擦坏其他部分的图线，如图 2-1-10 所示。

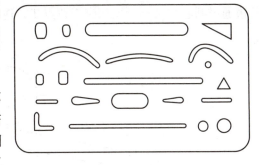

图 2-1-10　擦图片

9. 比例尺

建筑物的实际形体比图纸大得多。图形不可能也没有必要按实际尺寸画出，应根据实际需要和图纸大小选择适用的比例将图形缩小。比例尺就是直接用来放大或缩小图线长度的度量工具，利用比例尺可减少计算从而提高绘图的效率和准确性。如图 2-1-11(a)所示为三棱柱比例尺，尺面共有 6 种不同比例，分别为 1∶100、1∶200、1∶300、1∶400、1∶500、1∶600。也有直尺比例尺[图 2-1-11(b)]，它有一行刻度三行数字，表示三种不同的比例，分别为 1∶100、1∶200、1∶500。比例尺用于量度相应比例尺寸，不能用于画线。

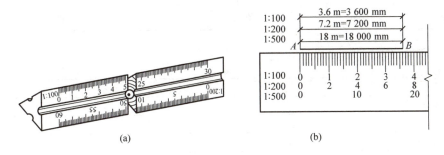

图 2-1-11　比例尺
(a)三棱柱比例尺；(b)直尺比例尺

10. 绘图铅笔

绘图时使用铅笔，其铅芯硬度用 H、B、HB 表示。H 表示硬芯铅笔，用于画底稿；B 表示软芯铅笔，用于加深图线；HB 表示中等软硬铅笔，用于注写文字及加深图线等。

\\\\ 小贴士

用铅笔画线时应注意轻重适当、粗细均匀，并应注意线的交接准确，如图 2-1-12 所示。

(a)　　　　　　(b)　　　　　　(c)　　　　　　(d)

图 2-1-12　线的交接
(a)正确；(b)错误；(c)错误；(d)粗线用细实线压边

任务实施

可以采用以下步骤，实现任务要求：首先将三角板的一个直角边过 A 点并且与圆 O 相切，再使用丁字尺(或另一块三角板)将三角板的斜边靠紧，然后移动三角板，使其另一直

角边通过圆心 O 并与圆周相交于切点 T，连接 AT 即所求切线，如图 2-1-13 所示。

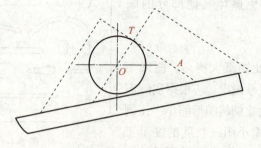

图 2-1-13　作图

【课堂任务单】

课堂任务单一					
学习项目	建筑制图与识图基础	班级		组别	
训练任务	任务一	姓名		日期	

请回答下列常用制图工具的使用方法。

1. 图板：_____
_____

2. 丁字尺：_____
_____

3. 三角板：_____
_____

4. 圆规和分规：_____
_____

5. 绘图笔：_____
_____

6. 曲线板：_____
_____

7. 建筑模板：_____
_____

8. 擦图片：_____
_____

9. 比例尺：_____
_____

10. 绘图铅笔：_____
_____

小组互评	
教师指导 与评价	

成绩(等级)		A/优秀	B/良好	C/中等	D/合格	E/不合格

课堂任务单二					
学习项目	建筑制图与识图基础	班级		组别	
训练任务	任务一	姓名		日期	

在规定时间内完成下列图形的抄绘。

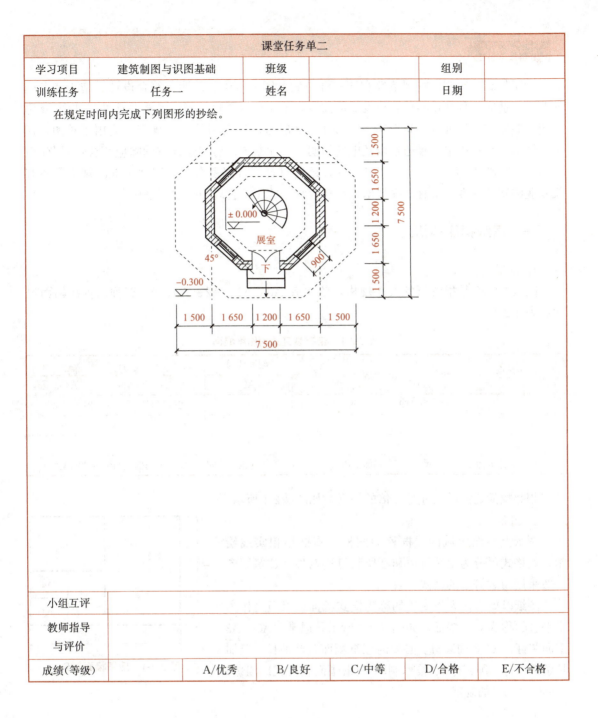

小组互评					
教师指导 与评价					
成绩(等级)		A/优秀	B/良好	C/中等	D/合格	E/不合格

任务二 工程制图标准与制图规范

任务要求

已知某尺寸线段从左至右分别为 800、2 500、700、500、1 500、200、200、3 000、400，请作图标注。

为了提高建筑制图的规范性和统一性，做到图面清晰、简明，符合设计、施工和存档的要求，适应工程建设与信息化发展的需要，国家制定了建筑制图的相关标准。其中，《房屋建筑制图统一标准》(GB/T 50001—2017)是房屋建筑制图的基本规定，适用于总图、建筑、结构、给水排水、暖通空调及电气照明等专业制图。房屋建筑制图除应符合《房屋建筑制图统一标准》(GB/T 50001—2017)外，还应符合现行国家有关强制性标准的规定及各有关专业的制图标准，所有工程技术人员在设计、施工、管理中必须严格执行。

一、图纸幅面和格式

1. 图幅

图纸的幅面是指图纸的大小规格，依次有 A0、A1、A2、A3、A4 五种。各种幅面尺寸见表 2-2-1。

表 2-2-1　带有装订边的图纸幅面　　　　　　　　　　　　　　　　mm

尺寸代号	幅面代号				
	A0	A1	A2	A3	A4
$b×l$	841×1 189	594×841	420×594	297×420	210×297
c	10			5	
a	25				

注：表中 b 为幅面短边尺寸，l 为幅面长边尺寸，c 为图框线与幅面线间宽度，a 为图框线与装订边间宽度

相邻幅面之间的尺寸是 2 倍的关系，如图 2-2-1 所示。

2. 图框

图纸上绘图区域的线框称为图框。图框用粗实线绘制，其格式可分为留装订边和不留装订边两种。建筑制图一般采用留装订边的格式。

图纸以短边作为竖直边的称为横式幅面；以短边作为水平边的称为立式幅面，如图 2-2-2 所示。通常，A0～A3 横向装订，A4 竖向装订。必要时图纸幅面允许加长，但加长量必须符合国家标准《技术制图 图纸幅面和格式》(GB/T 14689—2008)的规定。

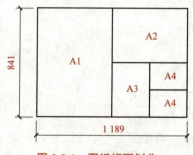

图 2-2-1　图纸幅面划分

3. 标题栏

标题栏绘制在图框右下角，如图 2-2-3 所示，用来填写图名、制图人、设计单位、图纸编号、比例等内容。标题栏的尺寸、格式和分区可以根据工程需要确定。在校学生绘图作业中，建议采用图 2-2-4 所示的格式。

4. 会签栏

会签栏应按图 2-2-5 所示的格式绘制，其尺寸应为 100 mm×20 mm，栏内应填写会签人员所代表的专业、姓名、日期(年、月、日)，一个会签栏不够时，可另加一个，两个会签栏应并列，不需要会签的图纸可不设会签栏。

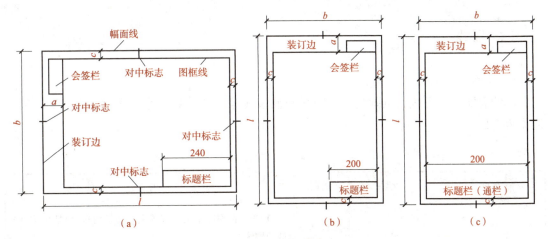

图 2-2-2　图纸格式

（a）A0～A3 横式幅面；（b）A0～A3 立式幅面；（c）A4 立式幅面

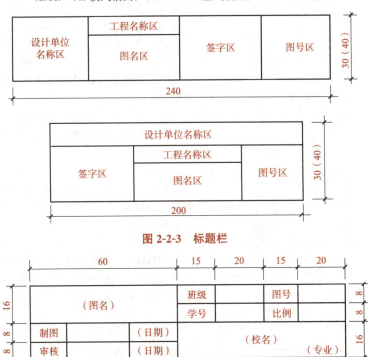

图 2-2-3　标题栏

图 2-2-4　学校制图作业标题栏格式

图 2-2-5　会签栏

二、图线

1. 线型

图线有实线、虚线、点画线、折断线和波浪线等，图线的名称、线型、线宽及一般用途见表 2-2-2。

表 2-2-2　各类线型的规格及用途

名称	线型	线宽	用途
粗实线	——	b	(1)平、剖面图中被剖切的主要建筑构造（包括构配件）的轮廓线 (2)建筑立面图或室内立面图的外轮廓线 (3)建筑构配件详图中被剖切的主要部分的轮廓线 (4)建筑构配件详图中的外轮廓线 (5)平、立、剖面图的剖切符号
中实线	——	$0.5b$	(1)平、剖面图中被剖切的次要建筑构造（包括构配件）的轮廓线 (2)建筑平、立、剖面图中建筑构配件的轮廓线 (3)建筑构造详图及建筑构配件详图中的一般轮廓线 (4)尺寸起止符号
细实线	——	$0.25b$	小于 $0.5b$ 的图形线、尺寸线、尺寸界线、图例线、索引符号、标高符号、详图材料做法引出线、较小图形的中心线等
中虚线	------	$0.5b$	(1)建筑构造详图及建筑构配件不可见的轮廓线 (2)平面图中的起重机（吊车）轮廓线 (3)拟扩建的建筑物轮廓线
细虚线	------	$0.25b$	图例线、小于 $0.5b$ 的不可见轮廓线
粗单点长画线	—·—·—	b	起重机（吊车）轨道线
细单点长画线	—·—·—	$0.25b$	中心线、对称线、定位轴线
折断线	—／\—	$0.25b$	不需画全的断形接线
波浪线	～～～	$0.25b$	不需画全的断开接线 构造层次的断开接线

2. 线宽

图线的基本线宽 b 宜按照图纸比例及图纸性质从 1.4 mm、1.0 mm、0.7 mm、0.5 mm 线宽系列中选取。每个图样应根据复杂程度与比例大小，先选定基本线宽 b，再选用表 2-2-3 中相应的线宽组。

表 2-2-3　线宽粗 mm

线宽比	线宽粗			
b	1.4	1.0	0.7	0.5
$0.7b$	1.0	0.7	0.5	0.35
$0.5b$	0.7	0.5	0.35	0.25
$0.25b$	0.35	0.25	0.18	0.13

注：1. 需要缩微的图纸，不宜采用 0.18 mm 及更细的线宽。

2. 同一张图纸内，各不同线宽中的细线，可统一采用较细的线宽组的细线

图纸的图框和标题栏线可采用表 2-2-4 的线宽。

表 2-2-4　图框和标题栏线的宽度　mm

幅面代号	图框线	标题栏外框线对中标志	标题栏分格线幅面线
A0、A1	b	$0.5b$	$0.25b$
A2、A3、A4	b	$0.7b$	$0.35b$

3. 图线的画法

（1）同一图样中，同类图线的宽度应基本一致。虚线、点画线及双点画线的线段长度和间隔应各自大致相等。

（2）相互平行的图线，其间隙不宜小于其中粗线的宽度，且不宜小于 0.7 mm。

（3）绘制图形的对称中心线、轴线时，其点画线应超出图形轮廓线外 3～5 mm，且点画线的首末两端不应是点。

（4）在较小的图形上绘制点画线、双点画线有困难时，可用细实线代替。

（5）虚线、点画线、双点画线自身相交或与其他任何图线相交时，都应是线段相交。

（6）图线不得与文字、数字或符号重叠、混淆，不可避免时，应首先保证文字等的清晰。

图线的画法示例如图 2-2-6 所示。

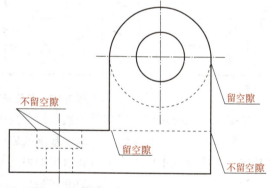

不留空隙　留空隙　留空隙　不留空隙

图 2-2-6　图线画法示例

 拓展阅读

建筑工程图纸的作用

图纸是工程界的语言，是思维和实物的连接点。有了图纸，才有施工和造价的依据，也使设计人员的构思变成生动的实体。因此，建筑图样是表达设计意图、交流技术思想的重要工具，是生产施工中的重要文件。设计人员根据甲方要求用图纸来表达设计意图，施工人员熟悉图纸、理解图纸并依图施工和控制造价。

从工程施工过程来看，图纸是审批建筑工程项目的依据；在生产施工中，它是备料

和施工的依据；当工程竣工时，它是进行质量检查和验收并以此评价工程质量优劣的依据；建筑工程图还是编制工程概算、预算和决算及审核工程造价的依据；建筑工程图是具有法律效力的技术文件，当业主和施工单位发生争议时，建筑工程图是技术仲裁或法律裁决的重要依据。

三、字体

工程图中文字、数字和符号等应字体工整、笔画清晰、间隔均匀、排列整齐。

字体的高度宜选用 3.5 mm、5 mm、7 mm、10 mm、14 mm、20 mm 等系列。图样及说明中的汉字宜采用长仿宋体，宽度与高度的关系应符合表 2-2-5 的规定。书写要领为横平竖直、起落分明、笔锋满格、结构匀称。其书写的基本笔画如图 2-2-7 所示。

表 2-2-5　长仿宋字高度关系　　　　　　　　　　　　　　mm

字高	20	14	10	7	5	3.5
字宽	14	10	7	5	3.5	2.5

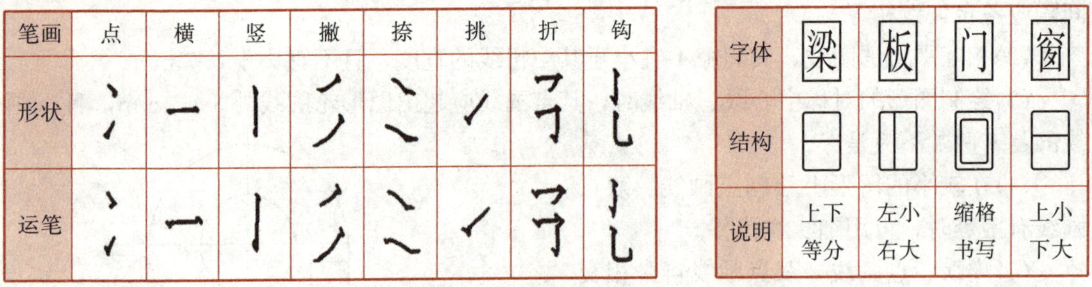

笔画	点	横	竖	撇	捺	挑	折	钩
形状								
运笔								

字体	梁	板	门	窗
结构				
说明	上下等分	左小右大	缩格书写	上小下大

图 2-2-7　长仿宋字的基本笔画

拉丁字母、阿拉伯数字和罗马数字的字高应不小于 2.5 mm。字母和数字可写成斜体或直体，斜体字字头向右倾斜，与水平基准线成 75°夹角。与汉字并排书写时，宜写成直字体且其字高应比汉字小一号。字母和数字的写法如图 2-2-8 所示。

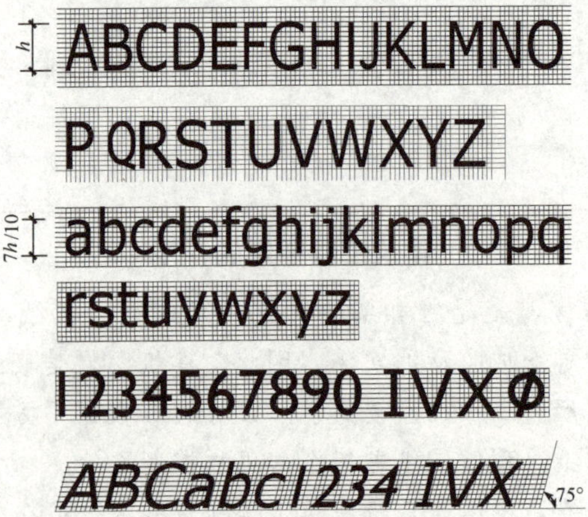

ABCDEFGHIJKLMNO
PQRSTUVWXYZ
abcdefghijklmnopq
rstuvwxyz
1234567890 IVXØ
ABCabc1234 IVX 75°

图 2-2-8　字母和数字的写法

四、比例

图样的比例是图形与实物相应的线性尺寸之比。比例的大小是指其比值的大小，比例＝图线长度(图距)/实物长度(中距)。比例宜注写在图名右侧，字的基准线取平，比例字高比图名字高小一号或二号(图 2-2-9)。

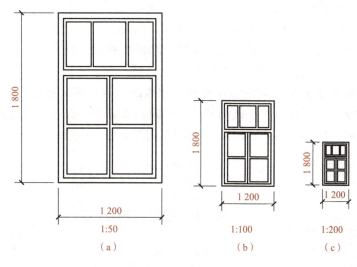

图 2-2-9　不同比例对比

建筑工程图中所用的比例，应根据图样的用途与被绘对象的复杂程度选用。常用比例见表 2-2-6。

表 2-2-6　绘图所用的比例

常用比例	1∶1、1∶2、1∶5、1∶10、1∶20、1∶50、1∶100 1∶150、1∶200、1∶500、1∶1 000、1∶2 000 1∶5 000 1∶10 000、1∶20 000、1∶50 000、1∶100 000、1∶200 000
可用比例	1∶3、1∶15、1∶25、1∶30、1∶40、1∶60、1∶150、1∶250、1∶300、1∶400、1∶600、1∶1 500、1∶2 500、1∶3 000、1∶4 000、1∶6 000、1∶15 000、1∶30 000

小贴士

建筑行业常用的是缩小的比例，比例的大小只影响所绘制图样的大小，并不能影响尺寸的标注(尺寸数字仍要书写实际尺寸)。

五、尺寸标注

图纸上的尺寸由尺寸界线、尺寸线、尺寸起止符号和尺寸数字组成。

(1)尺寸界线是控制所注尺寸范围的线，应用细实线绘制，一般应与被注长度垂直；其一端应离开图样轮廓线不小于 2 mm，另一端宜超出尺寸线 2～3 mm。必要时，图样的轮廓线可用作尺寸界线(图 2-2-10)。

(2)尺寸线表示所注尺寸的长度，应与被注轮廓线平行，用细实线绘制。尺寸线与尺寸轮廓线的距离一般不小于 10 mm，平行排列的尺寸线之间的距离应一致，约为 7 mm。小尺寸在靠近图样的内侧，大尺寸在外侧。

(3)尺寸起止符号表示尺寸的起止位置，一般用中粗短斜线绘制，并与水平成 45°夹角，长度宜为 2~3 mm。

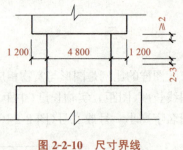

图 2-2-10　尺寸界线

(4)尺寸数字用阿拉伯数字注写，表示尺寸的实际大小，与绘图比例无关，不得从图中直接量取。除标高和总平面图以"m"为单位外，其他均以"mm"为单位，尺寸标注时单位省略。

尺寸数字一般应依据其方向注写在靠近尺寸线的上方中部。如没有足够的注写位置，最外边的尺寸数字可注写在尺寸界线的外侧，中间相邻的尺寸数字可错开注写，也可引出注写。尺寸数字必须保证清晰，不得被图线穿过，如图 2-2-11 所示。

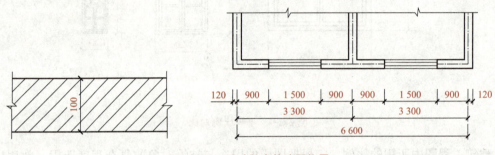

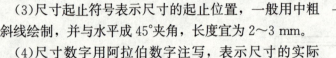

图 2-2-11　尺寸数字的注写位置

任务实施

任务要求所提要求可按如图 2-2-12 所示来标注。

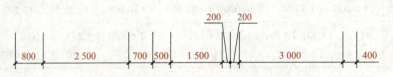

图 2-2-12　尺寸界线较密时的尺寸标注

【课堂任务单】

课堂任务单				
学习项目	建筑制图与识图基础	班级		组别
训练任务	任务二	姓名		日期
绘制表 2-2-2 中的建筑常用线型。				

小组互评					
教师指导 与评价					
成绩（等级）		A/优秀	B/良好	C/中等	D/合格	E/不合格

任务三 制图的基本方法与步骤

任务要求

能够独立完成【课堂任务单】。

任务资讯

绘图工作应当有步骤地循序进行。为了提高绘图效率，保证图纸质量，必须掌握正确的绘图程序和方法，并养成认真、负责、仔细、耐心的良好习惯。

一、绘图前的准备工作

（1）阅读有关文件、资料，了解所绘制图样的内容和要求。备齐工具，将图板、丁字尺、三角板等擦拭干净，铅笔和圆规上的铅芯修好备用。

（2）根据需绘图的数量、内容及大小，选定图纸幅面大小。有时还要按照选定的图幅进行裁纸。

（3）将图纸固定在图板的左下方，但下方距图板的下边缘至少要留有一个丁字尺尺身的距离。用胶带纸将图纸的四个角固定在图板上，如图 2-3-1 所示。

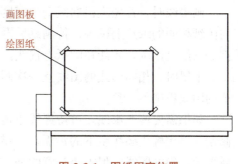

图 2-3-1 图纸固定位置

二、绘制铅笔底稿图

铅笔细线底稿是一张图的基础，要认真、细心、准确地绘制。画底稿的一般步骤如下。

1. 削尖铅芯

铅笔底稿图宜用削尖的 H 或 HB 铅笔绘制，底稿线要细而淡，绘图者自己能看得出即可。

2. 画图框、图标

首先画出水平基准线和垂直基准线，在水平基准线和垂直基准线上分别量取图框和图标的宽度与长度，再用丁字尺画图框、图标的水平线，最后用三角板配合丁字尺画图框、图标的垂直线。

3. 布图

预先估计各图形的大小及预留尺寸线的位置，将图形均匀、整齐地安排在图纸上，避免某部分太紧凑或某部分过于宽松。

4. 画图形

一般先画轴线或中心线，其次画图形的主要轮廓线，最后画细部，图形绘制完成后，再画尺寸线、尺寸界线等。材料符号在底稿中只需要画出一部分或不画，待加深或上墨线时再全部画出。对于需上墨的底稿，在线条的交接处可画出头一点，以便清楚地辨别上墨的起止位置。

三、铅笔加深底稿

(1)加深时，粗线和中粗线常用B或HB铅笔加深，细线常用H或HB铅笔加深，加深圆弧时，圆规的铅芯应比加深直线的铅芯软一号。

(2)加深图线时，先画粗实线，再画中虚线，然后画细实线，最后画双点画线、折断线和波浪线。加深同类型图线时，先曲后直，从上向下，从左向右加深所有竖线，再加深所有倾斜线。最后，加深尺寸线和尺寸界线，画尺寸起止符号。

(3)填写尺寸数字等，经校对无误后，签字。

四、墨线加深

画墨线时，首先应根据线型的宽度调节直线笔的螺母(或选择好针管笔的号数)，并在与图纸相同的纸片上试画，待满意后再在图纸上描线。如果改变线型宽度需重新调整螺母，都必须经过试画，才能在图纸上描线。

上墨时，相同形式的图线宜一次画完。这样，可以避免由于经常调整螺母而使相同形式的图线粗细不一致。

如果需要修改墨线，可待墨线干透后，在图纸下垫一三角板，用锋利的薄型刀片轻轻修刮，再用橡皮擦净余下的污垢，待错误线或墨污全部去净后，以指甲或钢笔头磨实，然后再画正确的图线。但需要注意的是，在用橡皮时，要配合擦线板，并且宜向一个方向擦，以免撕破图纸。

最后需要指出，每次绘图时间，最好连续进行三四个小时，这样效率最高。

\\\ 小贴士

上墨线的步骤与铅笔加深步骤基本相同，但还须注意三点：一条墨线画完后，应将笔立即提起，同时用左手将尺子移开；画不同方向的线条必须等到干了再画；加墨水要在图板外进行。

【课堂任务单】

课堂任务单					
学习项目	建筑制图与识图基础	班级		组别	
训练任务	任务三	姓名		日期	

按照 1：1 比例抄会下图。

120

13×8=104

普通砖

砂、灰土

混凝土

钢筋混凝土

120

420

金属

材料图例1：5

作业要求：（1）用A3幅面绘图纸按比例抄绘图样。
（2）要求线型分明，交接正确，注写认真。

$\phi120$

$\phi40$

小组互评					
教师指导与评价					
成绩(等级)	A/优秀	B/良好	C/中等	D/合格	E/不合格

从成渝铁路看新时代发扬自力更生、艰苦奋斗精神

1952 年 7 月 1 日，成都火车北站和重庆菜园坝火车广场彩旗招展、人山人海，人们共同见证一个历史时刻：中华人民共和国的第一条铁路——成渝铁路正式全线通车！

在通车典礼主席台上，毛泽东题写的"庆祝成渝铁路通车，继续努力修筑天成路"锦旗分外夺目。3846 号和 3859 号机车装饰一新，机车扎着绸缎红花，车头上方是金色的党徽，正中悬挂着毛泽东画像，车头下方是"纪念中国共产党三十一周年""庆祝成渝铁路全线通车典礼"的标语。上午 10 时，西南军区司令员贺龙、中央人民政府铁道部部长滕代远在各界人士的见证下，分别在成都和重庆剪落彩带，汽笛响起，列车缓缓驶出站台，向对方城市奔去。

铁路沿线人们扶老携幼，争看铁路，成渝两地数十万市民走上街头游行，"共产党万岁"的口号和"40 年愿望实现了，鞭炮响连天，火车头冒着烟，带着幸福直向前，男女老少齐欢唱，永远跟着共产党，幸福万万年"的歌声久久回荡……

修建成渝铁路，带动百业发展

巴蜀地区自古山高水险，交通不便，打通出川路成为巴蜀人民千百年来的梦想。1899 年，孙中山就提出修建川汉铁路（成渝铁路属其西段）的设想。1903 年，川汉铁路公司在成都成立，向民间"集股本银叁千伍百万两"，1909 年，川汉铁路开工，然而，两年时间，清政府以"铁路收归国有"为名，将筑路权出卖给西方列强，面对清王朝的腐败无能，四川人民掀起轰轰烈烈的保路斗争，促进了辛亥革命的爆发。

其后，四川军阀又以修建成渝铁路为名，向民众预征筑路税捐。但因军阀混战，贪污横行，铁路建设未能启动。1936 年，国民政府成立成渝铁路工程局，后因抗战爆发和路款不济等原因停工。至 1949 年，已用款总计折合大米约 7 亿公斤，却仅完成了全部工程量的 14%，一寸钢轨未铺。前后折腾了 40 多年，成渝铁路最终还只是地图上的一条"虚线"，成为四川人民遥遥无期的梦。

邓小平和刘伯承率二野大军解放大西南之前，就着手修建成渝铁路。1949 年 12 月，重庆解放仅一个星期，邓小平就主持西南局常委会议，作出了"兴建成渝铁路"的重要决策。

修建成渝铁路的消息一公布，引起不少人的担心：此时成都尚未解放，西南地区新生政权尚待巩固，土地革命尚未开始，百业凋敝、匪患严重，加之中华人民共和国成立前修筑铁路的铁轨、机车乃至道钉都需要进口，在这种困难条件下，成渝铁路为何不等条件具备了再修？针对人们的疑虑，邓小平说："我们还面临着很大困难，不可能百废俱兴，我们只好集中力量办一两件事。要以修建成渝铁路为先行，带动百业发展，不但可以恢复经济，而且可以争取人心，稳定人心，给人民带来希望。"

在邓小平力主下，中央同意修建成渝铁路，作出"依靠群众、群策群力、就地取材、修好铁路"的指示，在全国经济十分困难的情况下，"先拨 2 亿斤大米作修路经费"。1950 年 6 月 15 日，成渝铁路正式开工，经过十万军民共同奋战，在全国各地的鼎力支持下，成渝铁路仅用两年时间就竣工，四川人民近半个世纪的愿望终于实现了。

成渝铁路通车后，极大地促进了西南地区经济发展，造福万千百姓，通车当年，重庆工业总产值和社会商品市场销售总额分别比 1950 年增加了 50% 以上。

2020 年 1 月，习近平总书记亲自谋划、亲自部署、亲自推动成渝地区双城经济圈建设，这一事关国家发展全局的战略工程写入了党的二十大报告，成渝发展掀开崭新一页。如今，成渝之间已有 3 条铁路线路，每天高铁及动车日均开行 100 多对，实现了"1 小时交通圈"。

发扬自力更生、艰苦奋斗的拼搏进取精神

习近平总书记强调："为民造福是立党为公、执政为民的本质要求。必须坚持在发展中保障和改善民生，鼓励共同奋斗创造美好生活，不断实现人民对美好生活的向往。"

成渝铁路犹如一座镌刻着初心的丰碑，昭示着一个真理：中国共产党执政的唯一选择就是为人民群众做好事，为人民群众的幸福生活拼搏、奉献、服务。

在重庆佛图关公园的崖壁上，有一行镌刻于 20 世纪 50 年代初的大字——建设人民的生产的新重庆，这是当年邓小平作为第一书记的西南局为新重庆提出的奋斗目标。在中华人民共和国成立初期极其艰苦的条件下，以邓小平为代表的老一辈革命家心中想得最多的是"人民"，他反复强调"我们党是依靠劳动人民，替劳动人民谋幸福的"。作为伟大的战略家，邓小平了解成渝铁路在家乡人民心中的分量，也深知这条铁路对于增进人民福祉、建设新中国的重要性。

参与筑路的十万筑路民工基本由农民、失业工人和城市贫民组成，他们中的一些人在旧社会深受拉丁派夫、催粮逼款之苦，修建成渝铁路以工代赈，每天不仅可以领取 3 至 4 千克大米，西南铁路工程局还开办工人夜校，同步开展思想政治教育、扫盲和立功创模活动。民工们由衷地体会到当家作主的自豪感，劳动热情极大迸发，在没有大型施工设备、条件极为艰苦的情况下，靠着肩挑背扛、钢钎铁锹，历时一年多，完成大小桥梁 437 座、隧道 43 座、涵渠 1 195 座、站台 60 个，涌现了两万多名劳动模范……

成渝铁路的开工也带动了当地大量的工厂、运输企业复工，经济得到全面恢复和较快发展，人民生活得到普遍改善。成渝铁路建成后，更为整个西南地区的经济恢复和发展带来了生机活力。

治国有常，利民为本。党的二十大报告将"坚持以人民为中心的发展思想"明确为前进道路上必须牢牢把握的五项重大原则之一。实践表明，赢得人民拥护、守住人民的心，党就能够克服任何困难，就能够无往而不胜。新的征程上，要始终坚守为人民谋幸福的初心与使命，把人民放在心中最高位置，坚持把实现人民对美好生活的向往作为推进中国式现代化的出发点和落脚点，在以习近平同志为核心的党中央坚强领导下，始终同人民站在一起、想在一起、干在一起，就一定能汇聚起团结奋进的磅礴力量，战胜新征程上的一切风险挑战，开辟更加光明的未来。

习近平总书记强调："全党同志要大力弘扬自力更生、艰苦奋斗精神""不管条件如何变化，自力更生、艰苦奋斗的志气不能丢。"

成渝铁路是中国铁路史上第一条完全由中国人自己设计施工、完全用国产材料建成的"争气路"。成渝铁路修建之时，以美国为首的西方国家对新中国实行全方位的封锁禁运。邓小平鼓励大家："用中国人民的手，中国自己的器材，建设一条崭新的人民的铁路。"

在重庆工业博物馆陈列着一根不起眼的钢轨——新中国生产的第一根"争气轨"。重庆101钢铁厂(现重钢集团)组织力量进行技术攻关，在成渝铁路开工仅3个月后，新中国第一根重型钢轨就轧制成功，成渝铁路使用的5万多吨的钢轨、两万多吨的道钉、减震板等全部实现了中国制造。

中华人民共和国成立前，修筑铁路用的枕木大多需要进口，修建成渝铁路用的128万多根枕木则全部就近取材或从民间采购。此外，此前设计的铁路线路，其坡度、曲线半径都不尽合理，开始修建成渝铁路后，来自全国的70多名专家组成的技术团队精心勘测，优化线路，缩短了25 km的里程，不仅缩减了工程量，还提高了安全性，达到了铁道部规定的二级干线标准。钢材和水泥紧缺，桥涵隧道站场都尽可能采用当地石料修建，通过创新工艺，不仅大大降低了成本，石砌桥梁的使用寿命还从50年提高到100年。工人们在施工中创造了"三面空放炮""单人冲钎""分层打夯""相对式铺轨"等新工艺。来自鞍山钢铁厂的钢锭，昆明电机厂的铜线，武汉的机车头、车厢，四川的水泥、炸药等30余万吨国产材料源源不断运往重庆。据统计，505 km长的成渝铁路仅耗资1.9亿元，成为中华人民共和国成立后在丘陵地区建成的最省钱的铁路，堪称铁路建造史上的一个奇迹。

习近平总书记在党的二十大报告中指出，要"坚持把国家和民族发展放在自己力量的基点上，坚持把中国发展进步的命运牢牢掌握在自己手中"。中国要发展，最终要靠自己，"能不能坚守艰苦奋斗精神，是关系党和人民事业兴衰成败的大事"。迈上全面建设社会主义现代化国家新征程，面对世界百年未有之大变局，严峻复杂的国内外形势，要创造新的伟业，实现中华民族伟大复兴，必须始终保持独立自主，发扬自力更生、艰苦奋斗的拼搏进取精神，把党的这一优良传统传承好、发扬好，保持定力、真抓实干，创造令人刮目相看的新奇迹。

资料来源：https://www.xuexi.cn/lgpage/detail/index.html? id＝12643761636859581376& item_id＝12643761636859581376

项目三 建筑工程图的形成原理

知识与能力目标

1. 理解正投影特性，能描述投影的种类。
2. 能描述三面投影的位置关系。
3. 能描述三面投影图与形体的方位关系及"三等"关系。
4. 能根据简单形体的立体图绘制其三面投影图。

情感与价值目标

1."横看成岭侧成峰，远近高低各不同"，同一事物观察的立足点、立场不同，就会得到不同的结论。认清事物的本质，要从各个角度去观察，既要客观，又要全面(同一物体向不同方向投影得到不同的图样)。

2. 由点到线，由线到面，再由面到体，是一点一滴的累积。不要忽视任何细小的力量，即使小到平凡，但累积起来便不容忽视。

阅读材料

3D Mapping 即 3D 投影技术，是近几年来兴起的融合声光科技的效果型互动表演，它将动态画面完美投射到户外建筑、汽车车身和其他任何可投影介质，从而形成虚实结合的创意画面，使科技与艺术碰撞交织在一起，丝丝入扣，精彩绝伦，配合音乐与声音特效，为人们创造出一场又一场的视觉盛宴。

3D Mapping 是户外投影的核心技术，通过计算机图形学中的平行投影和透视投影的方法，在二维平面上显示三维物体，其过程包括被投影物体的取景和观察，建立相应的三维模型，并对投影机投射的位置、方向和角度等因素来建立坐标，然后经过投影变换来最终实现。

3D Mapping 已逐渐成为当下最具震撼力的广告营销手段，以其震撼、新奇、炫酷、高科技的特点，吸引了无数人关注。目前，3D Mapping 已不仅是科技＋艺术的表演，更结合了商业用途，成为商业领域中"异军突起"的一分子，逐渐侵入广告市场，对于树立品牌形象、展示企业文化，都可以达到很好的宣传效果。

目前，3D Mapping 技术正处于快速发展阶段，我国的 3D Mapping 技术设备与创意也在逐步完善和发展，以更加积极主动的姿态走向世界，向世界展示中国科技的发展力量！

任务一 认知投影原理

画出图 3-1-1 所示的三面投影图。

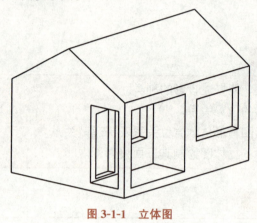

图 3-1-1　立体图

任务资讯

一、投影的形成

将形体置于投影体系中，在投影面上就得到了影子，即形体的外部轮廓，如图 3-1-2 所示，画出形体的内外轮廓及内外表面交线，且沿投影方向凡可见的轮廓线画粗实线，不可见的轮廓线画虚线。这样，形体的影子就发展成为投影图，简称投影，如图 3-1-3 所示。

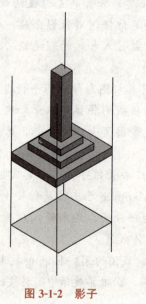

图 3-1-2　影子

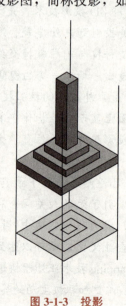

图 3-1-3　投影

二、投影的分类

1. 中心投影
中心投影是由一点发出投射线到形体上所形成的投影，如图 3-1-4 所示。

2. 平行投影
平行投影是由互相平行的投射线投射到形体上所形成的投影。

根据投射线与投影面的夹角不同，平行投影又可分为斜投影和正投影。

(1)斜投影，平行投射线倾斜于投影面所得到的投影，如图 3-1-5(a)所示。

(2)正投影，平行投影线垂直于投影面所得到的投影，如图 3-1-5(b)所示。

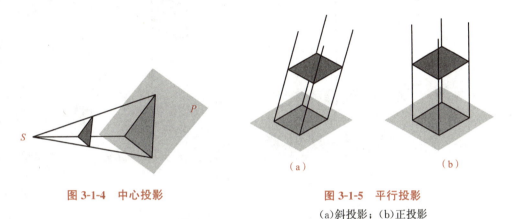

图 3-1-4　中心投影

图 3-1-5　平行投影
(a)斜投影；(b)正投影

拓展阅读

　　从出土文物中考证，我国在新石器时代(约一万年前)就能绘制一些几何图形、花纹，具有简单的图示能力。在春秋时期的一部技术著作《周礼·考工记》中，有画图工具"规、矩、绳、墨、悬、水"的记载。在战国时期我国人民就已运用设计图(有确定的绘图比例、酷似用正投影法画出的建筑规划平面图)来指导工程建设，距今已有 2 400 多年的历史。"图"在人类社会的文明进步和推动现代科学技术的发展中起着重要的作用。

三、投影的特征

1. 显示性
平行于投影面的直线或平面图形，其投影反映实长或实形，如图 3-1-6 所示。

2. 积聚性
垂直于投影面的直线或平面图形，其投影积聚为一点或一条直线，如图 3-1-7 所示。

3. 类似性
倾斜于投影面的直线或平面图形，其投影短于实长或小于实形，但投影的形状与平面的形状类似，如图 3-1-8 所示。

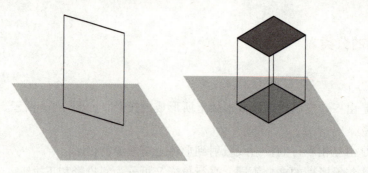

图 3-1-6　投影的显示性

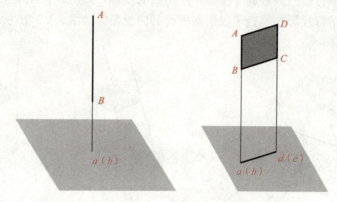

图 3-1-7　投影的积聚性

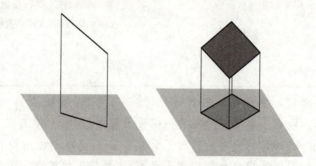

图 3-1-8　投影的类似性

四、形体的三面投影

1. 三面投影体系

如图 3-1-9 所示，设置 3 个互相垂直的平面作为 3 个投影面，水平放置的平面称为水平投影面（简称水平面或 H 面）；正对观察者的平面称为正立投影面（简称正面或 V 面）；观察者右侧的平面称为侧立投影面（简称侧面或 W 面）。

2. 三面投影图

三面投影图如图 3-1-10 所示。

（1）由上向下投影，在 H 面上得到的投影图，称为水平投影图（简称 H 面投影图）。

（2）由前向后投影，在 V 面上得到的投影图，称为正立面投影图（简称 V 面投影图）。

（3）由左向右投影，在 W 面上得到的投影图，称为侧立面投影图（简称 W 面投影图）。

将三面投影图展开可以将三面投影图展示在一个面上,如图 3-1-11 所示。

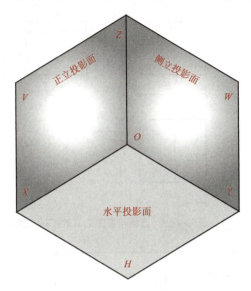

图 3-1-9　三面投影体系

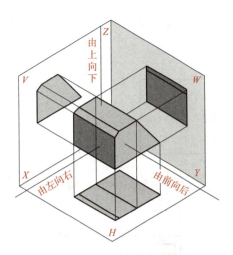

图 3-1-10　三面投影图

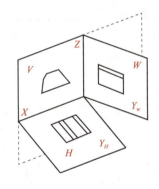
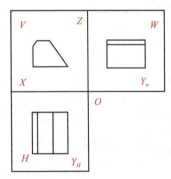

图 3-1-11　三面投影展开图

3. 三面投影图的投影关系

(1)三面投影图与形体的方位关系,如图 3-1-12 所示。

H 面投影——反映形体左右、前后的位置;

V 面投影——反映形体左右、上下的位置;

W 面投影——反应形体上下、前后的位置。

(2)三面投影图之间的"三等"关系,如图 3-1-13 所示。每两个相邻投影图中同一方向的尺寸相等,即

V、H 两面投影图中的相应投影长度相等,即长对正;

V、W 两面投影图中的相应投影高度相等,即高平齐;

H、W 两面投影图中的相应投影宽度相等,即宽相等。

任务实施

任务要求所示的立体图的三面投影图如图 3-1-14 所示。

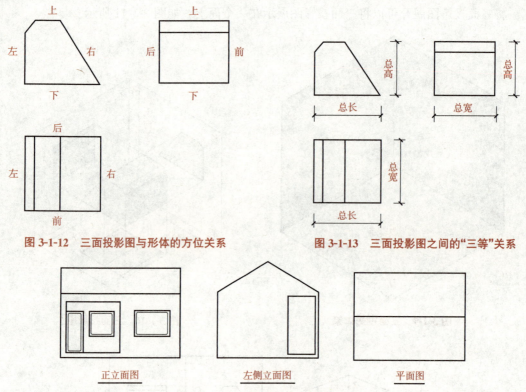

图 3-1-12　三面投影图与形体的方位关系

图 3-1-13　三面投影图之间的"三等"关系

正立面图　　　　　左侧立面图　　　　　平面图

图 3-1-14　立体图的三面投影图

【课堂任务单】

课堂任务单				
学习项目	建筑工程图的形成原理	班级		组别	
训练任务	任务一	姓名		日期	

1. 根据立体图画三面投影图，尺寸自定。

(1)

(2)

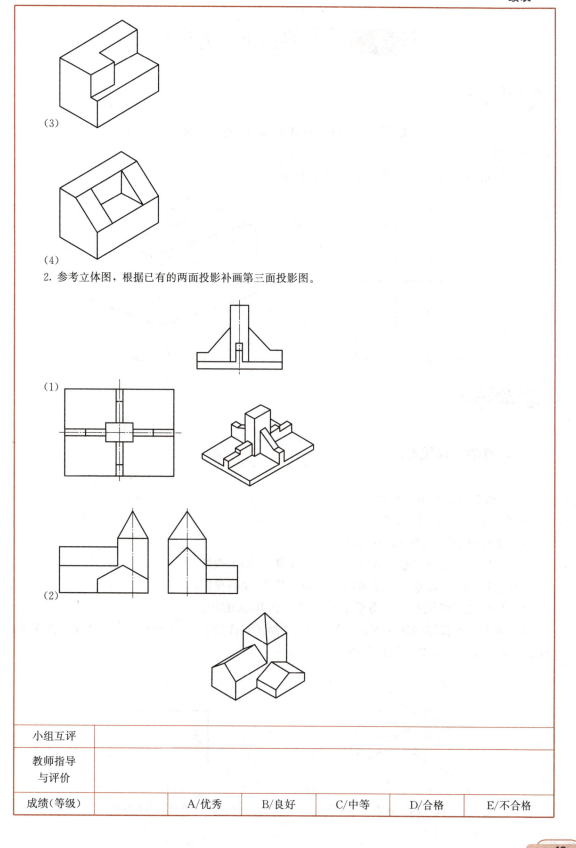

(3)

(4)

2. 参考立体图，根据已有的两面投影补画第三面投影图。

(1)

(2)

小组互评					
教师指导 与评价					
成绩(等级)		A/优秀	B/良好	C/中等	D/合格	E/不合格

任务二 分析形体上点的投影

任务要求

1. 如图 3-2-1 所示，已知 D 点为形体内的一点，现有 V 面、H 面的投影，求作 D 点在 W 面的投影。

2. 请描述图 3-2-2 中 A 点与 C 点的位置关系。

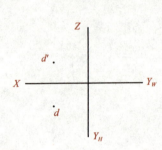

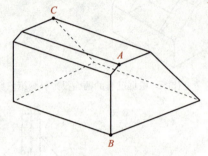

图 3-2-1　D 点在 V、H 面的投影　　　　图 3-2-2　立体图

任务资讯

一、点的三面投影

1. 点的三面投影表示方法

如图 3-2-3 所示，以 A 点为例。

(1)点在三个面上的投影的形成。

1)过 A 点作 H 面垂线，得垂足 a，即 A 在 H 面的投影。

2)过 A 点作 V 面垂线，得垂足 a'，即 A 在 V 面的投影。

3)过 A 点作 W 面垂线，得垂足 a''，即 A 在 W 面的投影。

(2)点在三面投影的标注方式。如图 3-2-4 所示，A 点在 H 面的投影用 a 表示，在 V 面的投影用 a' 表示，在 W 面用 a'' 表示。

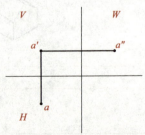

图 3-2-3　点的三面投影　　　　图 3-2-4　点在三面的投影

2.点在三面投影规律

规律1：点的正面投影 a' 与水平投影 a 的连线垂直于 OX 轴，即 $a'a \perp OX$。

规律2：点的正面投影 a' 与侧面投影 a'' 的连线垂直于 OZ 轴，即 $a'a'' \perp OZ$。

规律3：点的水平投影到 OX 轴的距离等于侧面投影到 OZ 轴的距离。

二、两点的相对位置

两点的相对位置是指两点之间上下、前后、左右的位置关系。

(1) x 坐标值可以判定两点的左右关系，坐标值越大越左。

(2) y 坐标值可以判定两点的前后关系，坐标值越大越前。

(3) z 坐标值可以判定两点的上下关系，坐标值越大越上。

◇◇ 小贴士

当空间两点位于某投影面的同一投射线上时，则这两点在该投影面上的投影就会重叠在一起。这种在某一投影面的投影重合的两个空间点，称为该投影面的重影点。重合的投影称为重影。

在重影点中，距离投影面较远的那个点是可见的，而另一个点则不可见。当点为不可见时，应在该点的投影上加括号表示。

任务实施

在任务要求1中，求作 D 点在 W 面的投影可运用规律3，采用45°辅助轴线法。

作图步骤如下：

1) 由 d' 作 OZ 轴的垂线 $d'd_z$ 并延长，如图3-2-5所示。

2) 由 d 作 OY_H 轴的垂线 dd_H 并延长，与过原点 O 的45°辅助线相交，然后向上作 OY_W 轴的垂线与 $d'd_z$ 的延长线相交，即 D 点的侧面投影 d''，如图3-2-6所示。

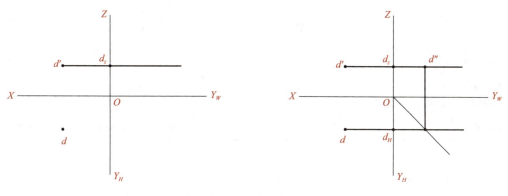

图3-2-5　步骤一　　　　　　　　　　图3-2-6　步骤二

任务要求2投影图如图3-2-7所示，沿着 X 轴指向方向看，A 点在 C 点的前面，所以在空间里 A 点在 C 点的左侧；沿着 Y 轴指向方向看，A 点在 C 点的前面，所以在空间里 A 点在 C 点的前方；沿着 Z 轴指向方向看，A 点在 C 点的后面，所以在空间里 A 点在 C 点的下方。综上所述，A 点在 C 点的左前下方。

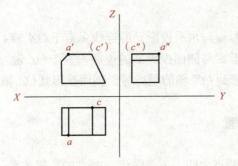

图 3-2-7 投影图

【课堂任务单】

课堂任务单					
学习项目	建筑工程图的形成原理	班级		组别	
训练任务	任务二	姓名		日期	
1. 已知三点 $A(20，25，30)$、$B(20，0，25)$ 和 $C(25，30，0)$，画出点 A、B、C 的投影图，并判别方位关系。					
2. 已知空间点 $A(15，15，15)$，点 B 在点 A 的左边 5 mm，后方 6 mm，上方 3 mm，求作空间点 B 的三面投影图。					
小组互评					
教师指导与评价					
成绩(等级)		A/优秀	B/良好	C/中等	D/合格	E/不合格

任务三 分析形体上线的投影

任务要求

1. 如图 3-3-1 所示，过 A 点作侧平线 $AB=15$，且与 H 面的倾角 $\alpha=60°$。

2. 如图 3-3-2 所示，过 A 点作铅垂线 $AB＝15$，且 B 点在 A 点的上方。

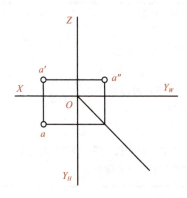

图 3-3-1 A 的投影图

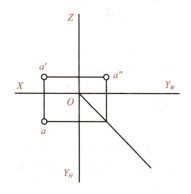

图 3-3-2 A 的投影图

任务资讯

一、投影面平行线

在三面投影体系中，平行于一个投影面而倾斜于另外两个投影面的直线称为投影面平行线。

投影面平行线有以下三种情况：

（1）平行于 V 面，倾斜于 H、W 面的直线称为正平线。

（2）平行于 H 面，倾斜于 V、W 面的直线称为水平线。

（3）平行于 W 面，倾斜于 H、V 面的直线称为侧平线。

各投影面平行线的投影及投影特性见表 3-1-1。

表 3-3-1 各投影面平行线的投影及投影特性

名称	水平线//H 面	正平线//V 面	侧平线//W 面
立体面			
投影图			

名称	水平线//H 面	正平线//V 面	侧平线//W 面
投影特性	AB 的水平投影反映实长，且反映倾角 β、γ 的真实大小；正面投影 $a'b'$//OX 轴，侧面投影 $a''b''$//OY_W 轴，但不反映实长	CD 的正面投影反映实长，且反映倾角 α、γ 的真实大小；平面投影 cd//OX 轴，侧面投影 $c''d''$//OZ 轴，但不反映实长	EF 的侧面投影反映实长，且反映倾角 α、β 的真实大小；正面投影 $e'f'$//OZ 轴，水平投影 ef//OY_H 轴，但不反映实长
	总结：投影面平行线在它所平行的投影面上的投影反映实长，同时分别反映它和另外两个投影面的夹角，而另外两面投影则分别平行于相应的投影轴，且长度缩短		

二、投影面垂直线

在三面投影体系中，与某一个投影垂直的直线统称为投影面垂直线，垂直于一个投影面，必平行于另外两个投影面。

投影面垂直线也有以下三种情况：

（1）垂直于 H 面的直线称为铅垂线。

（2）垂直于 V 面的直线称为正垂线。

（3）垂直于 W 面的直线称为侧垂线。

各投影面垂直线的投影及投影特性见表 3-3-2。

表 3-3-2　各投影面垂直线的投影及投影特性

名面	铅垂线⊥H 面	正垂线⊥V 面	侧垂线⊥W 面
立体图			
投影图			

名面	铅垂线⊥H面	正垂线⊥V面	侧垂线⊥W面
投影特性	AB的水平投影积聚为一点，其正面投影 $a'b'$⊥OX轴，且反映实长；其侧面投影 $a''b''$⊥OY_W轴，且反映实长	CD的正面投影积聚为一点，其水平投影 cd⊥OX轴，且反映实长；其侧面投影 $c''d''$⊥OZ轴，且反映实长	EF的侧面投影积聚为一点，其水平投影 ef⊥OY_H轴，且反映实长；其正面投影 $e'f'$⊥OZ轴，且反映实长
	总结：投影面垂直线在它所垂直的投影面上的投影积聚成点，另外两面投影分别垂直于相应的两个投影轴，且均反映实长		

三、一般位置直线的投影

图 3-3-3 所示的投影就是一般位置线的投影，一般位置线是与投影面既不平行又不垂直的直线。一般位置线的投影特性如下。

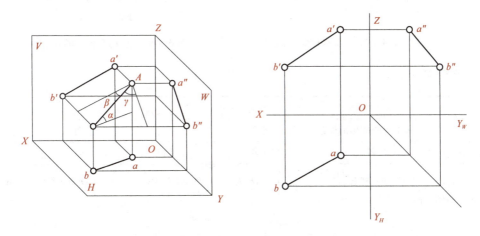

图 3-3-3　一般位置直线的投影

(1)直线的三个投影均倾斜于投影轴，各投影的长度均小于直线的实长。

(2)直线的三个投影与投影轴的夹角，均不反映直线与任何投影面的倾角，α、β和γ均为锐角。

一般位置线的判别方法：三个投影三个斜，定是一般位置线。

任务实施

1. 由侧平线的投影特性可知，它的侧面投影反映实长，且与 OY_W 轴的夹角反映直线对 H 面的倾角α，它的水平投影与正面投影分别平行于 OY_H 轴和 OZ 轴。

因此，任务要求 1 中的问题可作图 3-3-4：

(1)过 a'' 作与 OY_W 轴成 60°的直线，并截取 $a''b''$=15。

(2)过 b'' 作 OZ 轴的垂线，过 a' 作 OZ 轴的平行线，两线交点即 B 的正面投影 b'。

(3)过 b'' 作 OY_W 轴的垂线，与过原点 O 的 45°辅助线相交，然后向左作 OY_H 轴的垂线，

过 a 作 OY_H 的平行线，两线交点即 B 的水平投影 b。

2. 由铅垂线的投影特性可知，它的水平投影积聚为一点，B 点在 A 点的上方，故 A 点的水平投影不可见，它的正面投影、侧面投影反映实长，且分别垂直于 OX 轴、OY_W 轴。

因此，任务要求 2 中的问题可作图 3-3-5：

(1)过 a' 向上作与 OX 轴的垂线，截取长度 15，得 B 点的正面投影 b'。

(2)过 a'' 向上作 OY_W 轴的垂线，截取长度 15，得 B 点的侧面投影 b''。

(3)B 点的水平投影与 A 点的水平投影重影，且 a 不可见。

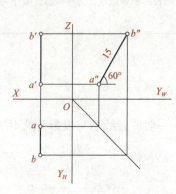

图 3-3-4　过 A 点求作侧平线

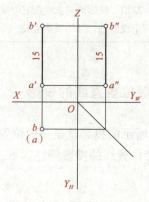

图 3-3-5　过 A 点作铅垂线

【课堂任务单】

课堂任务单					
学习项目	建筑工程图的形成原理	班级		组别	
训练任务	任务三	姓名		日期	
如下图所示，根据线的空间位置关系，请写出 AB 为（　　）线，EF 为（　　）线，CD 为水平线，并试画出 CD 线的三视图草图。 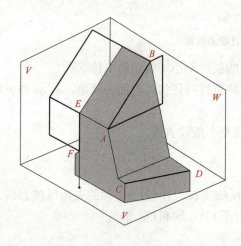					

56

课堂任务单					
小组互评					
教师指导与评价					
成绩(等级)	A/优秀	B/良好	C/中等	D/合格	E/不合格

任务四 分析形体上面的投影

任务要求

试判别图 3-4-1 中立体表面□ABGF、梯形 ABCDE、△MNP 的空间位置。

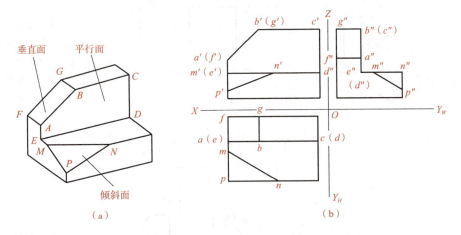

图 3-4-1　立体面上平面的空间位置

任务资讯

一、投影面平行面

在三面投影体系中，平行于某一投影面的平面，称为投影面平行面，简称平行面。平行面平行于某一投影面的平面必然垂直于其他两投影面。

投影面平行面有以下三种情况：

(1)平行于 H 面的平面称为水平面。

(2)平行于 V 面的平面称为正平面。

(3)平行于 W 面的平面称为侧平面。

由表 3-4-1 可概括出投影面平行面的投影特性：平面在所平行的投影面上的投影反映实形，其他两投影都积聚成与相应投影轴平行的直线。

表 3-4-1 投影面平行面的投影特性

空间位置	投影图	投影特性
水平面	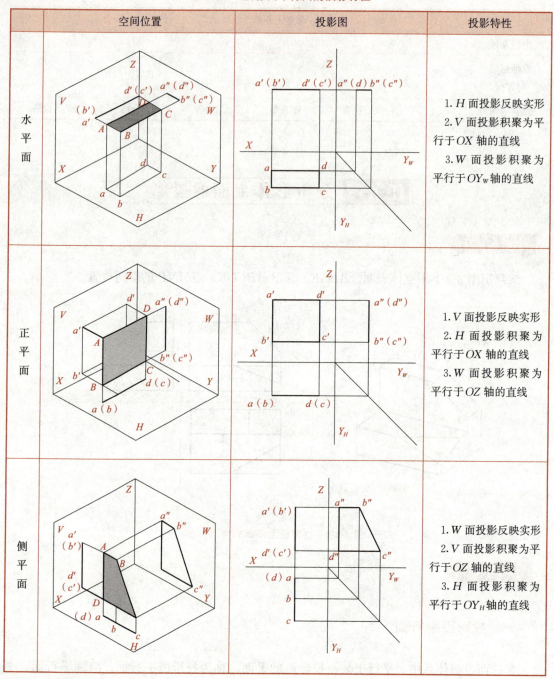	1.H 面投影反映实形 2.V 面投影积聚为平行于 OX 轴的直线 3.W 面投影积聚为平行于 OY_W 轴的直线
正平面		1.V 面投影反映实形 2.H 面投影积聚为平行于 OX 轴的直线 3.W 面投影积聚为平行于 OZ 轴的直线
侧平面		1.W 面投影反映实形 2.V 面投影积聚为平行于 OZ 轴的直线 3.H 面投影积聚为平行于 OY_H 轴的直线

二、投影面垂直面

在三面投影体系中，垂直于一个投影面，倾斜于其他投影面的平面称为投影面垂直面，简称垂直面。

（1）垂直于 V 面，倾斜于 H、W 面的平面称为正垂面。

（2）垂直于 H 面，倾斜于 V、W 面的平面称为铅垂面。

（3）垂直于 W 面，倾斜于 H、V 面的平面称为侧垂面。

由表 3-4-2 可概括出投影面垂直面的投影特性：平面在所垂直的投影面上的投影积聚成一条与投影轴倾斜的直线；平面的其他两投影是类似图形。

表 3-4-2　投影面垂直面的投影特性

空间位置	投影图	投影特性
正垂面		1. V 面投影积聚为与 OX 轴、OZ 轴倾斜的直线； 2. H、W 面投影为类似形
铅垂面		1. H 面投影积聚为与 OX 轴、OY_H 轴倾斜的直线； 2. V、W 面投影为类似形
侧垂面		1. W 面投影积聚为与 OY_W 轴、OZ 轴倾斜的直线； 2. H、V 面投影为类似形

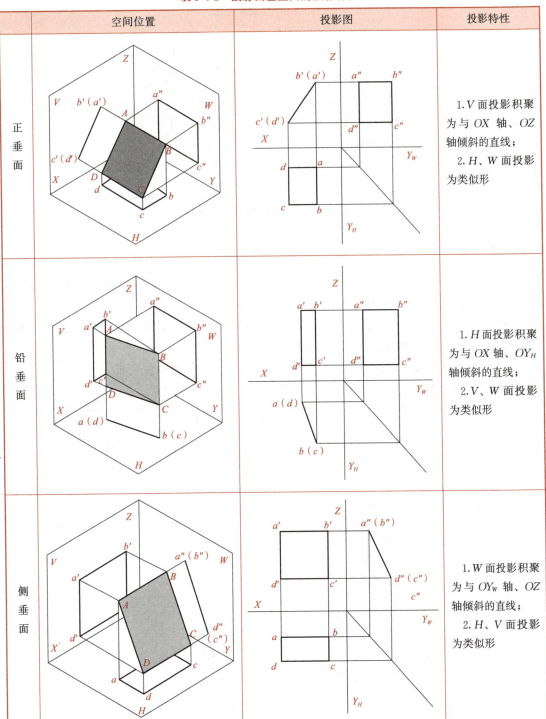

三、一般位置平面

与三个投影面都倾斜的平面称为一般位置平面，简称一般面。如图 3-4-2 所示的三棱锥上的表面△ABC。根据平面的投影特点可知，一般面的各个投影都没有积聚性，各投影均小于实形的类似形。

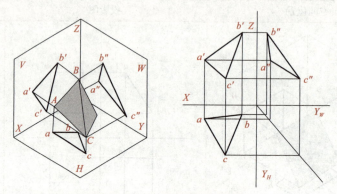

图 3-4-2　一般位置平面的投影

从图 3-4-1 中可以看出，□ABGF 平面正投影积聚成一条倾斜于 OX 轴、OZ 轴的直线，而另两投影面则是类似几何图形，说明□ABGF 平面为正垂面。

梯形 ABCDE 平面水平投影和侧面投影都积聚成平行于投影轴的直线，而正投影则为几何投影，说明梯形 ABCDE 平面为正平面。

△MNP 的三面投影均是几何图形，因此，△MNP 是一般位置平面。

【课堂任务单】

课堂任务单					
学习项目	建筑工程图的形成原理	班级		组别	
训练任务	任务四	姓名		日期	

1. 图中所示的 P、Q、R 三个平面，图(1)、图(2)、图(3)分别为他们的三面投影图，根据平面的空间位置关系，试判断 P 面为（　　　　）平面，Q 面为（　　　　）平面，R 面为（　　　　）平面。

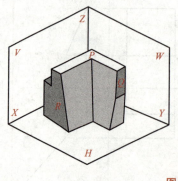
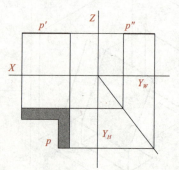

图(1)

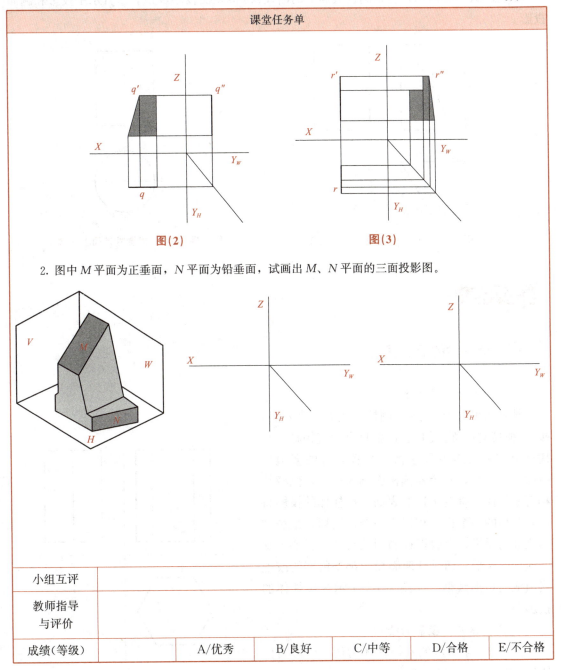

图(2)　　　　　　　　图(3)

2. 图中 M 平面为正垂面，N 平面为铅垂面，试画出 M、N 平面的三面投影图。

小组互评					
教师指导 与评价					
成绩(等级)		A/优秀	B/良好	C/中等	D/合格	E/不合格

任务五　分析基本形体的投影

任务要求

1. 如图 3-5-1 所示，完成三棱柱表面的直线 AB、BC 的三面投影。

2. 如图 3-5-2 所示，已知圆柱表面上的曲线 mn 的正面投影 m'n'，求其水平投影和侧面投影。

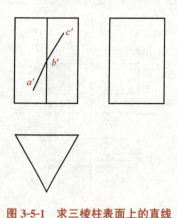

图 3-5-1 求三棱柱表面上的直线

图 3-5-2 求圆柱表面上曲线

任务资讯

一、棱柱体的投影图

1. 棱柱体的投影分析

棱柱体可分为直棱柱(侧棱与底面垂直)和斜棱柱(侧棱与底面倾斜)。这里只介绍直棱柱。直棱柱上有一对表面是互相平行且全等的多边形(称之为底面)，其余各侧棱面均为矩形，侧棱线相互平行而且垂直于这对表面。棱柱体的投影特征：棱柱的一个投影积聚成一个多边形，是棱柱两底面的投影，反映棱柱的形状特征，反映棱柱两底面的实形；而另外两面投影都是由实线或虚线组成的矩形线框。如图 3-5-3 所示为棱柱体的投影。

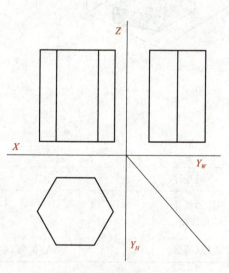

图 3-5-3 棱柱体的投影

2. 棱柱体三面投影的绘制

以图 3-5-4 所示的六棱柱体为例，分析棱柱体投影图的画图方法，如图 3-5-5 所示。

(1)根据六棱柱前后底面的尺寸，画六棱柱前后两底面的正面投影。

(2)由"长对正"和六棱柱的宽度在正面投影的正下方画六棱柱前后两底面的水平投影。由"高平齐"和六棱柱的宽度在正面投影的正右方画六棱柱前后两底面的侧面投影。

(3)将前后两底面对应点的同面投影用直线连接起来，即可完成六棱柱的三面投影。

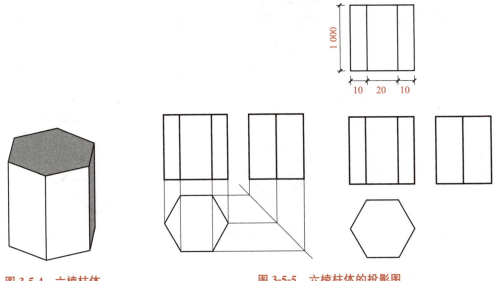

图 3-5-4　六棱柱体

图 3-5-5　六棱柱体的投影图

二、棱锥体的投影图

1. 棱锥体的投影分析

如图 3-5-6 所示为一个正四棱锥的三面投影直观图，该四棱锥的底面平行于 H 面，其余 4 个棱面均为一般面。

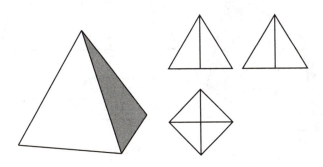

图 3-5-6　正四棱锥的三面投影直观图

棱锥体的投影特征：棱锥体的一个投影为多边形中嵌套具有公共顶点的三角形，该多边形反映棱锥体的形状特征，反映棱锥体底面的实形；而另外两投影都是由实线或虚线组成的由公共顶点的三角形线框。

2. 棱锥体三面投影的绘制

画棱锥体三面投影时，一般应先画出底面的三面投影，然后确定锥顶 S 的三面投影，再将锥顶与底面各角点的投影连接起来，即可画出棱锥体的投影图。下面以图 3-5-7 所示的四棱锥为例分析投影图的画图方法。

作图步骤如下：

(1)根据四棱锥底面的尺寸画出底面的 H 面投影，再由 H 面投影，画出其 V 面、W 面投影。

(2)根据棱锥体的高度，绘制出锥顶 S 的三面投影。

(3)将锥顶与各底面各角点的同面投影用直线连接起来，即可完成棱锥体的三面投影。

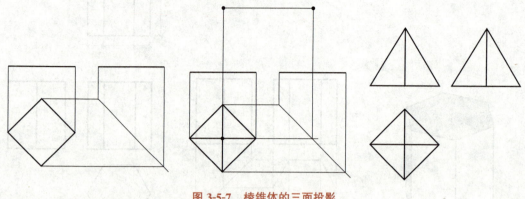

图 3-5-7　棱锥体的三面投影

三、棱台体的投影图

1. 棱台体的投影分析

图 3-5-8 所示为六棱台的立体图。棱锥体的顶部被平行于底面的平面切割后形成棱台体，棱台体的两个底面为平行的且相似的多边形，各侧面均为梯形。

棱台体的投影特征：棱台体的一个投影为里、外两个相似的多边形，两多边形之间嵌套有相应数目的梯形；而另外两面投影都是由实线或虚线组成的梯形线框。

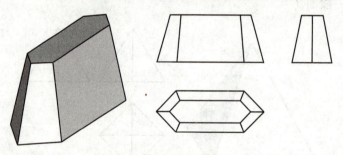

图 3-5-8　六棱台的投影直观图

2. 棱台体三面投影的绘制

画棱台体三面投影图时，先画两底面反映实形的多边形的投影，再画两底面的其他两面投影，最后将两底面对应点的同面投影用直线连接起来，即可完成作图。

下面以图 3-5-9 所示的六棱台为例分析棱台体投影图的画图方法。

作图步骤如下：

(1)根据底面的长度、宽度尺寸画出底面反映实形的六边形的水平投影。

(2)由底面的水平投影绘制底面的正面投影和侧面投影，并由六边形的各顶点的水平投影求出对应点的正面投影和侧面投影。

(3)根据顶面的长度、宽度尺寸画出顶面反映实形的六边形的水平投影。

(4)由顶面的水平投影及六棱台的高度绘制顶面的正面投影和侧面投影，并由六边形的各顶点的水平投影求出对应点的正面投影和侧面投影。

（5）将顶面和底面对应点的同面投影用直线连接起来，即可完成作图。

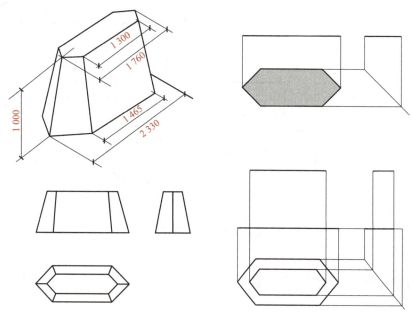

图 3-5-9　棱台体的三面投影

四、圆柱体的投影图

1. 圆柱体的投影分析

下面以轴线垂直于 H 面的圆柱体为例学习圆柱体的投影，如图 3-5-10 所示。该圆柱体的 H 面投影为一个圆，反映圆柱体上、下底面的实形，而圆周为圆柱面的积聚投影，圆柱面上任何点和线的水平投影都积聚在该圆上。圆柱体的 V 面投影是一个矩形线框，该矩形线框代表了前半个圆柱面和后半个圆柱面的重合投影，前半部分可见，后半部分不可见。矩形的上、下边为圆柱体上、下底面的积聚投影。

圆柱体的投影特征：圆柱体的一个投影是圆，其他两面投影是相等的矩形线框。

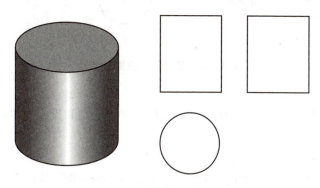

图 3-5-10　圆柱体的投影直观图

2. 圆柱体三面投影的绘制

画圆柱体的三面投影时，一般先画圆，再根据圆柱体的高和投影规律画出其他两个投影，如图 3-5-11 所示。

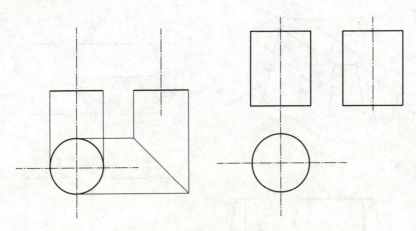

图 3-5-11　圆柱体的三面投影

五、圆锥体和圆台体的投影图

1. 圆锥体的投影分析

下面以轴线垂直于水平投影面的圆锥体为例学习圆锥体的投影。如图 3-5-12 所示为一个圆锥体的三面投影直观图，该圆锥体的轴线垂直于 H 面。

圆锥体的投影特征：圆锥体的一个投影是圆，其他两面投影是相等的等腰三角形线框。

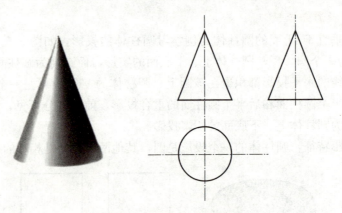

图 3-5-12　圆锥体的投影直观图

2. 圆锥体三面投影的绘制

画圆锥的三面投影时，一般先画圆，再根据圆锥体的高和投影规律画出其他两个投影，如图 3-5-13 所示。

3. 圆台体的三面投影分析与绘制

圆锥体被平行于底面的平面截去其锥顶，所剩的部分叫作圆锥台，简称圆台体。

圆台体的投影特征：一个投影为同心圆；而圆台体的其他两面投影均为相等的梯形线框。其三面投影如图 3-5-14 所示。

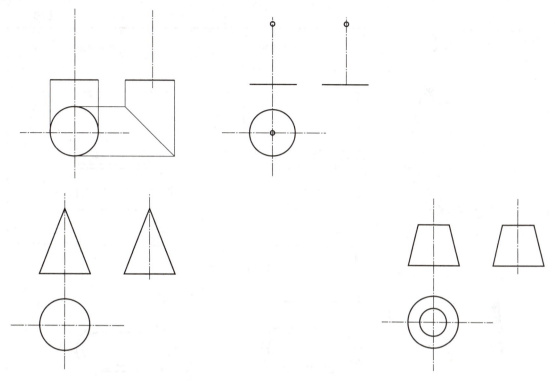

图 3-5-13　圆锥体的三面投影　　　　　　图 3-5-14　圆台体的三面投影

六、组合体的投影图

1. 组合体分析

由基本形体按一定方式组合而成的形体，称为组合体。组合体的形成方式一般可分为叠加型、切割型和综合型三种。

由叠加或切割在相邻两形体表面产生的连接形式可分为平齐、相错、相切和相交等几种。其具体特征见表 3-5-1。

表 3-5-1　组合体两表面的连接形式

连接形式	立体图	正确投影图	错误投影图
平齐			多线

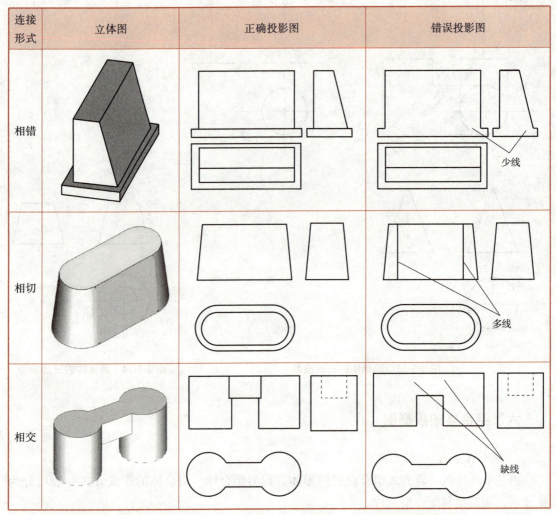

连接形式	立体图	正确投影图	错误投影图
相错			少线
相切			多线
相交			缺线

2. 组合体投影图的绘制

表达组合体一般是画三面投影图，从投影的角度讲三面投影图已能确定唯一的形体。当形体比较简单时，有时画三面投影图中的两个就够了，个别情况与尺寸相配合仅画一个投影图也能表达形体。画组合体投影图的具体步骤如下：

(1)形体分析。画组合体的投影图首先要进行形体分析，分析它是由哪些基本体组合而成的，同时要分析这些基本体彼此间的相对位置，然后再根据形体的复杂程度用恰当的投影图表达，如图 3-5-15 所示。

(2)确定立面图。投影图随形体放置和立面图方向的不同而改变，一般应按工程中的自然位置放置立面图，应把能较多反映组合体形状和位置特征的某一面作为立面图的投影方向，并尽可能使形体上主要面平行于投影面，以便使投影能得到实形，还要兼顾其他两个投影图表达的清晰性，即尽可能减少其他投影图中的虚线。

(3)确定投影图数量。确定投影图数量的原则是在把形体表达足够充分的前提下，尽量减少投影图数量。

(4)选比例、定图幅。投影图确定后，还要根据组合体的总体大小和复杂程度，按国家

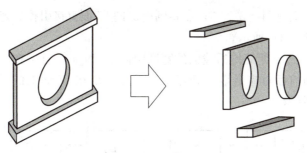

图 3-5-15 形体分析

标准规定选择适当的比例和图幅。

(5)布置投影图。布图时，根据选定的比例和组合体的总体尺寸，可粗略算出各投影图范围大小，并均匀布置图画。考虑标注尺寸和注写文字的位置后，再作适当调整，便可定出各投影图的对称中心线、主要端面轮廓线的位置，作为作图基准线，布图要求平衡、均匀、协调。

(6)画底图。为了迅速而正确地画出组合体的三面投影图，画底稿时，组合体的每个部分，最好是三个投影图配合着画。每部分也应从反映形状特征的投影先画。而不是先画完一个投影图后再画另一个投影图。这样，可以提高绘图速度，避免漏画和多画图线。

(7)检查、描深。检查底稿，改正错误，然后描深。

具体步骤如图 3-5-16 所示。

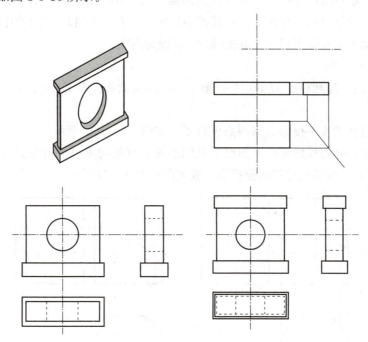

图 3-5-16 组合体投影图的绘制步骤

任务实施

(1)任务要求问题 1 可以有以下两种做法。

作法一：通过 45°辅助线，由点 A、C 在 H、V 两个投影面上的有关投影分别向 W 面投影面引投影线，相交得到点 a''、c''，点 b'' 则由 b' 向 W 面直接引投影连线与前棱 W 面投影相交得到，如图 3-5-17(a) 所示。

作法二：量取点 a、c 距棱锥后棱面的宽度距离 y_1 和 y_2，直接在由 V 面投影引出的投影连线上按宽相等和前后对应量取得到点 a''、c''。点 B 在 W 面上的投影仍由上述方法得到，如图 3-5-17(b) 所示。

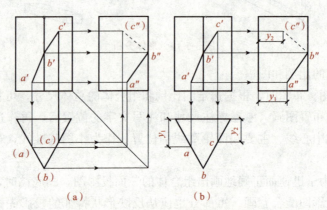

图 3-5-17　作三棱柱表面上的直线

得到点 A、B、C 的三面投影后，就可得到相应直线的三面投影。如何来判断这些直线的可见性呢？只要一条直线有一个端点在投影面上处于不可见位置，那么这条直线在相应投影面上的投影就不可见。在作图时将其画为虚线。点 C 在 W 投影面上的投影不可见，所以，BC 在 W 面上的投影不可见，就把线段 $b''c''$ 画为虚线。

(2)任务要求问题二。

1)作特殊点 I、N 和端点 M 的水平投影 1、n、m 及侧面投影 $1''$、n''、m''，如图 3-5-18(a) 所示。

2)作一般点 II 的水平投影 2 和侧面投影 $2''$，如图 3-5-18(b) 所示。

判别可见性：侧视外形素线上的点 $1''$ 是侧面投影可见与不可见的分界点，其中 $m''1''$ 可见，$1''2''n''$ 不可见。按可见性将侧面投影连成光滑的曲线 $m''1''2''n''$。

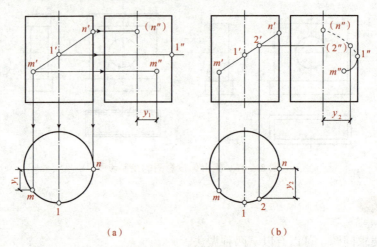

图 3-5-18　圆柱表面曲线

【课堂任务单】

1. 绘制以下基本形体的三面投影图，尺寸可直接从图上量取。

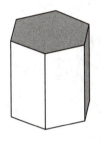

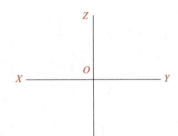

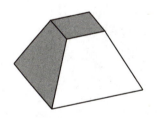

2. 绘制组合体楼梯的三面投影图，比例 1∶10。

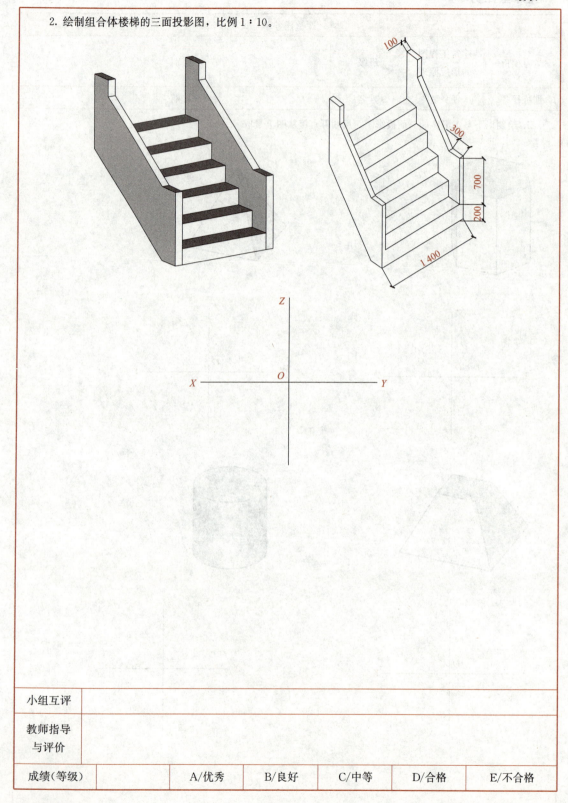

小组互评					
教师指导 与评价					
成绩(等级)		A/优秀	B/良好	C/中等	D/合格	E/不合格

任务六 分析正等测轴测图

任务要求

根据已知投影图，试画出三棱锥的正等轴测图，如图 3-6-1 所示。

任务资讯

一、正等测投影的形成

用平行投影法将物体连同确定物体空间位置的直角坐标系一起投射到单一投影面，所得的投影图称为轴测图，如图 3-6-2 所示。

将形体斜放，使其三个投影面都倾斜于一个投影面 P，然后将物体连同确定物体空间位置的直角坐标系一起正投影到平面 P，就可以得到正轴测图。

可以理解为，将投影体系的轴线转到轴间角为 120° 的位置，然后截图形成的投影图，如图 3-6-3 所示。

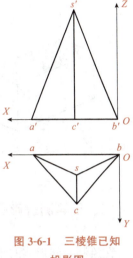

图 3-6-1 三棱锥已知
投影图

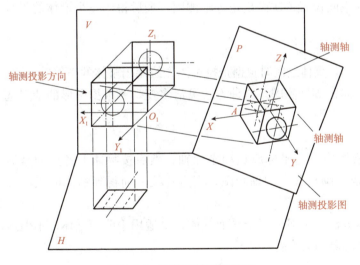

图 3-6-2 正等测轴测投影图

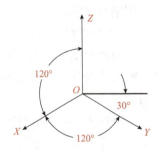

图 3-6-3 正等测轴间角

二、正等测轴测投影轴的设置

正等测轴测投影轴一般常设置在形体本身内，与主要棱线、对称中心线或轴线重合。例如，矩形可将投影体系交点设置在形体的一个角点处，如图 3-6-4 所示；四棱锥可以将投影体系交点设置在地面的中心点处，如图 3-6-5(a)所示；也可以设置在体外，如图 3-6-5(b)所示。

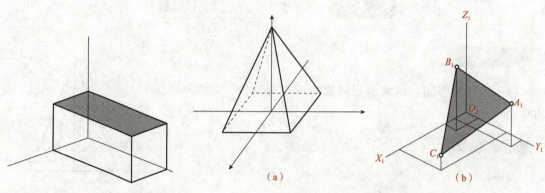

图 3-6-4　矩形投影交点设置

图 3-6-5　四棱锥投影交点设置

(a)四棱锥投影交点设置在地面的中心点处；(b)四棱锥投影交点设置在体外

三、正等测投影图的画法

在绘制空间形体的轴测投影图之前，首先要认真观察形体的结构特点，然后根据其结构特点选择合适的绘制方法，包括叠加法、切割法、坐标法和综合法。

1. 叠加法

叠加法适用于叠加型的组合体，首先要通过正投影图判断出该形体是由几个基本的形体组合形成的，然后根据彼此的空间位置依次画出正等轴测图，最后得到整个形体的组合正等测图。

2. 切割法

切割法适用于切割型的组合体，具体绘制时根据正投影图先绘制出整体的正等轴测图，然后逐步切割，得到最后的组合体正等轴测图。这种方法灵活多变，要根据图形的特点选择切割的顺序。

3. 坐标法

画轴测图时，先在物体三视图中确定坐标原点和坐标轴，然后按物体上各点的坐标关系采用简化轴向变形系数，依次画出各点的轴测图，由点连线从而得到物体的正等轴测图。

坐标法是绘制轴测图的基本方法，不但适用于平面立体，也适用于曲面立体；不但适用于正等轴测图，也适用于其他轴测图的绘制。

4. 综合法

若形体的形状非常复杂，仅使用一种方法不能作出正等轴测图时，常常在形体分析的基础上，综合运用上述的其中两种或三种方法来绘制正等轴测图，这样的方法称为综合法。

\\\ 小贴士

为什么轴向线可以直接量取？

轴向伸缩系数：三条直角坐标轴上的单位长度 e 的轴测投影长度为 e_x、e_y、e_z，与 e 的比值，即 $p=e_x/e$、$q=e_y/e$、$r=e_z/e$，分别称为三个轴测坐标轴的轴向伸缩系数。

正等测投影的轴向伸缩系数相等，且可以简化为 1，即 $p=q=r=1$。

任务实施

任务要求可以按如下步骤操作：

步骤 1：画出正等测坐标轴，如图 3-6-6 所示；

步骤 2：确定各点位置。

(1)根据水平面投影确定 A_1、B_1、C_1，其中 ab 是轴向线，如图 3-6-7 所示可以直接量取，其他为非轴向线不可以直接量取，可通过确定 C 点来绘制。

具体做法：根据投影坐标值定 A_1、B_1、C_1 的位置，A_1、B_1 可以直接量取，C_1 需要通过 X_1Y_1 轴坐标确定。确定好之后，连接各点，即为所求，如图 3-6-8 所示。

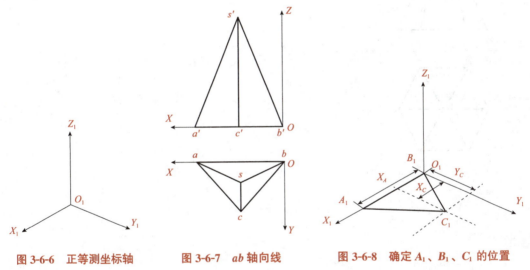

图 3-6-6　正等测坐标轴　　　　图 3-6-7　ab 轴向线　　　　图 3-6-8　确定 A_1、B_1、C_1 的位置

(2)确定顶点 S 的位置。首先根据水平面图确定 S 在 H 面上的投影位置，既而根据正立面图确定 S 的高度，即可找出 S 的空间位置，如图 3-6-9 所示。

步骤 3：将所确定的点相连，即为所求，如图 3-6-10 所示。

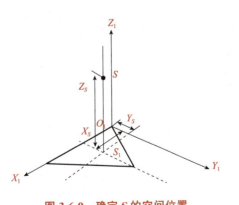

图 3-6-9　确定 S 的空间位置

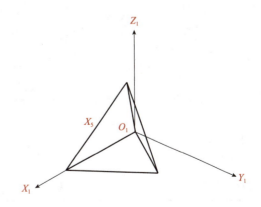

图 3-6-10　三棱锥的正等轴测图

【课堂任务单】

课堂任务单					
学习项目	建筑工程图的形成原理	班级		组别	
训练任务	任务六	姓名		日期	

绘制六棱锥正等测投影图。

小组互评					
教师指导与评价					
成绩（等级）		A/优秀	B/良好	C/中等	D/合格	E/不合格

任务七 分析斜二测轴测图

任务要求

画出图 3-7-1 所示建筑形体的水平斜二测图。

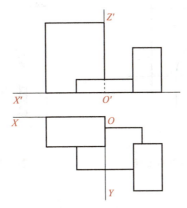

图 3-7-1 建筑形体的正投影图

任务资讯

一、斜二测投影图的轴间角和轴向伸缩系数

斜二测投影的两个坐标轴 O_1X_1、O_1Z_1 互相垂直，轴向伸缩系数 $p=r=1$，O_1Y_1 轴与 O_1Z_1 轴成 135°角，轴向伸缩系数 $q=0.5$，如图 3-7-2 所示。

二、斜二测投影图的绘制步骤

以桥洞投影图为例，说明斜二测投影图绘图步骤。

第一步：绘制正投影，如图 3-7-3 所示。

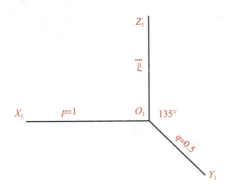

图 3-7-2 斜二测投影图的轴间角、轴向伸缩系数

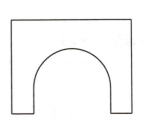

图 3-7-3 正投影

第二步：确定轴测轴中心位置。

根据形体正投影，确定轴测轴中心在以下几个位置：

(1)在正投影图中圆弧的圆心位置，若一个图形中有多个圆弧可设置多个轴测轴；

(2)在角点位置，正投影上的每个角点都应设置斜二测轴测轴，如图 3-7-4 所示。

第三步：根据侧面投影确定拉伸厚度，注意：因为 O_1Y_1 轴与 O_1Z_1 轴成 135°角，轴向伸缩系数 $q=0.5$，所以，绘制时的拉伸厚度为实际厚度的 1/2，如图 3-7-5 所示。

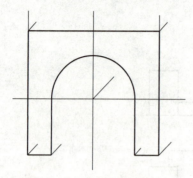

图 3-7-4 斜二测轴测轴的布置

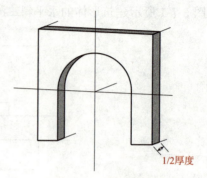

图 3-7-5 拉伸厚度

任务实施

任务要求可按以下步骤操作：

(1)在建筑形体上选定直角坐标系。

(2)如图 3-7-6(a)所示，画出轴测轴，根据正投影图，画出其水平投影的水平斜二测图。

(3)如图 3-7-6(b)所示，过平面图形各角点，向上作 O_1Z_1 轴平行线，截取各高度，画出各基本立体的水平斜二测图。

(4)如图 3-7-6(c)所示，擦去多余作图线，描深可见线，即完成建筑形体的水平斜二测图。

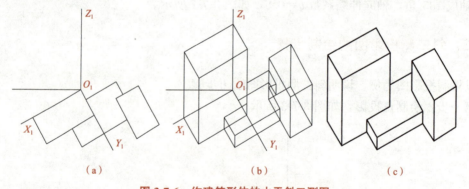

(a)   (b)   (c)

图 3-7-6 作建筑形体的水平斜二测图

【课堂任务单】

课堂任务单					
学习项目	建筑工程图的形成原理	班级		组别	
训练任务	任务七	姓名		日期	

课堂任务单				
绘制门洞斜二测投影图。 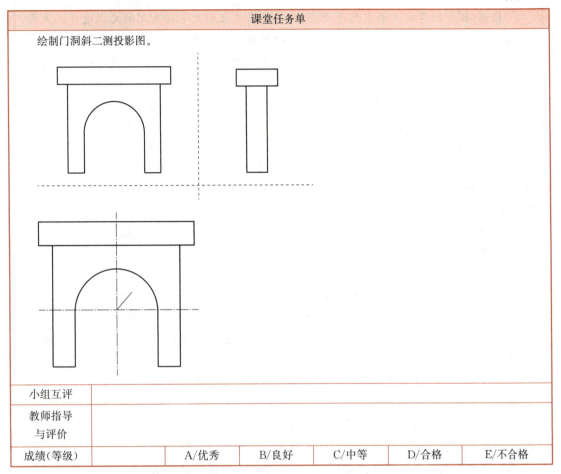				
小组互评				
教师指导 与评价				
成绩(等级)	A/优秀	B/良好	C/中等	D/合格	E/不合格

📖 **素养提升**

讲好"北京中轴线"历史文化遗产故事

近期，北京中轴线文化遗产保护工作又有新进展。2022年10月1日，《北京中轴线文化遗产保护条例》正式实施。时隔两个月，《北京中轴线保护管理规划（2022—2035年）》也已公示。与此同时，北京中轴线周边的一批重点文物完成腾退，正阳门城楼和先农坛神仓修缮工程均按计划稳步进行；国立蒙藏学校旧址文物保护修缮工程完工。

北京中轴线是构建明清北京城营造体系的重要基准，是传统中国政治与礼制文化的物化载体，也是彰显五千多年中华文明演进轨迹的活态标本，还是中国核心文化基因的延长线。

肇始于元大都的北京中轴线，历经多个不同历史时期700余年的营造改建，综括宫殿坛庙、御道街市、城门城楼等一系列古代皇家建筑、城市管理设施和居中道路，从永定门到钟鼓楼，诸多重要设施各有其名、各具其性、各兼其用，可以说它们既是独立个体，又彼此相关，共同构成一个遥相呼应、相得益彰的整体。

依据《保护世界文化和自然遗产公约》，世界文化遗产专指有形的文化遗产，主要包括古迹、建筑群、遗址三种类型。在公约框架下，文化遗产要以项目的方式通过专门的程序申报，唯有符合相关规定，经由审查和审议通过后，方有资格列入世界文化遗产名录。由此可知，北京中轴线如要成功入围世界文化遗产，必须确定一个名称，明确其形态与构成要素，且对标世界文化遗产项目的"突出的普遍价值"，确定其突出的普遍价值，并根据公约采取相关保护行动。如此审视，北京中轴线不单是一条"虚"的空间之轴，也是一项"实"的文化遗产之线，其中蕴含着丰富深厚的中国文化基因。顾名思义，中轴线首要"尚中"。"中也者，天下之大本也。"此即中轴线设计与营造之灵魂。遵此准则，中轴线不仅框定了都城营造的重要基准，而且巧妙蕴含着儒家的"中庸之道""不偏不倚"等理念。

　　其次"贵和"。"和也者，天下之大道也。"中国传统文化历来主张以和为贵，意味着强调天地万物和谐共生、主张社会秩序与治理系统稳步运行。此理念在紫禁城中多有体现，如清初重建外朝三大殿，改名曰太和、中和、保和。

　　再次"秉正"。"政者，正也。"这句古训，深深地影响着中轴线的建筑理念，甚至构成了一条隐伏的指导原则。如中轴线上高耸的不少正门其实并不具备实际使用功能，而是让国家形象以庄重肃穆且直截了当的方式出场，传递一种视觉上的仪式感和敬畏感。

　　复次"求新"。北京中轴线之所以是中华文明演进轨迹的活态标本，就在于其自创建伊始，便处于与时偕行的状态中。尤其是近些年来北京城市规划的变革赋予了中轴线勃勃生机与全新内涵。被著名历史地理学家侯仁之先生视为北京城市建设三个里程碑之一的国家奥林匹克体育中心，正是坐落在中轴线向北延长线上，其后北京奥林匹克塔、奥林匹克森林公园等重要建筑接续而起，同样沿中轴线延长地带进行布局。

　　党的二十大报告提出，坚守中华文化立场，提炼展示中华文明的精神标识和文化精髓，加快构建中国话语和中国叙事体系，讲好中国故事、传播好中国声音，展现可信、可爱、可敬的中国形象。北京中轴线的保护与申遗工作，恰好是当前提炼与展示中华文明的精神标识，从而向全世界讲好历史文化遗产故事的生动实践。

　　当然我们应清醒认识到，这是一项艰巨的系统工程，需要我们既要善于挖掘自身的文化精髓，展示中国智慧，同时又当全力关注"他者"的接受方式与心态，主动设置议题，将这条蕴藏着核心文化基因的延长线，塑造成令全世界刮目相看的风景线。

资料来源：https://m.gmw.cn/baijia/2023-01/10/36289472.html

项目四 识读建筑工程图纸

》》知识与能力目标

1. 掌握建筑施工图的组成，能把建筑施工图按照规范排序。
2. 掌握建筑施工图的形成、用途和表示方法，能识读建筑施工图。
3. 掌握建筑施工图的绘制要求和步骤，能够抄绘建筑施工图。

情感与价值目标

1. 具备求真务实的科学精神和一丝不苟的工作作风。
2. 具备较强的分析问题的能力，善于总结经验，具备创新意识。
3. 遵守行业规范、恪守职业道德。

阅读材料

图纸是工程界的语言，是工程建设过程中工程技术人员表达设计意图、组织工程施工、完成工程预算不可缺少的重要技术资料，能够绘制和识读建筑工程图样是对建筑工程从业者最基本的技能要求。

如图 4-0-1 所示，施工师傅说没看到立柱也没看到支撑点。

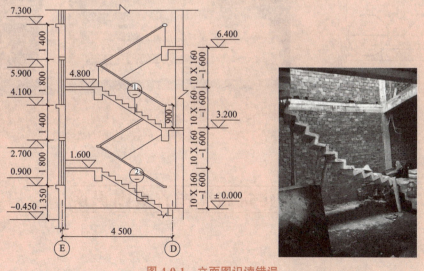

图 4-0-1 立面图识读错误

如图 4-0-2 所示，不仔细看，还以为自己是去了公共厕所，浇筑出一个弧形。

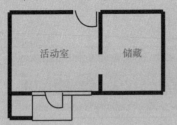

图 4-0-2 活动室平面图识读错误

如图 4-0-3 所示，关于这个卫生间甲方提了几个要求：节约空间，节约造价；同层排水不做降板处理；设计要独特，给人眼前一亮。

如图 4-0-4 所示，平面图上插座与水龙头相距 20 cm，但是干活的师傅忘记看立面图了。

图 4-0-3 卫生间设计识读错误　　　　图 4-0-4 插座与水龙头布置识读错误

如图 4-0-5 所示，图中标注了该楼梯墙身节点构造详图所在图集的位置，却被施工人员误认为是楼梯踏步的特殊施工方法。

如图 4-0-6 所示，立面图中门上的虚线表示门的开启方向，却被施工人员误认为设计师要求在门上刻有虚线作为装饰。

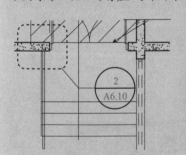

图 4-0-5 楼梯墙身节点构造详图识读错误　　　　图 4-0-6 门开启方向识读错误

任务一　建筑施工图首页图识读

任务要求

表 4-1-1 为建筑施工图中首页图的建筑内装修做法表，请描述三层厨房的内墙面做法。

表 4-1-1　建筑内装修做法表

楼层	装修部位 房间名称	楼、地面 做法名称	燃烧性能	内墙面 做法名称	燃烧性能	顶棚 做法名称	燃烧性能	墙裙（踢脚） 做法名称	燃烧性能
一层	楼梯间	地204F–第36页–大理石防水地面	A级	内墙3B–第78页–刮腻子涂料墙面	A级	顶2–第91页–刮腻子顶棚	A级	踢4–第62页–大理石踢脚–100 mm高	A级
	卫生间、厨房	地409F–第55页–地暖地砖防木楼面 第6项改为40 mm厚齐塑聚苯板 第7项改为0.7 mm厚SBC+1.3 mm聚合物水泥防水胶结材料）	A级	内墙6BF1–第81页–面砖防水墙面	A级	棚10–第98页–矿棉装饰板吊顶 第2项改为300 mm×300 mm铝扣板	A级	—	—
	卧室、餐厅、书房	地409F–第5页–地砖地暖防潮楼面 第1、2项甩项，用户自理 第6项改为40 mm厚挤塑聚苯板	A级	内墙3–第78页–混合砂浆墙面	A级	—	—	—	—
	开敞阳台	地201F–第33页–地砖防水楼面	A级	—	—	—	—	—	—
二~六层	楼梯间	楼204–第36页–大理石楼面	A级	内墙3B–第78页–刮腻子涂料墙面	A级	顶2–第91页–刮腻子顶棚	A级	踢4–第62页–大理石踢脚–100 mm高	A级
	卫生间、厨房	楼409F–第55页–地暖地砖防水楼面 第7项改为（0.7 mm厚SBC+1.3 mm聚合物水泥防水胶结材料）	A级	内墙6BF1–第81页–面砖防水墙面	A级	棚10–第98页–矿棉装饰板吊顶 第2项改为300 mm×300 mm铝扣板	A级	—	—
	卧室、餐厅、书房	楼409–第55页–地砖地暖楼面 第1、2、3项甩项，用户自理	A级	内墙3–第78页–混合墙面	A级	—	—	—	—
	开敞阳台	楼地201F–第33页–地砖防水楼面 第4项改为20 mm厚保温砂浆	A级	—	—	—	—	—	—

注：1.楼地面砖，卫生间防滑地砖规格、墙面瓷砖、窗台板及外墙面砖、规格、档次由甲方自定。
　　2.本表中的做法选用山东省建筑标准设计《建筑工程做法》L13J1

任务资讯

一、施工图的产生与分类

1. 施工图的产生

建筑是人们为满足生产、生活及从事社会活动的各种需要而创造的有组织的物质空间环境，它既是建筑产品，又是艺术品。将一幢房屋的内外形状和大小，房屋的各部分结构、构造、装修、设备等内容，按照国家标准的规定，用正投影的方法准确地表达出建筑、结构和构造要求的图样，称为房屋建筑工程图，它是用来指导工程施工的图纸，所以又称建筑施工图。

建造一幢房屋，是一个复杂的工程，需要经历设计和施工两个主要阶段，设计工作是保证完成工程质量的重要环节。设计人员要认真进行调研，收集设计资料，进行最优化的设计。对于一般的简单工程，房屋的设计过程分为初步设计阶段和施工图设计阶段两个阶段。对于大型的复杂工程，应采用三个设计阶段，即在上述两个设计阶段之间增加一个技术设计阶段（又称扩大初步设计阶段），来解决各专业之间的协调等技术问题。

（1）初步设计阶段。设计人员接受任务书后，首先要根据业主建造要求和有关政策文件、地质条件等进行初步设计，画出比较简单的初步设计图，简称方案图纸。它包括简略的平面、立面、剖面等图样，文字说明及工程概算。有时还要向业主提供建筑效果图、建筑模型及计算机动画效果图，以便直观地反映建筑的真实情况。方案图报业主征求意见，并报规划、消防、卫生、交通、人防等部门审批。

（2）技术设计阶段。在已批准的初步设计方案图的基础上，进一步确定各专业、各工种之间的技术问题，为各专业绘制施工图打基础，经送审并批准的技术设计是编制施工图的依据。

（3）施工图设计阶段。在已经批准的方案图纸的基础上，综合建筑、结构、设备等工种之间的相互配合、协调和调整。从施工要求的角度对设计方案予以具体化，为施工企业提供完整的、正确的施工图和必要的有关计算的技术资料。

2. 施工图的分类

房屋施工图由于专业分工的不同，一般分为建筑施工图，简称建施；结构施工图，简称结施；给水排水施工图，简称水施；采暖通风施工图，简称暖施；电气施工图，简称电施。也有的把水施、暖施、电施统称为设备施工图（简称设施）。

一套完整的房屋施工图应按专业顺序编排。一般应为图纸目录、建筑设计总说明、总平面图、建施、结施、水施、暖施、电施等。各专业的图纸，应该按图纸内容的主次关系、逻辑关系有序排列。

二、建筑施工图首页图

首页是建筑施工图的第一页，它的内容包括图纸目录、设计（施工）总说明、建筑总平面图、工程做法和门窗表。

1. 图纸目录

图纸目录是用表格的形式，将该工程建施图、结施图、设施图按顺序编号，以便查找图纸并对整套图纸有一个全面的了解；设计（施工）总说明是将该工程的概况、设计依据、标准和施工要求用文字表达出来。看图前应首先检查整套施工图图纸与目录是否一致，以防止给施工造成不必要的损失。某工程图纸目录见表4-1-2。

表4-1-2　某工程图纸目录

序号	图号	图名	张数	图纸规格	备注
1	建施-01	建筑设计说明及图纸目录	1	2号加长	
2	建施-02	室内装修表	1	2号	
3	建施-03	一层平面图	1	2号加长	
4	建施-04	二层平面图	1	2号加长	
5	建施-05	三～五层平面图	1	2号加长	
6	建施-06	六层平面图	1	2号加长	
7	建施-07	屋顶平面图	1	2号加长	
8	建施-08	①～㉜立面图	1	2号加长	
9	建施-09	㉜～①立面图	1	2号加长	
10	建施-10	①～Ⓐ立面图　Ⓐ～①立面图	1	2号加长	
11	建施-11	1-1剖面图　2-2剖面图	1	2号加长	
12	建施-12	墙身节点详图（一）	1	2号加长	
13	建施-13	墙身节点详图（二）	1	1号	
14	建施-14	门窗大样及门窗表	1	2号加长	

2. 设计说明

设计说明主要是对建筑施工图纸上不易详细清楚表达的内容，如工程概况、建筑设计依据、所用标准图集的代号、建筑装修及构造的做法等，用文字加以说明。此外，还包括防火专篇等一些有关部门要求明确说明的内容。设计说明一般放在一套施工图的首页。

3. 工程做法列表

将建筑各部位构造做法用列表格的形式加以详细说明，如图 4-1-1 所示。在表中对各施工部位的名称、做法等详细表达，如采用标准图集中的做法，应注明该标准图集的代号、做法编号，如有改变，在备注中应加以说明。

工程做法表

部位	名称	构造做法	厚度	备注	部位	名称	构造做法	厚度	备注
地面1	05J909-Ld76-楼71A采暖地板楼面	1. 10 mm厚地砖铺实拍平，水泥浆擦缝。 2. 20 mm厚1:3干硬性水泥砂浆结合层。 3. 水泥浆一道(内掺建筑胶)。 4. 60 mm厚细石混凝土(上下配3@50钢丝网片，中间配乙烯散热管)。 5. 0.2 mm厚真空镀铝聚酯薄膜。 6. 20 mm厚聚苯乙烯泡沫板(保温层密度≥20 kg/m³)。 7. 1.5 mm厚聚氨酯涂料防潮层。 8. 20 mm厚1:3水泥砂浆找平。 9. 钢筋混凝土楼板	130	用于除卫生间外的地面	楼面3	05J909-Ld77-楼72A采暖地板楼面	1. 10 mm厚地砖铺实拍平，水泥浆擦缝。 2. 20 mm厚1:3干硬性水泥砂浆结合层。 3. 1.5 mm厚聚酯涂料防水层。 4. 60 mm厚细石混凝土(上下配3@50钢丝网片，中间配乙烯散热管)。 5. 0.2 mm厚真空镀铝聚酯薄膜。 6. 20 mm厚聚苯乙烯泡沫板(保温层密度≥20 kg/m³)。 7. 1.5 mm厚聚氨酯涂料防潮层。 8. 20 mm厚1:3水泥砂浆找平。 9. 钢筋混凝土楼板	130	用于卫生间楼面
地面2	05J909-Ld77-楼72A采暖地板楼面	1. 10 mm厚地砖铺实拍平，水泥浆擦缝。 2. 20 mm厚1:3干硬性水泥砂浆结合层。 3. 1.5 mm厚聚氨酯涂料防水层。 4. 60 mm厚细石混凝土(上下配3@50钢丝网片，中间配乙烯散热管)。 5. 0.2 mm厚真空镀铝聚酯薄膜。 6. 20 mm厚聚苯乙烯泡沫板(保温层密度≥20 kg/m³)。 7. 1.5 mm厚聚氨酯涂料防潮层。 8. 20 mm厚1:3水泥砂浆找平。 9. 钢筋混凝土楼板	130	用于卫生间地面	内墙1	12J1-P78-内墙58混合砂浆墙面	1. 刷专用界面剂一遍。 2. 9 mm厚1:1:6混合砂浆打底。 3. 6 mm厚1:0.5:3水泥石灰砂浆	15	用于除内墙2~3外其他内墙
楼面1	12J1-P32-楼201陶瓷地砖楼面	1. 10 mm厚地砖铺实拍平，稀水泥浆擦缝。 2. 20~40 mm厚1:3干硬性水泥砂浆。 3. 素水泥浆结合层一道。 4. 钢筋混凝土楼板	50	用于楼梯间休息平台	内墙2	12J1-P80-内墙68面砖墙面(混凝土墙)(加气混凝土砌块墙)	1. 刷专用界面剂一遍。 2. 9 mm厚1:3水泥砂浆掺5%防水粉。 3. 刷素水泥浆一道。 4. 3~4 mm厚1:1水泥砂浆加水重20%的建筑胶(或配套专用胶粘剂)粘结层。 5. 4~5 mm厚釉面砖，白水泥浆擦缝	20	用于卫生间面层由客户自理
楼面2	05J909-Ld76-楼71A采暖地板楼面	1. 10 mm厚地砖铺实拍平，水泥浆擦缝。 2. 20 mm厚1:3干硬性水泥砂浆结合层。 3. 水泥浆一道(内掺建筑胶)。 4. 60 mm厚细石混凝土(上下配3@50钢丝网片，中间配乙烯散热管)。 5. 0.2 mm厚真空镀铝聚酯薄膜。 6. 20 mm厚聚苯乙烯泡沫板(保温层密度≥20 kg/m³)。 7. 1.5 mm厚聚氨酯涂料防潮层。 8. 20 mm厚1:3水泥砂浆找平。 9. 钢筋混凝土楼板	130	用于除卫生间外的楼面	内墙3	瓷釉涂料	1. 15 mm厚1:1:6水泥石灰砂浆。 2. 满刮建筑胶水泥腻子一至两遍，表面打磨平整。 3. 建筑胶水泥腻子的重量比为水泥:建筑胶:水=120:175:0.4。 4. 瓷釉底涂料一遍。 5. 瓷釉涂料两遍	15	用于入口门厅(非保温墙面)

日期	2013.03	工程名称	认证-2-1#-办公楼	图纸名称	工程做法表
图纸编号	建施-002				

图 4-1-1 某办公楼工程做法

4. 门窗表

在建筑设计中，将建筑物上所有不同类型的门窗进行统计后列成的表格称为门窗表。用于建筑施工、预算需要的数量，查表 4-1-3，从中能反映出门窗的类型、大小、所选用的标准图集及其类型编号，如有特殊要求，在备注内应加以说明。

表 4-1-3　某办公楼门窗表

门窗名称	门窗名称	洞口尺寸/mm	门窗数量/个							类型	备注	所在图纸或选用标准图
			总数	1F	2F	3F	4F	5F	6F			
塑钢窗	C1209	1 200×900	3		3					无色玻璃白色塑钢平开窗		详见本图
	C1815	1 800×1 500	60		12	12	12	12	12	无色玻璃白色塑钢平开窗		详见本图
	C1515	1 500×1 500	30		6	6	6	6	6	无色玻璃白色塑钢平开窗		详见本图
	C0915	900×1 500	10		2	2	2	2	2	无色玻璃白色塑钢平开窗		详见本图
	C1215	1 200×1 500	9			3	3	3		无色玻璃白色塑钢平开窗		详见本图
	C1230	1 200×3 000	3						3	无色玻璃白色塑钢平开窗		详见本图
门连窗	MC1224	1 200×2 400	30		6	6	6	6	6	无色玻璃白色塑钢门连窗		详见本图
	CM1224	1 200×2 400	30		6	6	6	6	6	无色玻璃白色塑钢门连窗		详见本图
电子门	DM1220	1 200×2 000	3	3						电子对讲单元门		选购成品
入户门	FDM0921	900×2 100	60		12	12	12	12	12	入户三防门		选购成品
推拉门	TM1224	1 200×2 400	30		6	6	6	6		无色玻璃白色塑钢推拉门		详见本图
	M2424	2 400×2 400	30	6	6	6	6			无色玻璃白色塑钢推拉门		详见本图
户内门	M0920	900×2 000	120		24	24	24	24	24	木内门		用户自理
	M0820	750×2 000	60		12	12	12	12	12	木内门（卫生间门）		用户自理
车库门	KM4524	4 500×2400	6	6						车库上翻门		选购成品
	KM3024	3 000×2 400	6	6						车库上翻门		选购成品
	KM2424	2 400×2 400	18	18						车库上翻门		选购成品

三、阅读施工图的步骤

在识读整套图纸时，应按照"总体了解、顺序识读、前后对照、重点细读"的读图方法。

1. 总体了解

一般先看目录、总平面图和施工总说明，以了解工程概况，如工程设计单位、建设单位、新建房屋的位置、周围环境、施工技术要求等。对照目录检查图纸是否齐全，采用了哪些标准图集并准备齐全这些标准图集。然后看建筑平面图、立面图和剖视图，想象一下建筑物的立体形象及内部布置。

2. 顺序识读

在总体了解建筑物的情况以后，根据施工的先后顺序识读施工图。看建筑施工图时，先看总平面图和平面图，并且要和立面图、剖面图结合起来看，然后再看详图。按基础、墙体(或柱)结构平面布置、建筑构造及装修的顺序，仔细阅读有关图纸。

3. 前后对照

读图时，要注意平面图、剖视图对照着读，建筑施工图和结构施工图对照着读，土建施工图与设备施工图对照着读，做到对整个工程施工情况及技术要求心中有数。

4. 重点细读

根据工种的不同，将有关专业施工图再有重点地仔细读一遍，并将遇到的问题记录下来，及时向设计部门反映。

识读一张图纸时，应按由外向里看、由大到小、由粗到细、图样与说明交替、有关图纸对照着看的方法，重点看轴线及各种尺寸关系。

5. 仔细阅读说明或附注

凡是图样上无法表示而又直接与工程质量有关的一些要求，往往在图纸上用文字说明表达出来。这些都是非看不可的，它会告诉我们很多情况。

要想熟练地识读施工图，除了要掌握投影原理、熟悉国家制图标准外，还必须掌握各专业施工图的用途、图示内容和方法。此外，还要经常深入到施工现场，对照图纸，观察实物，这也是提高识图能力的一个重要方法。

施工技术人员要加强专业技术学习，要重视贯彻执行设计思想，将设计图纸上的内容，准确无误地传达给施工操作人员，并随时在施工过程中检查核对，确保工程施工的顺利进行。

一套房屋施工图纸，简单的有几张，复杂的有十几张、几十张甚至几百张。阅读时应首先根据图纸目录，检查和了解这套图纸有多少类别，每类有几张。当有缺损或需用标准图和重复利用旧图纸时，要及时配齐。再按目录顺序(按"建施""结施""设施"的顺序)通读一遍，对工程对象的建设地点、周围环境、建筑物的大小及形状、结构形式和建筑关键部位等情况先有一个概括的了解。然后，负责不同专业(或工种)的技术人员，根据不同要求，重点深入地看不同类别的图纸。

任务实施

任务要求中，三层厨房的内墙面做法：采用《建筑工程做法》(L13J1)图集中，内墙

6BF1-第 81 页-面砖防水墙面，且燃烧性能为 A 级。

【课堂任务单】

课堂任务单					
学习项目	识读建筑工程图纸	班级		组别	
训练任务	任务一	姓名		日期	

下表为建筑首页图中室内门窗统计表，请列表汇总统计各层楼各型号门窗的数量。

室内门窗统计表

类别	门窗编号	洞口尺寸/mm			参考图集		材质及类型	开启方式	数量/个							备注
		宽度	高度	底高	图集代号	编号			一层	二层	三层	四层	五层	六层	合计	
门	M1521	1 500	2 150	0	保温、电子对讲防盗门（专业厂家定做）			平开	2	—	—	—	—	—	2	
	M0924	900	2 480	8	用户自理			平开	10	10	10	10	10	6	56	
	M0821	800	2 100	0	用户自理			平开	6	6	6	6	6	4	34	
	M0923	900	2 330	150	节能铝合金门			平开	—	—	—	—	—	4	4	
	MLC2524	2 500	2 480	0	节能铝合金联窗			平开	2	2	—	—	—	—	4	
	MLC2523	2 500	2 380	0	节能铝合金联窗			平开	—	—	2	2	—	—	4	
	MLC3023	3 000	2 380	0	节能铝合金联窗			平开	—	—	—	—	2	2	4	
	MLC3024	3 000	2 480	0	节能铝合金联窗			平开	4	4	4	4	2	—	18	
	FM0617乙	600	1 700	400	L13J4-2	MFM01-03-0617(丙)	丙级防火门	平开	4	4	4	4	4	4	24	
	FM0921乙	900	2 100		L13J4-2	MFM01-03-0921(乙)	乙级防火门	平开	2	—	—	—	—	—	2	
	FM1021乙	1 000	2 100	0	保温、防盗、乙级防火门（专业厂家定做）			平开	4	4	4	4	4	4	24	门净宽度应小于0.90 m
	DTM1022	1 000	2 200	0	电梯门专业厂家定做			推拉	2	2	2	2	2	2	12	
窗	C0815	800	1 580	900	L13J14-1	节能铝合金管窗		内开平	4	—	4	4	4	4	20	
	C1114	1 100	1 480	900	L13J14-1	节能铝合金管窗		内开平	2	2	2	2	2	—	10	
	C1314	1 300	1 480	900	L13J14-1	节能铝合金管窗		内开平	2	2	2	2	2	—	10	
	C1517	1 500	1 780	500	L13J14-1	节能铝合金管窗		内开平	2	2	2	2	2	—	10	
	C1817	1 800	1 780	500	L13J14-1	节能铝合金管窗		内开平	6	6	6	6	6	—	30	
	C2117	2 100	1 780	500	L13J14-1	节能铝合金管窗		内开平	2	2	2	2	2	—	10	
	C2517	2 500	1 780	500	L13J14-1	节能铝合金管窗		内开平	—	—	—	2	2	—	4	
	C1521	1 500	2 130	1 000	L13J14-1	节能铝合金管窗		推拉	—	—	—	—	2	—	2	
	C1514	1 500	1 480	900	L13J14-1	节能铝合金管窗		推拉	2	2	2	—	—	—	6	
	C3018	3 000	1 880	500	L13J14-1	节能铝合金管窗		内开平	—	—	—	—	—	2	2	
	C0814	800	1 480	900	L13J14-1	节能铝合金管窗		内开平	—	4	—	—	—	—	4	
	C1115	1 100	1 580	900	L13J14-1	节能铝合金管窗		内开平	—	—	—	—	2	—	2	
	C1315	1 300	1 580	900	L13J14-1	节能铝合金管窗		内开平	—	—	—	—	2	—	2	
	C1518	1 500	1 880	500	L13J14-1	节能铝合金管窗		内开平	—	—	—	—	4	4	4	
	C1818	1 800	1 880	500	L13J14-1	节能铝合金管窗		内开平	—	—	—	—	—	2	2	
	C2118	2 100	1 880	500	L13J14-1	节能铝合金管窗		内开平	—	—	—	—	—	2	2	

1. 所有外门窗断桥铝合金"中空玻璃"（玻璃厚度 5＋12A＋5＋12A＋5），墨绿色金属窗框；
2. 本设计绘制立面的门窗，节点均按参考图集的相关窗节点施工；
3. 门窗详细图中加工尺寸仅作为参考，生产厂家应根据内外装修厚度及建施情况确定实际加工尺寸及数量，并经设计审核后方可加工制作

小组互评					
教师指导与评价					
成绩（等级）	A/优秀	B/良好	C/中等	D/合格	E/不合格

任务二 建筑总平面图识读

任务要求

识读别墅总平面图（图 4-2-1）。

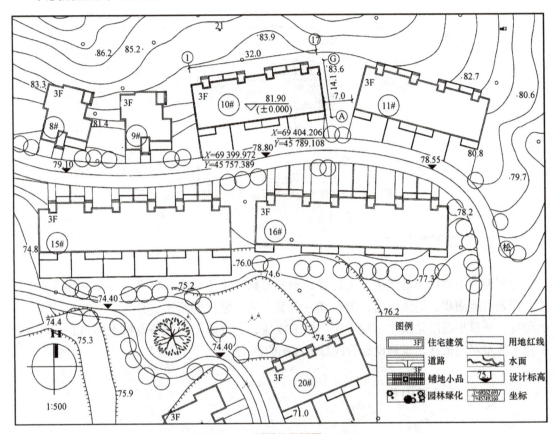

图 4-2-1　别墅总平面图 1：500

任务资讯

总平面图也称为总体布置图，按一般规定比例绘制，表示建筑物、构筑物的方位、间距，以及道路网、绿化、竖向布置和基地临界情况等；表示整个建筑基地的总体布局，具体表达新建房屋的位置、朝向及周围环境（原有建筑、交通道路、绿化、地形等）基本情况的图样。

一、总平面图的形成

总平面图是用来表明新建工程所在的建设地段的地理位置及周围环境的水平投影图，如图 4-2-2 所示。

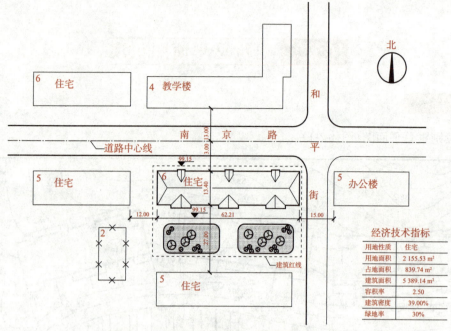

图 4-2-2 某住宅楼所在区域总平面图 1：500

经济技术指标

用地性质	住宅
用地面积	2 155.53 m²
占地面积	839.74 m²
建筑面积	5 389.14 m²
容积率	2.50
建筑密度	39.00%
绿地率	30%

二、总平面图的用途

总平面图主要反映新建房屋的位置、平面形状、建筑朝向、标高、与原有建筑物的关系，以及占地面积、周围道路、停车场、建筑小品、绿化和给水、排水、供电条件等方面的情况。故总平面图是新建房屋定位、施工放线、土方施工、设备管网平面布置，以及施工总平面布置的依据，也是设施管线总平面图的依据。

三、总平面图的内容

1. 看图名、比例、文字说明

因总平面图所反映范围较大，故绘图时用较小比例。常用比例为 1：500、1：1 000、1：2 000 等。

2. 明确新建区域的建筑总体布局

用图例表示各种建筑物、构筑物等形状，并在图例内注明房屋名称，在图形的右上角用阿拉伯数字表示其层数。

3. 确定新建、(改建、扩建)工程的定位尺寸

一般参照原有房屋或道路定位。修建大片住宅或公共建筑、厂房或地形复杂时，用坐标确定房屋和道路转折的位置。

4. 标高标注

注明建筑物首层地面的绝对标高，室外地坪、道路的绝对标高，建筑物室内地坪的相对标高规定为±0.000，在其上为正值，反之为负值。标高种类如下：

(1)绝对标高：以我国青岛附近黄海的平均海平面为基准的标高。在施工图中，一般标注在总平面图中。

(2)相对标高：在建筑工程施工图中，以建筑物首层室内主要地面为基准的标高。

(3)建筑标高：建筑装修完成后各部位表面的标高，如在首层平面图地面上标注的±0.000、二层平面图上标注的3.000等都是建筑标高。

(4)结构标高：建筑结构构件表面的标高。一般标注在结构施工图中。

标高的表示方法：标高符号是高度为3 mm的等腰直角三角形，施工图中，标高以"米"为单位，小数点后保留三位小数（总平面图中保留两位小数）。标注时，基准点的标高注写±0.000，比基准点高的标高前不写"＋"号，比基准点低的标高前应加"－"号，如－0.450，表示该处比基准点低了0.45 m。如图4-2-3所示。

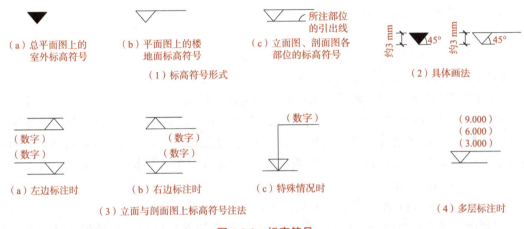

图4-2-3　标高符号

5. 指北针和风向频率玫瑰图

用指北针或风向频率玫瑰图表示建筑物朝向和该地区的常年风向频率。

在总平面图中，为了合理规划建筑，还需要画出表示风向和风向频率的风向频率玫瑰图，简称为风玫瑰图。它是根据某一地区多年平均统计的各个方向吹风次数的百分数，按一定比例绘制的，风的吹向是指从外吹向地区的中心。实线表示全年风向频率，虚线表示夏季6、7、8三个月的风向频率。明确风向对建筑构造的选用及材料的堆放有利，再如由粉尘污染的材料、易燃烧的材料应堆放在下风位。

6. 绿化规划与补充图例

根据工程的需要，还可有设备管线总平面图、各种管线系统图、道路的纵横剖面图及绿化布置等。

7. 建筑红线

建筑红线是指城市沿街建筑物的外墙、台阶、橱窗等不得超过的临街界线，由规划给出。

⟍⟍⟍ 小贴士

1. 用地红线：用地红线是用地范围的规划控制线。例如，一个居住区的用地红线就是这个居住区的最外边界线，居住区的建筑和绿化及道路只能在用地红线内进行设计。

2. 建筑红线：建筑红线一般称为建筑控制线，是建筑物基地位置的控制线，即建筑物与地面接触的范围线。

四、总平面图的图示方法

总平面图是用正投影的原理绘制而成，以图例的形式表达建设地段上的各形体的图形。总平面图的图示方法按《总图制图标准》(GB/T 50103—2010)规定的图例，《房屋建筑制图统一标准》(GB/T 50001—2017)中图线的有关规定执行。总平面图上的坐标、标高、距离以米为单位，小数点后保留两位。

五、建筑总平面图的识读

现以图4-2-2为例，说明总平面图的识读方法。

(1)了解图名、比例。该施工图为总平面图，比例为1∶500。

(2)了解工程性质、用地范围、地形地貌和周围环境情况。从图4-2-2中可知，本次新建某住宅楼(粗实线表示)，位于南京路与和平街交汇处。建造层数为6层。新建建筑右面是5层的办公楼(已建建筑，细实线表示)，左面是5层的住宅楼(已建建筑，细实线表示)，前面是4层教学楼(已建建筑，细实线表示)，后面是5层的住宅楼(已建建筑，细实线表示)，旁边2层为待拆建筑。

(3)了解建筑的朝向和风向。图4-2-2右上方是指北针。从图中可知，新建建筑的方向坐北朝南。风向玫瑰图(简称风玫瑰图)也叫作风向频率玫瑰图，它是根据某一地区多年平均统计的各个风向的百分数值，并按一定比例绘制的，一般多用8个或16个罗盘方位表示，由于形状酷似玫瑰花朵而得名。如图4-2-4所示为我国部分主要城市的风向频率玫瑰图。

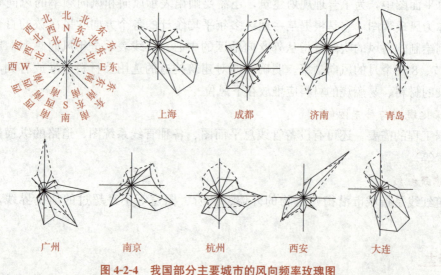

图4-2-4 我国部分主要城市的风向频率玫瑰图

风玫瑰图上所表示风的吹向，是指从外部吹向地区中心的方向，各方向上按统计数值画出的线段，表示此方向风频率的大小，线段越长表示该风向出现的次数越多。将各个方向上表示风频的线段按风速数值百分比绘制成不同颜色的分线段，即表示出各风向的平均风速，此类统计图称为风频风速玫瑰图。

（4）了解新建建筑的平面形状。图 4-2-2 中新建建筑的平面形状为矩形，长为 62.21 m，宽为 13.40 m，入口朝北，采用已有建筑为参照点进行定位，定位尺寸为 12 m 和 26 m，27 m 和 15 m。

（5）了解新建建筑的准确位置。在总平面图中新建建筑的定位方式有三种：第一种是利用新建建筑物和原有建筑物之间的距离定位；第二种是利用施工坐标确定新建建筑物的位置；第三种是利用新建建筑物与周围道路之间的距离确定其位置。

（6）了解新建建筑四周的道路、绿化。从图 4-2-2 中可知该办公楼的南北和东面在建成后都要绿化。

（7）了解建筑物周围的给水、排水、供暖和供电的位置，管线布置走向。

六、总平面图常用图例

房屋建筑图需要将建筑物或构筑物按比例缩小绘制在图纸上，许多物体不能按原状画出，为了便于制图和识图，制图标准中规定了各种图例，见表 4-2-1。

表 4-2-1 总平面图图例(GB/T 50103—2010)

序号	名称	图例	说明
1	新建建筑物	8	1. 需要时，可用▲表示出入口，可在图形内右上角用点数或数字表示层数。 2. 建筑物外形(一般以±0.00 高度处的外墙定位轴线或外墙面线为准)用粗实线表示。需要时，地面以上建筑用中粗实线表示，地面以下建筑用细虚线表示
2	原有建筑物		用细实线表示
3	计划扩建的预留地或建筑物		用中粗虚线表示
4	拆除的建筑物		用细实线表示
5	铺砌场地		
6	水池、坑槽		也可以不涂黑

序号	名称	图例	说明
7	烟囱		实线为烟囱下部直径，虚线为基础，必要时可注写烟囱高度和上、下口直径
8	围墙及大门	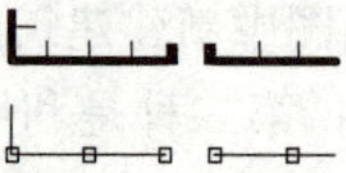	上图为实体性质的围墙，下图为通透性质的围墙，仅表示围墙时不画大门
9	挡土墙		被挡土在"突出"的一侧
10	挡土墙上设围墙		
11	台阶	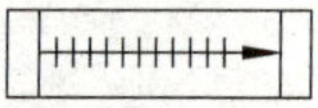	箭头指向表示向下
12	坐标	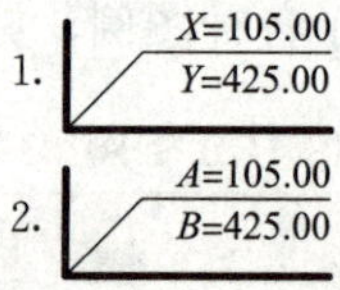 1. $X=105.00$ $Y=425.00$ 2. $A=105.00$ $B=425.00$	1. 表示地形测量坐标系 2. 表示自设坐标系 坐标数字平行于建筑标注
13	方格网交叉点标高	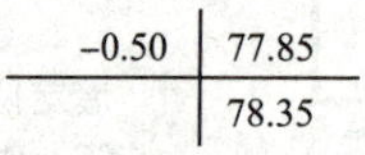 -0.50 | 77.85 78.35	"78.35"为原地面标高 "77.85"为设计标高 "—0.50"为施工高度 "—"表示挖方（"+"表示填方）
14	填方区、挖方区、未整平区及零点线	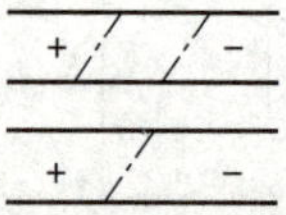 $+$ $-$ $+$ $-$	"+"表示填方区 "—"表示挖方区 中间为未整平区 点画线为零点线
15	填挖边坡		
16	原有的道路	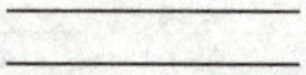	
17	新建的道路	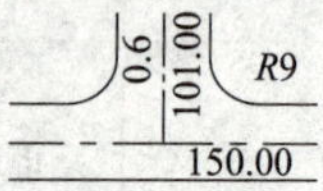 0.6 101.00 $R9$ 150.00	"$R9$"表示道路转弯半径为 9 m，"150.00"为路面中心控制点标高，"0.6"表示 0.6％的纵向坡度，"101.00"表示变坡点间距

序号	名称	图例	说明
18	计划扩建的道路		
19	拆除的道路	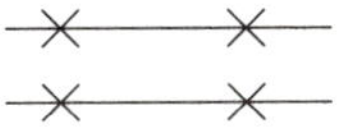	
20	涵洞、涵管	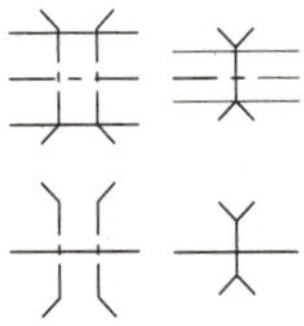	1. 上图为道路涵洞、涵管，下图为铁路涵洞、涵管 2. 左图用于比例较大的图面，右图用于比例较小的图面
21	桥梁	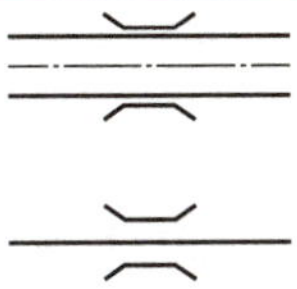	1. 上图为公路桥，下图为铁路桥 2. 用于旱桥时应注明
22	管线	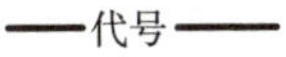 ——代号——	1. 代号按国家现行有关标准的规定标注 2. 线型宜以中粗线表示
23	地沟管线	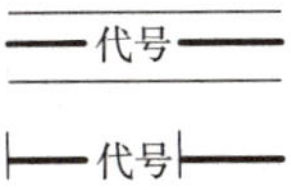 ——代号—— ⊢——代号——⊣	1. 上图用于比例较大的图面，下图用于比例较小的图面 2. 代号按国家现行有关标准的规定标注
24	管桥管线	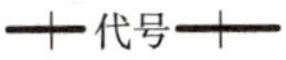 ——┼——代号——┼——	代号按国家现行有关标准的规定标注
25	架空电力、电讯线	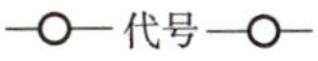 ——○——代号——○——	1. "○"代表电杆 2. 代号按国家现行有关标准的规定标注
26	截水沟或排水沟	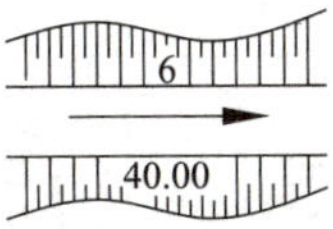 6 40.00	"6"表示6‰的沟底纵向坡度。"40.00"表示变坡点间距离，箭头表示流水方向
27	建筑物下面的通道	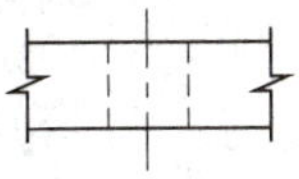	
28	地下建筑物或构筑物	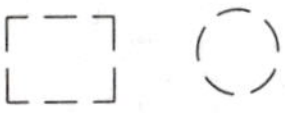	
29	散状材料露天堆场	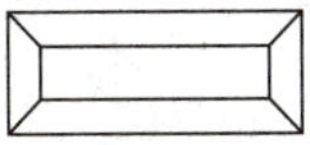	

序号	名称	图例	说明
30	其他材料露天堆场或露天作业场	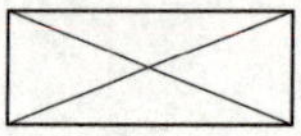	
31	龙门吊车	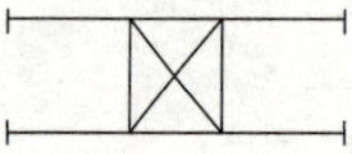	
32	露天单轨吊车	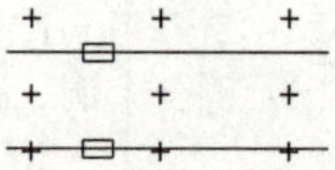	"+"表示支架位置
33	架空索道		方框表示支架位置
34	地表排水方向	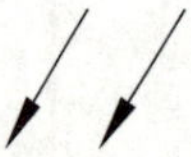	
35	排水明沟	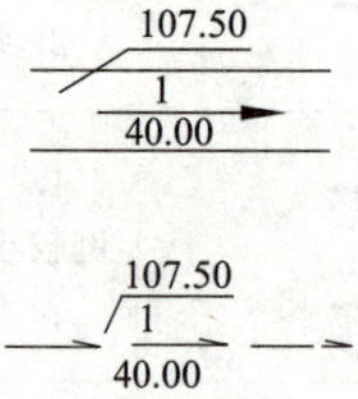 107.50 1 40.00 107.50 1 40.00	1. 上图用于比例较大的图纸，下图用于比例较小的图纸 2."1"表示 1‰的沟底纵向坡度，"40.00"表示变坡点间距离，箭头表示流水方向 3."107.50"表示沟底标高
36	铺砌的排水明沟	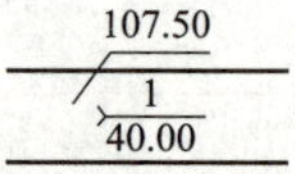 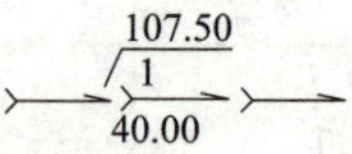 107.50 1 40.00 107.50 1 40.00	1. 上图用于比例较大的图纸，下图用于比例较小的图纸 2."1"表示 1‰的沟底纵向坡度，"40.00"表示变坡点间距离，箭头表示流水方向 3."107.50"表示沟底标高
37	有盖的排水沟	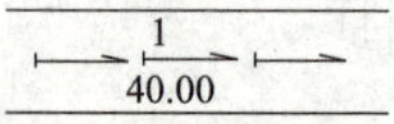 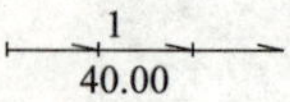 1 40.00 1 40.00	1. 上图用于比例较大的图纸，下图用于比例较小的图纸 2."1"表示 1‰的沟底纵向坡度，"40.00"表示变坡点间距离，箭头表示流水方向
38	雨水口		
39	消火栓井		

序号	名称	图例	说明
40	急流槽		箭头表示水流方向
41	跌水		
42	拦水（闸）坝		
43	过水路面		
44	河流或水面		箭头表示水流流向
45	室内标高	151.00（±0.00）	
46	室外标高	●143.00　▼143.00	室外标高也可采用等高线表示
47	指北针	北	
48	风向频率玫瑰图	北	

任务实施

任务要求中的总平面图识读：

图绘制比例为1：500。图上部加粗的轮廓线为本工程项目，即编号为10#的楼。本工程位于山地，地形状况北高南低。此楼即位于总图北面，

视频：房屋施工图概述、建筑总平面图

97

占地尺寸为 32.0 m×14.1 m，位于①轴上的角点 X 坐标为 69 399.972，Y 坐标为 45 757.389，位于⑰轴上的角点 X 坐标为 69 404.206，Y 坐标为 45 789.108，此建筑坐北朝南，由图中 10♯楼标注 3F 可知其层数为三层。10♯楼标高符号上方和下方有两个标高数据，其中±0.000 代表室内相对标高，81.90 代表其绝对标高。此楼西面为三层的 9♯楼；北面为坡地，无建筑物；东面为三层的 11♯楼；南边临小区道路，道路中心线绝对标高为 78.80，周围绿化良好。

【课堂任务单】

课堂任务单				
学习项目	识读建筑工程图纸	班级		组别	
训练任务	任务二	姓名		日期	

识读总平面图。

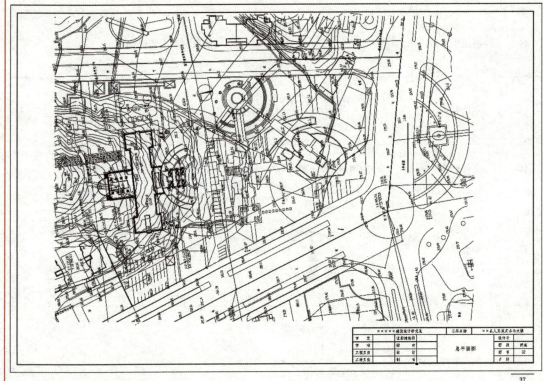

小组互评				
教师指导与评价				
成绩（等级）	A/优秀	B/良好	C/中等	D/合格	E/不合格

任务三 建筑平面图识读

采用合适比例，绘制图 4-3-1 所示的平面图。

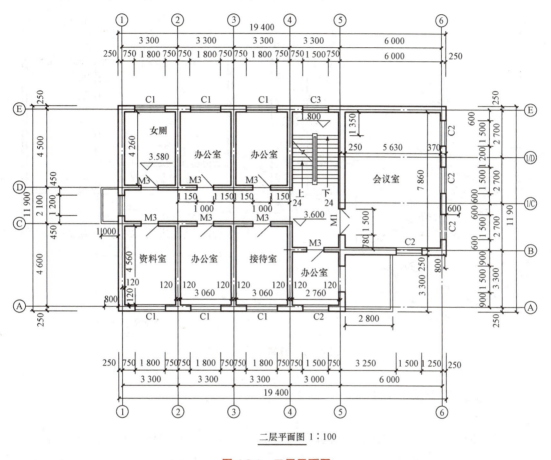

二层平面图 1:100

图 4-3-1 二层平面图

建筑平面图是建筑施工图中重要的组成部分，因此，学习如何识读及绘制建筑平面图是非常必要的。接下来，将要学习建筑平面图的相关知识。

建筑平面图作为建筑设计、施工图纸中的重要组成部分，反映建筑物的功能需要、平面布局及其平面的构成关系，是决定建筑立面及内部结构的关键环节。其主要反映建筑的平面形状、大小、内部布局、地面、门窗的具体位置和占地面积等情况。所以，建筑平面图是新建建筑物的施工及施工现场布置的重要依据，也是设计及规划给水排水、强弱电、暖通设备等专业工程平面图和绘制管线综合图的依据。

一、建筑平面图的形成

建筑平面图是指在建筑物的高度方向窗台与窗洞口上沿之间的位置，用一个假想的水平剖切平面剖切房屋，移走剖切平面以上部分的形体，将剩余部分的形体向水平面做正投影，所得的水平剖面图，称为建筑平面图，简称平面图，如图 4-3-2 所示。

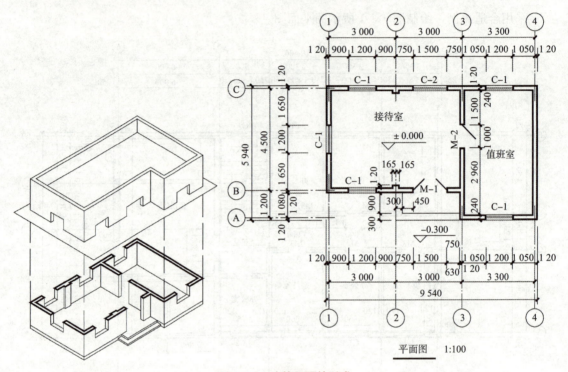

图 4-3-2 建筑平面的形成

二、建筑平面图的作用

建筑平面图主要用来表示新建建筑的平面形状、朝向、房间的名称、内部布置、位置及大小，门窗的位置和开启方向，墙体的厚度、材料，柱的截面形状与尺寸大小等。它是建筑施工中的重要图纸之一，是施工放线、砌墙、安装门窗、室内外装修及编制工程预算的重要依据。

三、建筑平面图的组成

1. 建筑平面图的组成

在建筑设计中，多层建筑的平面图一般由底层平面图、标准层平面图、顶层平面图、屋顶平面图组成，并在图的下方注写相应的图名。

2. 建筑平面图的内容

（1）首层平面图。首层平面图也称一层平面图，是指在±0.000 地坪层上，在门窗洞口中水平剖切所得到的平面图。其主要表示建筑物的底层形状、入口、房间、走道、门窗、楼梯等平面位置和数量，以及墙、柱的平面形状和材料，室外台阶、散水、明沟的尺寸。为了表示建筑物的朝向和建筑图的剖切位置，在首层平面图上绘指北针和剖切符号。

（2）标准层平面图。表示房屋中间几层布置情况、构造基本相同，只画出一个平面图即可，将这种平面图称为中间层（或标准层）平面图。若中间有个别楼层平面布置不同，可单独补画平面图。

标准层平面图除要表达中间几层室内布置外，还要画出室外雨篷、遮阳板等。

（3）顶层平面图。顶层平面图是表示房屋最高层的平面布置图，其内容与标准层平面图基本相同。

一般情况下，底层、标准层、顶层平面图上的楼梯间水平投影图有区别。

（4）屋顶平面图。屋顶平面图是由建筑物上方向下所做的平面投影，即屋顶外观的俯视图。其主要用来表示建筑物屋顶上的形式、排水坡度和方向，雨水管的间距，通风口、变形缝处的屋面构造及其他设施布置的图纸。

建筑平面图常用的比例是 1∶100 或 1∶200，其中 1∶100 使用最多。

四、建筑平面图的图示方法

一般房屋有几层，就应有几个平面图。沿房屋底层门窗洞口剖切所得到的平面图称为底层平面图，沿二层门窗洞口剖切所得到的平面图称为二层平面图，用同样的方法可得到三层、四层等平面图，若中间各层完全相同，可画一个标准层平面图。最高一层的平面图称为顶层平面图。一般房屋有底层平面图、标准层平面图、顶层平面图即可，在平面图下方应注明相应的图名及采用比例。

因为平面图是剖面图，因此应按剖面图的图示方法绘制，即被剖切平面剖切到的墙、柱等轮廓用粗实线表示，未被剖切到的部分如室外台阶、散水、楼梯及尺寸线等用细实线表示，门的开启线用中粗实线表示。

五、建筑平面图的图示内容

（1）标注建筑物所有的定位轴线及编号、承重、围护构件——墙、柱、墩的位置、尺寸。

（2）标注建筑物所有房间的名称及门窗的位置、编号、尺寸。

（3）标注建筑物室内、外的有关尺寸及室内楼地面的标高。

（4）标注电梯、楼梯的位置及楼梯上下两梯段的方向和尺寸。

（5）标注建筑物的阳台、雨篷、台阶、坡道、通风道、管井、消防梯、雨水管、散水、花池等的位置和尺寸。

（6）标注建筑物的室内卫生设备、水池、工作台、隔断等的位置、形状。

（7）标注建筑物的地下室、地沟、高窗、预留洞等位置尺寸。

（8）在底层平面图上应画出剖面图的剖切符号；在其左下角画出指北针。

（9）标注有关部位的详图索引符号。

（10）在建筑物的屋顶平面图上一般应标注：女儿墙、檐沟、屋面坡度、分水线与雨水口、变形缝、出屋面、天窗、消防梯及其他构筑物、索引符号等。

六、建筑平面图的有关规定

1. 图名、比例、朝向

图名是底层平面图，在底层窗台之上、底层通向二层的楼梯平台之下（第一梯段）处水平剖切后，按俯视方向投射所得的水平剖视图，反映出这幢住宅底层的平面布置和房间大小。建筑平面图的比例宜采用1∶50、1∶100、1∶200。

2. 定位轴线及编号

在建筑平面图中应画出定位轴线，用它们来确定房屋各承重构件的位置。定位轴线用细点画线绘制，其编号注在轴线端部用细实线绘制的圆内，圆的直径应为8 mm，圆心在定位轴线的延长线或延长线的折线上。平面图上定位轴线的编号，宜标注在图样的下方与左侧，横向编号用阿拉伯数字从左至右顺序编写，竖向编号用大写拉丁字母（除I、O、Z外）从下至上顺序编写。在标注非承重的分隔墙或次要承重构件时，可用在两根轴线之间的附加轴线，附加轴线的编号应按图所规定的分数表示，如图4-3-3所示。

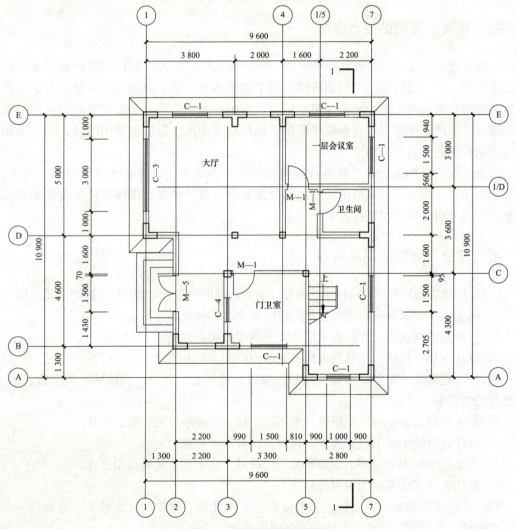

图 4-3-3　定位轴线及编号

3. 门窗的图例

从图中门窗的图例及其编号，可了解到门窗的类型、数量及其位置。门窗立面图例上的斜线及平面图上的弧线，表示门窗扇开关方向（一般在设计图上不需要表示），实线表示外开，虚线表示内开。

4. 常用图例

常用图例见表4-3-1。

表 4-3-1　常用图例

图例	名称	图例	名称
	隔断		空门洞
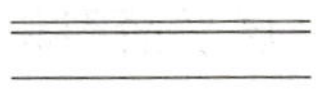	栏杆（上面为非金属扶手，下面为金属扶手）		单扇门
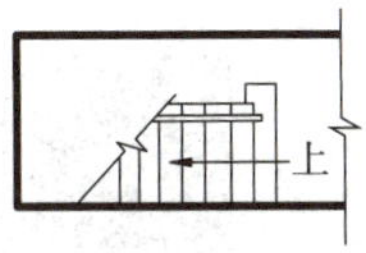	底层楼梯	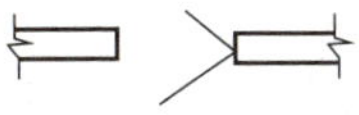	单扇双面弹簧门
			双扇门
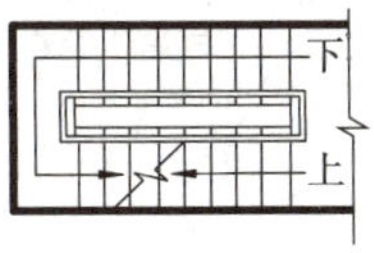	中间层楼梯		对开折门
			双扇双面弹簧门
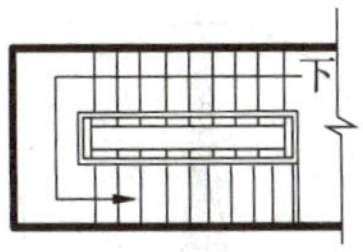	顶层楼梯	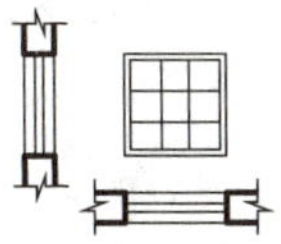	单层固定窗
	蹲式大便器　小便槽	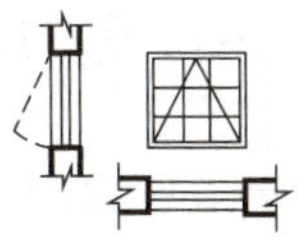	单层外开上悬窗
	污水池　洗脸盆	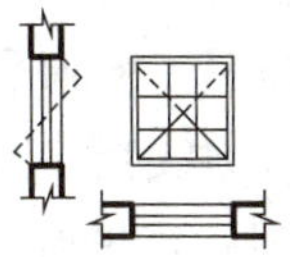	单层中悬窗
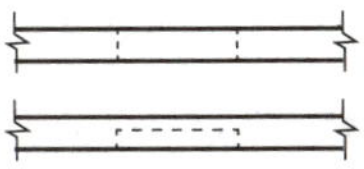	墙上预留洞口　墙上预留槽	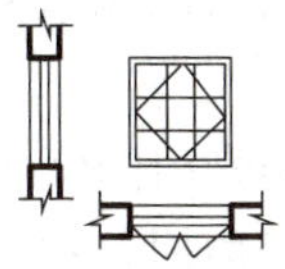	单层外开平开窗
	检查孔（左边为可见检查孔，右边为不可见检查孔）		

5. 尺寸和标高

（1）尺寸。必要的尺寸包括：房屋总长、总宽，各房间的开间、进深，门窗洞的宽度和位置，墙厚，以及其他一些主要构配件与固定设施的定型和定位尺寸等。

1）外部尺寸：在建筑平面图中，外墙应注三道尺寸。

①第一道尺寸，外轮廓尺寸，如房屋总长、总宽。

②第二道尺寸，轴线间的距离，用以说明房间的开间及进深的尺寸。

③第三道尺寸，表示细部的位置及大小。

2）内部尺寸：为了说明房间的净空大小和室内的门窗洞、孔洞、墙厚和固定设施的大小与位置。

（2）标高。在底层平面图中，还应标注出地面的相对标高，在地面有起伏处，应画出分界线。标注的标高为建筑标高。

其他各层平面图的尺寸，除标出轴线间的尺寸和总尺寸外，其余与底层平面图相同的细部尺寸均可省略。

﹨﹨﹨ 小贴士

（1）横向：建筑物宽度方向。

（2）纵向：建筑物长度方向。

（3）开间：一间房屋的面宽，即两条横向定位轴线之间的距离。

（4）进深：一间房屋的深度，即两条纵向定位轴线之间的距离。

视频：建筑标准化与模数协调

6. 有关的符号（如指北针、剖切符号、详图索引符号与详图符号等）

（1）指北针。指北针的形状如图 4-3-4 所示，圆的直径为 24 mm，用细实线绘制；指针尾部的宽度为 $D/8$，即 3 mm，指针头部应注"北"或"N"字。

（2）剖切符号。剖切符号及其编号，按规定画出，平面图上剖切符号的剖视方向通常宜向左或向上。若剖视图与被剖切图样不在同一张图纸内，可在剖切位置线的另一侧注明其所在的图纸号，也可在图纸上集中说明。

图 4-3-4　指北针

（3）详图索引符号与详图符号。为方便施工时查阅图样，在图样中的某一局部或构件，如需另见详图时，常用索引符号注明画出详图的位置、详图的编号及详图所在的图纸编号，如图 4-3-5 所示。

1）详图索引符号。用一引出线指出要画详图的地方，在线的另一端画一细实线圆，其直径为 10 mm。引出线对准圆心，过圆心在圆内画一水平线，以分数形式表示，分子为详图编号，分母为该详图所在图纸的图纸号。若详图与被索引图样在同一张图纸内，则分母用一水平细实线表示。

2）详图符号。表示详图的索引图纸和编号，用一粗实线圆绘制，直径为 14 mm，详图与被索引的图样在同一张图纸内时，应在圆圈内注明详图编号，若不在同一张图纸内，以分母形式说明被索引的图纸编号。

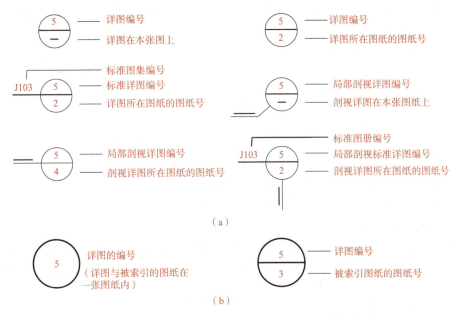

（a）

（b）

图 4-3-5　详图索引符号与详图符号

(a)详图索引符号；(b)详图符号

七、建筑平面图的识读

现以图 4-3-6 为例，说明建筑平面图的识读方法。

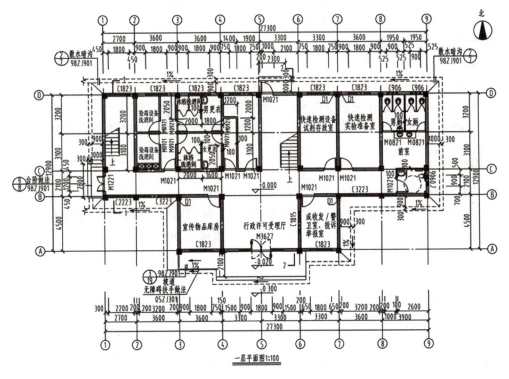

图 4-3-6　某综合楼一层平面图

1. 了解平面图的图名、比例、朝向

图 4-3-6 是某综合楼一层平面图，比例为 1∶100。由右上角的指北针可知，该综合楼坐北朝南，主要出入口在南面。

2. 了解房屋的平面形状和总体尺寸

该综合楼平面基本形状为 T 形，外墙总长 27 300 mm，总宽 12 900 mm。

3. 了解定位轴线及其编号

从定位轴线可以看出该综合楼的墙柱的布置。该综合楼共有 4 道纵轴，编号用大写字母依次从下到上顺序标出；9 道横轴，编号用阿拉伯数字依次从左向右顺序标出。

每个房间相邻横墙轴线之间的距离称为开间，相邻纵墙轴线之间的距离称为进深。如行政许可受理厅的开间是 6 600 mm，进深是 4 500 mm。

4. 了解各房间的名称、布局和交通联系

该综合楼有一个宣传物品库房、一个快速检测实验准备室，两个楼梯分别位于①～②轴线、⑤～⑥轴线之间，其中①～②轴线间的楼梯顺时针上二楼，⑤～⑥轴线间的楼梯逆时针上二楼。

5. 了解门窗的位置、数量和型号

门的代号为 M，窗的代号为 C，代号后面用数字表示它的编号，如 M0821、M3627、C1823……一般每个工程的门窗编号、名称、尺寸、数量及其所选标准图集的编号等内容，会在首页图的门窗表中列出。

6. 了解平面各部分的尺寸及室内外标高

一层平面图尺寸以 mm 为单位，常采用三道尺寸线进行标注，标高以 m 为单位。如该综合楼一层平面图室内地面标高为 ±0.000 m，室外地面标高为 −0.300 m。

7. 了解其他细部构造和设备配备情况

其他细部构造和设备配备情况主要包括楼梯、散水、台阶、坡道、雨水管、卫生间设备布置等。

8. 了解房屋的剖切位置、索引符号

了解有关部位节点详图的索引符号，看清需要画出详图的位置、详图编号和详图所在图纸的编号。例如，本图中，台阶做法需查阅中南图集图集号 98ZJ901 的第 8 页第 9 个大样图。

任务实施

任务要求中，绘制平面图可按如下步骤进行：

(1)确定绘制建筑平面图的比例和图幅。首先，根据建筑物的长度、宽度和复杂程度，以及尺寸标注所占用的位置和必要的文字说明的位置确定图纸的幅面。

(2)画底图。

①画图框线和标题栏。

②布置图面，画定位轴线、墙身线。

③在墙体上确定门窗洞口的位置。

④画楼梯散水等细部。

(3)仔细检查底图，无误后，按建筑平面图的线型要求进行加深。

(4)写图名、比例等其他内容。

【课堂任务单】

课堂任务单					
学习项目	识读建筑工程的图纸	班级		组别	
训练任务	任务三	姓名		日期	

读建筑平面图并填空。

1. 阅读一层平面图可知，本宿舍楼一层有＿＿＿间宿舍，总长为＿＿＿ mm，总宽为＿＿＿ mm，建筑朝向为＿＿＿。

2. 由图可知：一层楼地面的标高为＿＿＿ m，卫生间的标高为＿＿＿ m，室外地坪标高为＿＿＿ m，室内外高差为＿＿＿ m。

3. 本图中横向轴线有＿＿＿条，纵向轴线有＿＿＿条，卫生间的开间是＿＿＿ mm，进深是＿＿＿ mm，外墙厚为＿＿＿ mm，楼道进深是＿＿＿ mm。

4. 由图可知：宿舍门的代号为＿＿＿，要进入宿舍我们需要＿＿＿进入，卫生间东侧隔壁房间的名称是＿＿＿。

5. 1—1剖面符号表示建筑物被剖开后，剖面图的视图方向为＿＿＿。

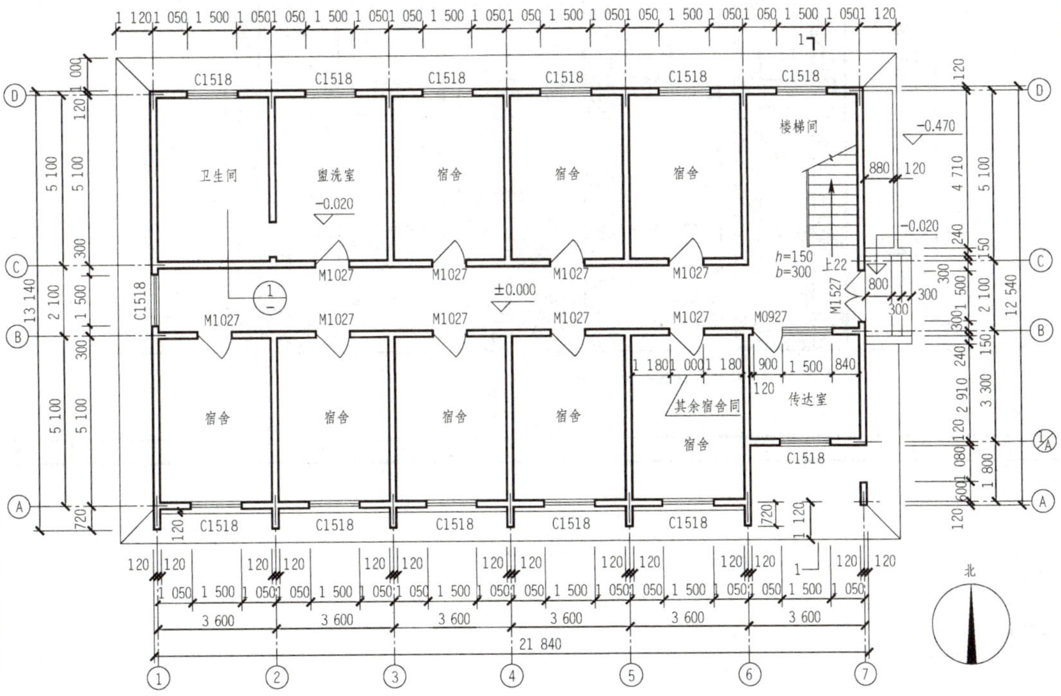

一层平面图 1:100

小组互评					
教师指导与评价					
成绩（等级）		A/优秀	B/良好	C/中等	D/合格	E/不合格

任务四 建筑立面图识读

采用图示比例，绘制图 4-4-1 所示的立面图。

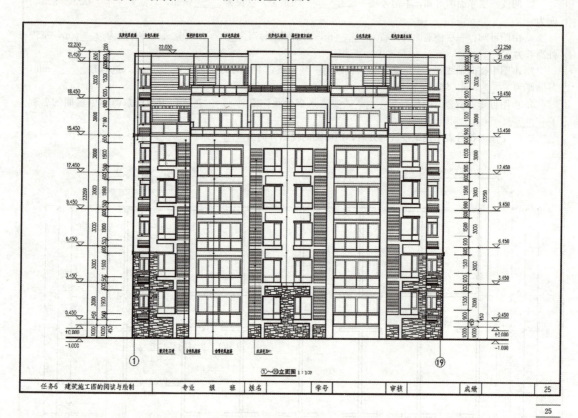

图 4-4-1　立面图

如何了解一栋建筑物的外观？可以通过建筑立面图来了解。这次课程我们将要学习建筑立面图的识读和绘制。

建筑立面图是在与房屋立面相平行的投影面上所作的正投影图，简称立面图。其中，反映主要出入口或比较显著地反映出房屋外貌特征的那一面立面图，称为正立面图。其余的立面图相应地称为背立面图、侧立面图。通常也可按房屋朝向来命名，如南立面图、北立面图、东立面图、西立面图。若建筑各立面的结构有丝毫差异，都应绘出对应立面的立面图来诠释所设计的建筑。

一、建筑立面图的形成

建筑立面图是将建筑物的外立面向与其平行的投影面所作的正投影，简称立面图。如图 4-4-2 所示。

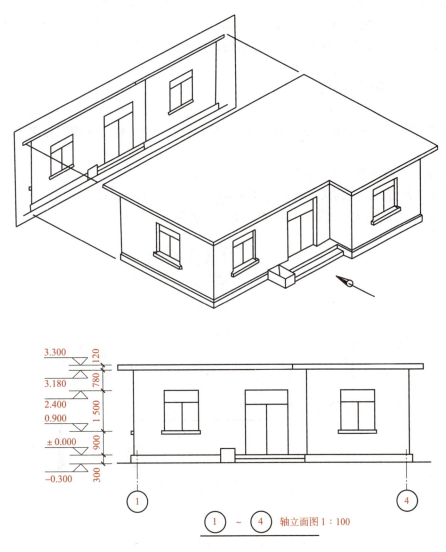

图 4-4-2　建筑立面图的形成

二、建筑立面图的种类

建筑立面图有两种。将建筑物的正、背立面向与其平行的（V 面）投影面作正投影，所得图形就称为建筑正、背立面图。将建筑物的左、右立面向与其平行的（W 面）投影面作正投影，所得图形就称为建筑侧立面图。

三、建筑立面图的用途

一幢建筑物美与丑、是否与周围环境相协调，在很大程度上取决于立面的艺术处理，包括建筑造型与尺度、装饰材料的选用、色彩的选用等内容，在施工图中立面图主要反映房屋各部位的高度、外貌和装修要求，建筑立面图是建筑外装修的主要依据。建筑立面图主要用来表示建筑物的形体和外貌及装修要求，表示立面各部分配件的形状及相互关系，反映房屋总高及各部位的高度尺寸和构造做法，是建筑施工外装修的主要依据。

四、建筑立面图的命名

每幢建筑的立面至少有三个，每个立面都应有自己的名称。立面图命名方式有以下三种。

1. 按建筑平面图中的定位轴线编号命名

按照观察者面向建筑物从左到右的轴线顺序命名，如①~⑦轴立面图，⑦~①轴立面图等。如图 4-4-3 所示为建筑立面图的投影方向和名称。

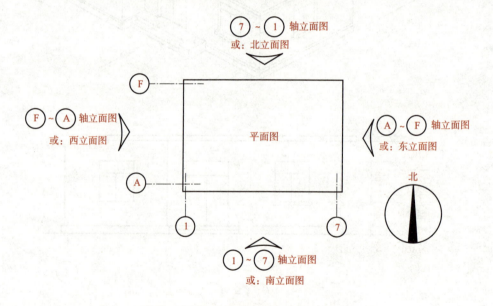

图 4-4-3　建筑立面图的投影方向和名称

2. 按建筑物的朝向命名

建筑物的某个立面面向哪个方向，就称为哪个方向的立面图，如建筑物的立面面向南面，该立面称为南立面图；面向北面，就称为北立面图等。

3. 按建筑物立面的主次命名

将建筑物反映主要出入口或比较显著地反映外貌特征的立面称为正立面图，次之的立面图称为背立面图、左立面图和右立面图。

在建筑立面中这三种命名方式都可使用，但每套施工图只能采用一种方式命名，最常用的是按定位轴线命名的方法。

五、建筑立面图的图示内容

建筑立面图的图示内容如下：

(1)建筑物外形，可见的室外地面线、房屋的勒脚、台阶、花池、门、窗、雨篷、阳台、室外楼梯、墙体外边线、檐口、屋顶、雨水管、墙面分格线等内容。

(2)标注建筑物立面上的总高度(屋檐或屋顶)、室外地面的标高、各楼层的标高、门窗洞口的标高、阳台、雨篷、女儿墙顶、楼梯间屋顶的标高。

(3)标注建筑物两端的定位轴线及其编号。

(4)用文字说明外墙面装修的材料及做法。

(5)标注出需要详图表示的索引符号。

六、建筑立面图的识读

如图4-4-4所示，从图名可知该图为某别墅的南立面图，比例为1:100。

从立面图上可以看到整个建筑的外形和轮廓，如该别墅的屋顶为坡屋顶，屋顶下部有一圈采光高窗；下部各层都有阳台或露台，以及栏杆、栏板的造型；底层有室外楼梯通至地面上；负一层有一个车库的门。此外，还可以看到各个门窗形状、大小和位置。

从图上可知立面图同平面图一样也分为外部标注和内部标注。

1. 外部标注

该别墅左右共有三道尺寸和相关的标高。最外面的一道表示建筑总高尺寸，其总高为12.40 m。中间一道表示各层高度尺寸，如负一层为2.65 m，首层为3.45 m、二层为3.00 m，三层为3.30 m。最里面一道为门窗尺寸，表示靠最外侧各层门窗的高度，如最左侧和最右侧、首层和二层落地推拉门高度均为2.40 m，第三层落地推拉门高度为2.10 m。标高同平面图中一样，都是相对于±0.000而定的，可以对照平面图来看。

2. 内部标注

在立面图的内部出现的门窗、各构件等外部尺寸无法标注清楚的地方，需要增加内部标注。一般习惯在进行内部标注时，仅注写标高，而不注写尺寸，如第三层内部的窗洞口上部标高为8.400 m、下部标高为6.900 m，两者相减可知该处窗高为1.50 m。

从图上外墙装饰图例和文字说明，可以了解到外墙各个部分的装饰材料，其具体做法应查阅建筑设计说明和建筑构造做法表。例如，负一层、一层及局部二层的外墙采用浅黄色文化石，局部二层和三层的外墙采用淡黄色真石漆，屋顶采用灰色平瓦。

此图中的阳台和露台的栏杆都标有详图索引符号，表示将在另外的建筑施工图纸中详细绘制。

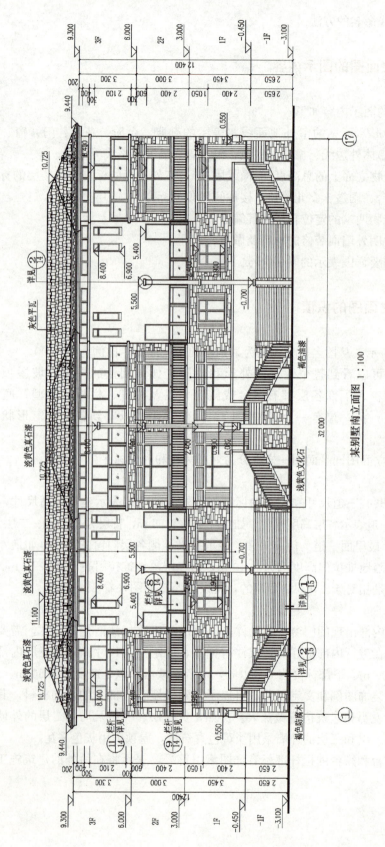

某别墅南立面图 1:100

图 4-4-4 某别墅的南立面图

小贴士

1. 建筑构配件：建筑物是由若干个大小不等的室内空间组合而成的，而空间的形成又需要各种各样的实体来组合，这些实体称为建筑构配件。建筑物当中的主要构配件有楼板、墙体、柱子、基础、梁等，次要构配件包括门窗、阳台、雨篷、台阶、散水等。

2. 层高：层高是指上下两层楼面（或地面至楼面）标高之间的垂直距离。其中，最上一层的层高是其楼面至屋面（最低处）标高之间的垂直距离。

3. 建筑高度：建筑高度是指建筑物室外地面到其檐口或屋面面层的高度。屋顶上的水箱间、电梯机房、排烟机房和楼梯出口小间等，不计入建筑高度。

拓展阅读

封闭阳台：原设计及竣工后均为封闭的阳台为封闭阳台。商品房的封闭阳台计入套内建筑面积，全部作为销售面积。

非封闭阳台：原设计或竣工后不封闭的阳台为非封闭阳台。商品房的非封闭阳台按套内建筑面积的一半计算销售面积。

走廊：指住宅套外使用的水平交通空间。

玄关：专指住宅室内与室外之间的一个过渡空间，它是一个缓冲过渡的地段，也有人把它叫作过厅、门厅。在住宅中玄关虽然面积不大，但使用频率较高，是进出住宅的必经之处，此处一般当作换鞋等场所。

外飘窗：指房屋窗子呈矩形或梯形向室外凸起，窗子三面为玻璃，从而使人们拥有更广阔的视野，更大限度地感受自然、亲近自然，通常它的窗台较低甚至为落地窗。

露台：一般是指住宅中的屋顶平台或由于建筑结构需求而在其他楼层中做出的大阳台，由于它的面积一般较大，上边又没有屋顶，所以称为露台。

单元式房屋：指整楼设计分割为由多个可独立出售的部位及各种特定功能的共用部位组成的房屋，如商品房、拆迁安置房、综合楼等类型。

跃层式住宅：是近年来推广的一种新颖住宅建筑形式。这类住宅的特点是，内部空间借鉴了欧美小二楼独院住宅的设计手法，住宅占有上下两层楼面，卧室、起居室、客厅、卫生间、厨房及其他辅助用房可以分层布置，上下层之间的交通不通过公共楼梯而采用户内独用小楼梯连接。跃层式住宅的优点是每户都有二层或二层合一的采光面，即使朝向不好，也可通过增大采光面积弥补，通风较好，户内居住面积和辅助面积较大，布局紧凑，功能明确，相互干扰较小。

阁楼：指位于自然层内，利用房屋内的上部空间或人字屋架添加的使用面积不足该层面积的暗楼，不计层次。

【课堂任务单】

课堂任务单				
学习项目	识读建筑工程图纸	班级		组别	

训练任务	任务四	姓名		日期	

目的：通过抄图加深学生对建筑施工图的识读和理解，让学生了解绘图规范，掌握绘图技巧，提高绘图技能。

要求：绘制铅笔图；采用 A3 图幅或教师选定；比例采用 1：100 或教师选定；绘图布局合理、图面干净整洁、字体符合要求、线型分明、符合国标要求。

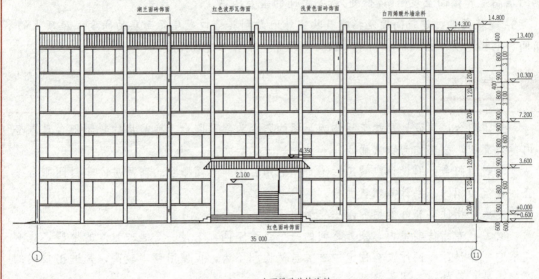

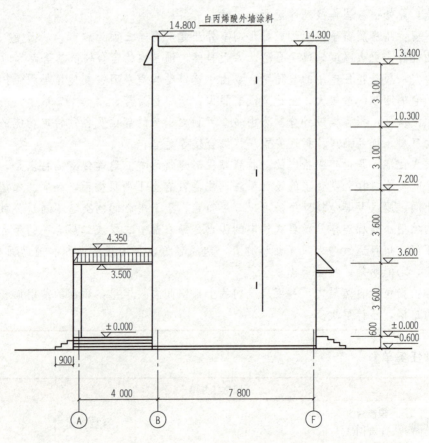

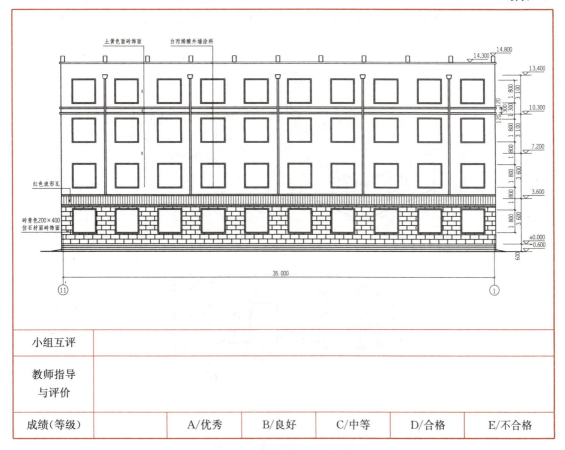

小组互评					
教师指导 与评价					
成绩(等级)		A/优秀	B/良好	C/中等	D/合格	E/不合格

任务五 建筑剖面图识读

任务要求

通过【任务资讯】的学习，总结建筑剖面图识读的主要内容。

任务资讯

在形体的投影图中，制图规范规定：可见的轮廓线用实线表示，不可见的轮廓线则用虚线表示。因此对内部结构比较复杂的一个形体来说，势必在投影图出现较多的虚线，使实线与虚线混淆不清，不利于读图和尺寸的标注，故在绘图时采用"剖切"的表达方法让内部结构形状呈现，使不可见部分变得可见。

一、建筑剖面图的形成

假想用一个(或一个以上)平行于投影面的铅垂剖切平面，在建筑物的建筑、结构构件变化处将房屋铅垂剖切，移去观察者与剖切平面之间的房屋部分，将剩余部分投影到与剖切平面平行的投影面上，所得的投影图称为建筑剖面图，简称剖面图。如图 4-5-1 所示。

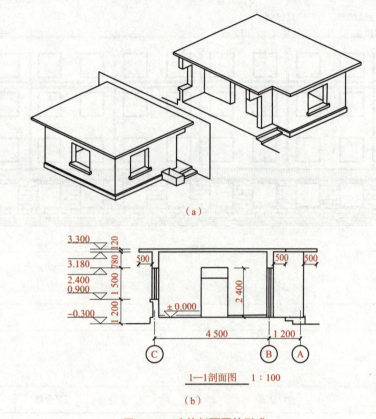

（a）

（b）

1—1剖面图　1：100

图 4-5-1　建筑剖面图的形成

二、建筑剖面图的用途

建筑剖面图用来表示在垂直方向上建筑物内部的结构构造、楼层分层、各层楼地面、屋顶的相关尺寸、标高及构造做法等内容。

剖面图与被剖切图样不在同一张图纸内。此时可在剖切位置线的另一侧注明其所在图纸的编号，如图 4-5-2 所示，也可以在图纸上集中说明。

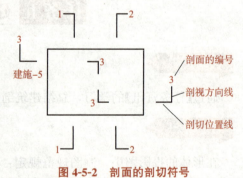

剖面的编号

剖视方向线

剖切位置线

建施—5

图 4-5-2　剖面的剖切符号

三、建筑剖面图的内容

（1）表示被剖切到的承重构件梁、板、柱、墙的关系及其定位轴线。

（2）表示室内底层地面，各层楼面、屋顶、门窗、楼梯、阳台、雨篷、防潮层、踢脚板、室外地面、散水、明沟及室内外装修等剖切到和可见的内容。

（3）表示建筑物的各部分高度。剖面图中应标注相应的标高与尺寸。

1）标高：应标注被剖切到的外墙门窗口的标高，室外地面的标高，檐口、女儿墙顶的标高，以及各层楼地面的标高。

2）尺寸：应标注门窗洞口高度、各层间的高度和建筑总高三道尺寸，室内还应注出内墙体上门窗洞口的高度及内部设施的尺寸。

（4）因剖面图比例小，故楼地面、屋顶各层的构造做法，一般用索引符号的索引另画节点详图。

剖面图的比例应与平面图、立面图的比例一致，因此在剖面图中一般不画材料图例符号，被剖切平面剖切到的墙、梁、板等轮廓线用粗实线表示，没有被剖切到但可见的部分用细实线表示，被剖切断的钢筋混凝土梁、板涂黑。

四、建筑剖面图的识读

图 4-5-3 所示为建筑剖面图，图中 1—1 剖面图是按图 4-5-4 中 1—1 剖切位置绘制的，为全剖面图，绘制比例为 1：100。其剖切位置通过单元门、门厅、楼梯间，剖切后向左进行投影，得到横向剖面图，基本能反映建筑物内部竖直方向的构造特征。

1—1 剖面图的比例是 1：100，室内外地坪线画加粗线，地坪线以下的墙体用折断线断开。剖切到的墙体用两条粗实线表示，不画图例，表示用砖砌成。剖切到的楼面、屋面、梁、阳台和女儿墙压顶均涂黑，表示其材料为钢筋混凝土。

由图 4-5-3 可知该建筑共分为四层，分别为一、二、三层及阁楼层。本图明确表示出每层楼梯、台阶的踏步数及梯段高度、平台板标高，也表示出门窗洞口的竖向定位及尺寸，以及洞口与墙体或其他构件的竖向关系，还表示出地面、各层楼面、屋面的标高及它们之间的关系。剖面图尺寸也有三道，最外侧一道尺寸标明建筑物主体的总高度，中间一道尺寸标明各楼层高度，最内侧一道尺寸标明剖切位置的门窗洞口、墙体的竖向尺寸。例如，该建筑总高度为 10 600 mm，一层（1F）的层高为 3 000 mm，二、三层（2F、3F）的层高为 2 900 mm，一层单元入口地面高为 600 mm。剖面图中所标轴线间尺寸与建筑平面图中被剖切位置的相应轴线对应，故图 4-5-3 中Ⓐ、Ⓑ轴线间尺寸为 4 800 mm，与平面图中相符。

2—2 剖面图是以图 4-5-4 中 2—2 剖切位置绘制的，为楼层剖面图，图中除反映楼层、阳台门的高度及阳台的构件形式、尺寸等内容外，其他内容与 1—1 剖面图相同。

<!-- 任务实施 -->
【任务要求】中，建筑剖面图识读的总结如下：

（1）首先阅读图名和比例，并查阅底层平面图上的剖面图的标注符号，明确剖面图的剖切位置和投影方向。

（2）分析建筑物内部的空间组合与布局，了解建筑物的分层情况。

（3）了解建筑物的结构与构造形式，墙、柱等之间的相互关系及建筑材料和做法。

（4）阅读标高和尺寸，了解建筑物的层高、楼地面的标高及其他部位的标高和有关尺寸。

总之，阅读建筑剖面图时应以建筑平面图为依据，由建筑平面图到建筑剖面图，由外部到内部，由下到上，反复对照查阅，形成对房屋的整体认识，还可以得知各楼层、休息平台面、屋面、檐口顶面的标高尺寸。

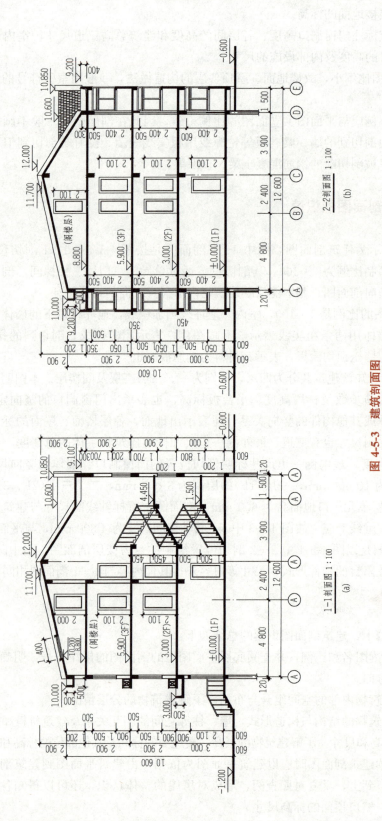

图 4-5-3　建筑剖面图

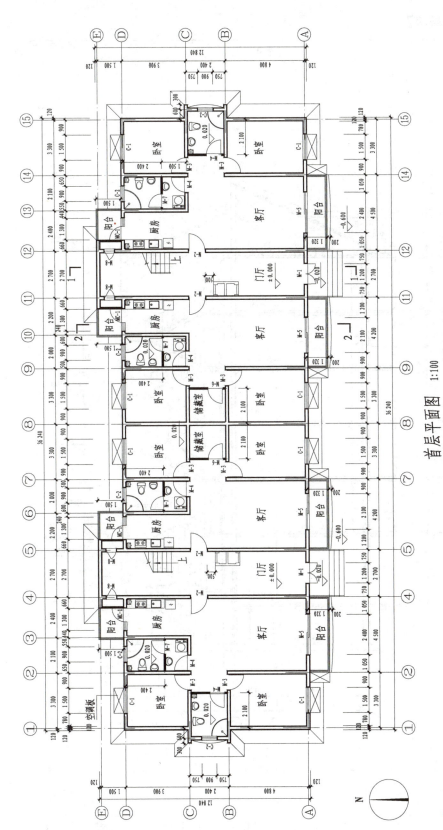

首层平面图 1:100

图4-5-4 首层平面图

视频：建筑剖面图
及建筑详图

课堂任务单				
学习项目	识读建筑 工程图纸	班级	组别	
训练任务	任务五	姓名	日期	

要求：A2 图幅，比例为 1∶100；图名为 1—1 剖面图。

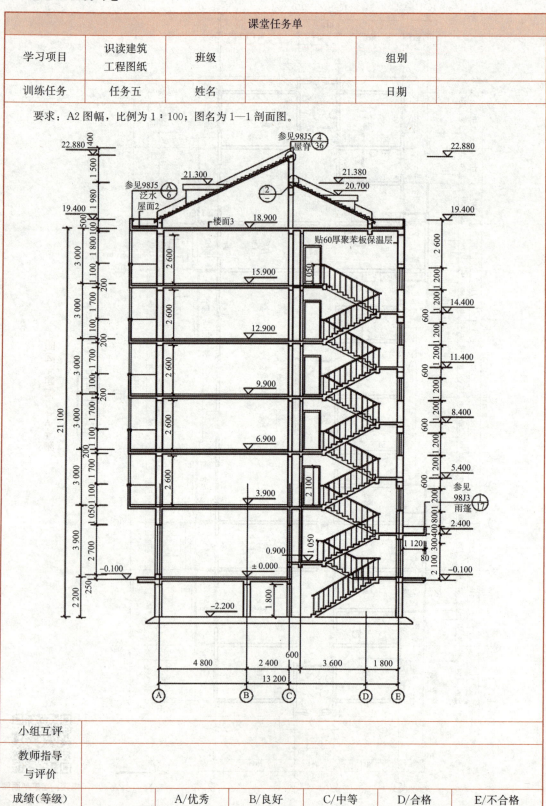

小组互评				
教师指导 与评价				
成绩(等级)		A/优秀	B/良好	C/中等	D/合格	E/不合格

以系统思维推进城市更新(新论)

城市更新是推动城市高质量发展的重要手段。党的二十大报告提出，"提高城市规划、建设、治理水平，加快转变超大特大城市发展方式，实施城市更新行动，加强城市基础设施建设，打造宜居、韧性、智慧城市。"

从北京崇雍大街，到福建福州三坊七巷，从广东潮州牌坊街，到重庆渝中戴家巷……实践中，多地以实施城市更新行动为抓手，下足"绣花功夫"，改善了人居环境、保护了文化遗产、拓展了空间资源。近年来，越来越多的老街巷变为新地标，成为人们领略城市魅力的一扇窗口。据不完全统计，2022年，全国有571个城市实施城市更新项目达到6.5万个。这些项目的实施，对于完善城市功能、增进民生福祉、促进经济发展发挥了重要作用。

城市工作要树立系统思维，从构成城市的诸多要素、结构、功能等方面入手，对事关城市发展的重大问题进行深入研究和周密部署，系统推进各方面工作。城市更新工作是一项复杂的系统工程，不仅要实现空间环境的改善，还要兼顾社会、经济、文化、治理等多重目标。以上海愚园路更新工作为例，在改善民生方面，开展卫生设施改造等补短板工作，解决长期困扰居民的实际问题；在商业开发方面，助力改善100多家个性化小店经营状况，实现沿街商业和居住环境更好融合；在文化保护方面，最大限度保留原有历史风貌和文化元素；在基层治理方面，广泛调动居民和商家参与社区营造和微更新计划……多年来，通过系统谋划、统筹推进，老街区实现"逆生长"，各方面焕然一新。可见，以系统思维推进城市更新，确保各项工作彼此协调、相辅相成，才能让城市更新成果更好融入社会发展、惠及百姓生活。

以系统思维推进城市更新，不能眉毛胡子一把抓，必须突出重点。惠民生，解决好人民群众急难愁盼问题，才能在城市更新中更好满足人民群众对美好生活的需要。促发展，在改善居住环境的同时，通过城市更新推动产业园区提质增效，为商业活动提供便利，创新消费场景，将为城市发展注入更多活力。彰人文，在城市更新中处理好传统与现代、继承与发展的关系，保护好、挖掘好、运用好历史文化遗存，才能更好延续城市历史文脉，让老城区焕发新活力。优治理，以城市更新为契机，注重在科学化、精细化、智能化上下功夫，持续推动城市治理和公共服务水平提升，就能不断增强群众的获得感、幸福感、安全感。

城市是人民的城市，人民城市为人民。新时代新征程，始终坚持以人民为中心的发展思想，统筹兼顾、协调发展，扎实推进城市更新各项工作，必将为城市发展注入源源不断的新动能，更好造福广大人民群众。

资料来源：https://baijiahao.baidu.com/s? id=1777071346071491561&wfr=spider&for=pc

项目五　识读构造详图

知识与能力目标

1. 知识目标：理解和掌握建筑构造详图的基本概念、图示内容、表示方法及制图规则等基础理论知识。

2. 能力目标：能够根据工程及环境的具体条件，合理地选择或实施有效、可靠、安全、经济、美观的建筑构造措施；熟练应用有关建筑构造详图的国家和行业标准、规范。

情感与价值目标

1. 培养空间感知：通过学习建筑构造详图，学生可以更好地理解三维空间的结构，提高其空间感知能力。

2. 提升职业素养：构造详图的识读是建筑专业学生的必备技能之一，通过这种技能的培养，学生可以更好地适应未来的职业要求，提升其职业素养和竞争力。

3. 增进团队协作：构造详图的识读需要细致和耐心，这需要学生之间相互协作，共同完成。这不仅可以培养学生的团队协作精神，也可以增进同学之间的友谊。

阅读材料

上海某小区楼房整体倒塌案例

2009 年，上海某小区一栋未完工的居民楼整体倒塌，造成一名工人死亡。倒塌后其整体结构基本没有破坏，甚至多数玻璃完好无损，大楼底部的桩基基本完全断裂，如图 5-0-1 所示。

图 5-0-1　倒塌现场照片

1. 分析倒塌原因

(1) 上海属冲积平原，土质较软，该小区地处淤泥质土中，地基承载力差。

(2) 自然环境原因，事故发生的一周时间内连日降雨，使地基土流动性增加，对桩基础支撑力减小。

(3) 该楼北侧开挖土方，堆土最高处达到 10 m，产生侧向推力，同时南侧开挖地下车库，开挖深度为 4.6 m，对 PHC 桩产生很大的偏心弯矩，深坑、堆土、河道构成了由北向南的三点一线，改变了地基的受压结构，发生土体水平滑移，产生的侧推力远超地基承载力，且超过了桩基的抗侧能力，这三点一线的合力，扯断了大楼赖以稳定的桩基，最终导致房屋倾倒。

事故原因分析如图 5-0-2 所示。

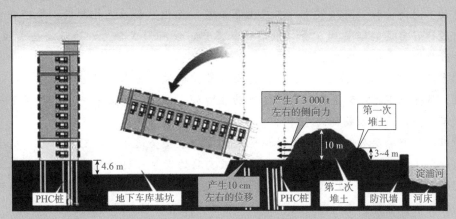

图 5-0-2 事故原因分析

2. 事故责任

(1) 土方堆放位置不当。在未对天然地基承载力计算的情况下，建设单位随意指定将开挖土方短时间内集中在该楼北侧。

(2) 开挖基坑违反相关规定。土方开挖单位在未经监理单位同意，未进行有效监测，不具备相应资质的情况下，没有按照相关技术要求开挖。

(3) 监理不到位。监理单位对建设单位、施工单位的违法、违规行为未进行有效处理，对施工现场事故隐患未及时报告。

(4) 管理不到位。建设单位管理混乱，违章指挥、压缩施工工期，施工单位未予以及时制止。

(5) 安全措施不到位。施工单位对基坑开挖及土方处置未采取专项防护措施。

3. 事故处理结果

(1) 项目负责人犯重大责任事故罪判处有期徒刑 5 年。

(2) 建筑公司法定代表、总经理，犯重大责任事故罪判处有期徒刑 5 年。

(3) 项目现场负责人，犯重大责任事故罪判处有期徒刑 4 年。

(4) 该小区二标段名义项目经理(借其资质未要报酬)，犯重大责任事故罪判处有期徒刑 3 年。

（5）土方开挖工程承包人员，犯重大责任事故罪判处有期徒刑4年。

（6）监理公司项目总监理，犯重大责任事故罪判处有期徒刑3年。

（7）房地产开发有限公司向购房者赔付1千余万元；赔付死难者家属77.5万元。

4. 启示

（1）知识要点。地基土层构造对建筑物安全有重大影响；地基土含水量的大小对地基承载力有很大的影响。

（2）其他启示。

1）所有的安全事故都是能够防止和避免的。事发必有因，从根源入手，切断事故发生的条件就能防止事故的发生，所以必须树立安全意识。

2）在本次事故中，作为工程建设单位、施工单位、监理单位的工作人员在同一个工程项目的不同岗位和不同环节中，本应上下衔接、互相监督、互相制约、紧密合作，但却没有履行好自己的职责和义务，没有团队意识，没有形成合力，违反安全管理规定，最终导致此重大事故的发生。

3）牢记"千里之堤，溃于蚁穴"，作为土方开挖单位，没有及时进行土方清运，在一侧堆土、另一侧下挖，又恰逢雨季土体流动性增加，各种隐患汇集到一起变成了一股洪流，势不可挡，最终酿成大祸。

所以此案例警示人们，无论何时何地要时刻绷紧安全这根弦，防微杜渐，从小事做起，及时发现和处理不安全因素，防止事故或灾难的发生。要正确认识到安全不是一个人的问题，而是你中有我，我中有你，是一个上下关联、人人互保、环环相扣的链，是一张错综复杂、紧密相连的网，要记住：安全生产没有及格，只有满分！

任务一　基础构造及详图识读

任务要求

识读宿舍楼基础平面布置图（图5-1-1）及基础详图（图5-1-2）。

任务资讯

一、基础平面图的含义

假想用一水平剖切面沿建筑物底层室内地面将整栋建筑物剖开，移去剖切面以上部分，将剖切面下部构件作为水平投影，即得到基础平面图。

基础平面图主要表示基础的平面布置及墙、柱与轴线的关系，为施工放线、开挖基槽或基坑和砌筑基础提供依据。

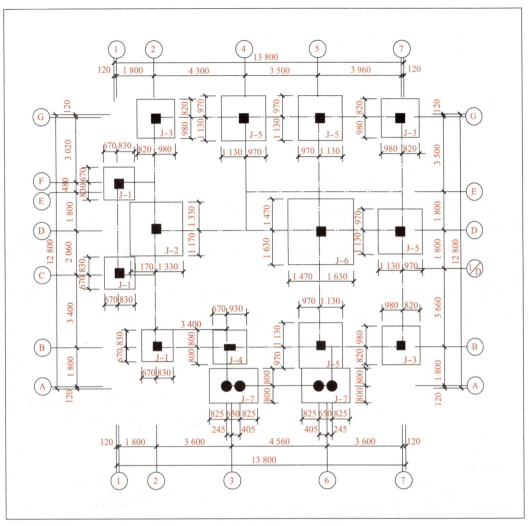

图 5-1-1 宿舍楼基础平面布置图

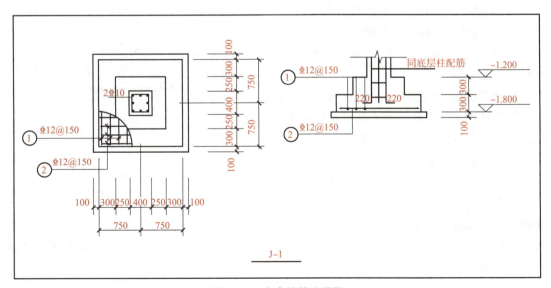

图 5-1-2 宿舍楼基础详图

二、基础平面图的图示内容及读图方法

(1)图名与比例。

(2)纵向、横向定位轴线及其编号、尺寸。

(3)基础的平面布置和尺寸,包括基础墙、柱、底面形状和尺寸及其与轴线的位置关系。

(4)基础梁的位置、代号及编号。

(5)基础墙上留洞的位置、洞的尺寸和洞底标高。

(6)基础的编号、基础断面图的剖切位置及编号。

在基础平面图中,绘图的比例、轴线编号及轴线间的尺寸必须同建筑平面图一致。绘图时只画出基础墙(或柱)及基础底面的轮廓线,其他细部轮廓线省略不画,这些细部的形状和尺寸在基础详图中表示。由于基础平面图实际上是水平剖面图,故剖到的基础墙、柱的边线用粗实线画出;基础边线用细实线画出;在基础内留有孔、洞及管沟位置用细虚线画出。不同类型的基础、柱分别用代号J1、J2、… 和Z1、Z2、… 表示。

三、基础详图的图示内容与识读方法

在基础平面图上的某一位置,用铅垂剖切面切开基础得到的断面图即基础详图(图5-1-3),常用1:10、1:20、1:50的比例绘制,基础详图主要表达基础各部分的详细尺寸和构造。

基础详图图示内容如下:

(1)图名和绘图比例。

(2)轴线及编号,若为通用图,轴线圆圈内可不编号。

(3)基础断面形状、尺寸、材料及配筋。

(4)室内外地面标高及基础底面标高。

(5)垫层、基础墙、基础梁的形状、大小、材料及强度等级。

(6)钢筋混凝土基础应标注钢筋直径、间距及钢筋编号,现浇钢筋混凝土基础应标注预留插筋、搭接长度与位置,箍筋加密等。桩基础应表示承台、配筋及桩尖埋深等。

(7)防潮层的位置及做法,垫层材料等。

注意:在基础详图中,梁的轮廓线用细实线绘制,基础砖墙的轮廓线用中粗实线绘制,梁内钢筋用粗实线绘制,钢筋断面用小黑圆点表示。基础墙的断面绘制砖的材料图例,钢筋混凝土基础梁的断面上不绘制材料图例,以突出配筋情况。基础垫层材料可用文字说明,不绘制相应的材料图例。

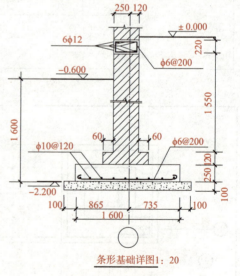

条形基础详图1:20

图 5-1-3 基础详图

四、有关概念及基本知识

1. 基础与地基

基础是建筑物的墙或柱埋在地下的扩大部分，属于建筑物最下部的承重构件，它承受建筑物传来的全部荷载连同自重传递给地基。地基是基础下部承受压力的土体或岩体，直接承受建筑物荷载的部分称为持力层，持力层以下称为下卧层。

视频：地基与基础概述

基础必须具有足够的强度、刚度和耐久性，才能保证建筑物的安全和正常使用，遇有设备管线穿越的部位须预留管道孔，可采用预埋金属套管、使用特制的钢筋混凝土预制块等方法。

2. 基础的埋置深度

室外设计地坪到基础底面的垂直距离称为基础埋置深度，简称埋深。室外设计地坪是指按设计要求工程竣工后室外场地经垫起或开挖后的地坪。

基础的埋置深度直接影响着工程造价、施工工期及施工的技术措施。为了降低工程造价，且保证构造简单及施工方便，在满足基础强度和变形要求的前提下，基础应尽量浅埋，但不能小于 0.5 m，当建筑物设有地下室、设备基础和地下设施时，基础顶面距离室外设计地面不小于 100 mm。当表层土质承载能力较弱，总荷载较大或有其他特殊情况时，应根据实际情况选用较深基础。一般情况下，基础埋置深度≤5 m 时称为浅基础；基础埋置深度＞5 m 时称为深基础。

基础应埋置在坚实的持力层上，并宜埋置在最高地下水水位以上，若条件限制必须埋置在地下水水位以下时，应置于最低地下水水位以下不小于 200 mm 处(图 5-1-4)。若处于寒冷地区土质发生冻结时，基础应埋置于冰冻线以下 100～200 mm，以防止冻融循环使基础产生破坏(图 5-1-5)。

视频：基础的埋置深度及影响因素

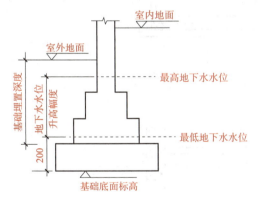

图 5-1-4 地下水水位对基础埋深的影响

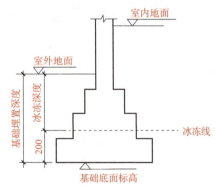

图 5-1-5 冻结深度对基础埋深的影响

3. 基础按构造形式分类

(1)独立基础。当建筑物上部采用柱承重且柱距较大时，将柱下扩大形成独立基础，常用的断面形式有阶梯形、锥形、杯形等(图 5-1-6)，适用于土质均匀的框架结构建筑中。

(2)条形基础。当建筑物上部结构采用墙承重时，基础沿墙身连续设置成长条形，称为条形基础或带形基础(图 5-1-7)。当采用柱承重时，在荷载较大且地基软弱时，为提高建筑物的整体性，防止出现不均匀沉降，可将柱上基础沿一个方向连续设置成条形基础。

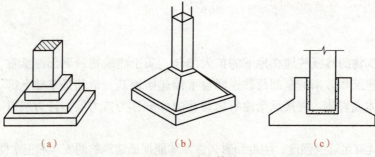

图 5-1-6　独立基础

（a）阶梯形独立基础；（b）锥形独立基础；（c）杯形独立基础

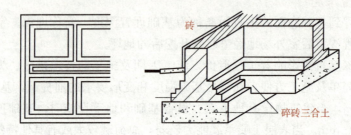

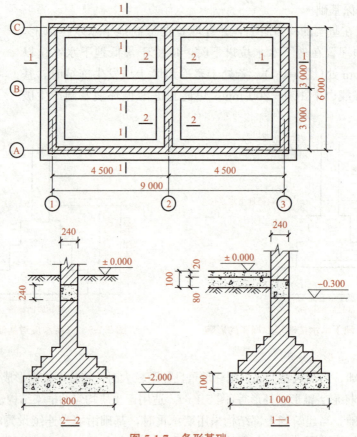

图 5-1-7　条形基础

1. 如图 5-1-7 所示，条形基础墙体厚度为 240 mm，基础垫层高度为 100 mm，底部标高为－2.000，基础梁高为 240 mm，梁底标高为－0.300。

2. 条形基础可以理解为被拉长的独立基础。

(3)井格基础。当地基条件较差或上部荷载较大时，为了提高建筑物的整体性，防止柱子间产生不均匀沉降，常将柱下基础沿纵横两个方向连接起来，形成十字交叉的井格基础（图 5-1-8）。

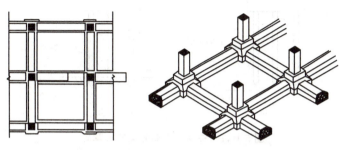

图 5-1-8　井格基础

(4)筏形基础。当建筑物上部荷载较大而地基承载能力较弱时，采用简单的独立基础或条形基础等已不能适应地基变形的需要，这时常将墙或柱下基础连成一片，使荷载承受在一张整板上称为筏形基础，也称片筏基础（图 5-1-9）。

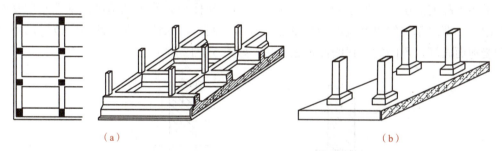

（a）　　　　　　　　　　（b）

图 5-1-9　筏形基础

（a）梁板式；（b）平板式

(5)箱形基础。当建筑物荷载很大，基础需深埋时，为增加建筑物的整体刚度，不致因地基的局部变形影响上部结构，故采用钢筋混凝土整浇的底板、顶板、若干纵横墙组成的空心箱体作为建筑物的基础，称为箱形基础（图 5-1-10），它适用于建筑物荷载较大的高层建筑和带地下室的建筑中。

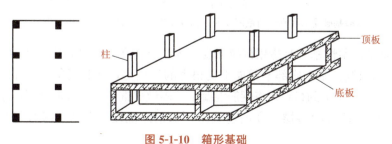

图 5-1-10　箱形基础

(6)桩基础。当建筑物上部荷载较大，地基的软弱土层厚度在 5 m 以上，地基的承载力不能满足要求，对软弱土层做人工地基处理困难或不经济时，则采用桩基础。桩基础由承台和桩身两部分组成。目前最常采用的是钢筋混凝土桩；根据施工方法不同，钢筋混凝土桩可分为预制桩、灌注桩和爆破桩；根据受力性能不同，又可分为摩擦桩和端承桩（图 5-1-11）等。

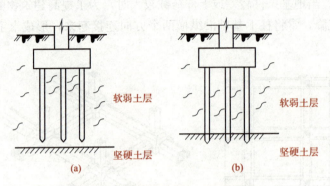

图 5-1-11　按受力性能分类的桩基础
(a)摩擦桩；(b)端承桩

4. 按基础所用材料和受力特点分类

(1)刚性基础。刚性基础是采用抗压强度高、抗拉强度低的砖、石、混凝土等刚性材料制成的不需配筋的墙下条形基础或柱下独立基础，又称为无筋扩展基础。刚性基础受刚性角的限制，即对基础的出挑宽度和高度之比进行限制，以保证基础在此夹角范围内不因受弯和受剪而破坏，不同的材料刚性角也不同，如图 5-1-12 所示。

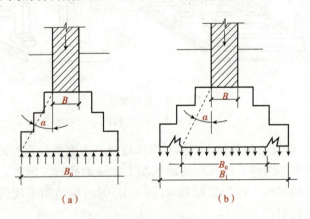

图 5-1-12　刚性基础
(a)基础受力在刚性角范围以内；(b)基础宽度超过刚性角范围而破坏

视频：基础的
分类与构造

(2)柔性基础。柔性基础是指用抗拉强度、抗弯强度高的材料制成的基础，基础宽度的加大不受刚性角限制，基础底部不但能承受很大的压应力，而且还能承受很大的弯矩，能抵抗弯矩的变形。为了节约材料，将钢筋混凝土基础做成锥形，但最薄处不应小于 200 mm，这种基础用于荷载较大的多层、高层建筑中，如钢筋混凝土基础。柔性基础如图 5-1-13所示。

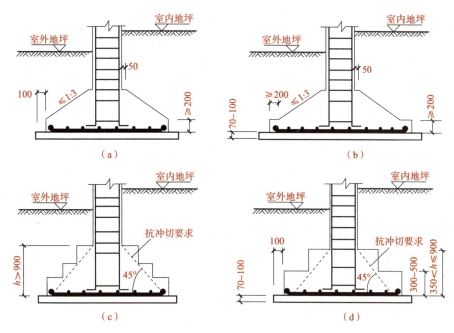

图 5-1-13 柔性基础
(a)、(b)现浇锥形基础；(c)、(d)现浇阶梯形基础

　　小区地处淤泥质土中，地基承载力差，那么遇到这种情况应该对地基进行怎么处理才能达到承载力要求呢？

　　软土地基的常用处理方法如下：

　　(1)换填垫层法。即将表层不良地基土挖除，然后回填有较好压密特性的土进行压实或夯实，形成良好的持力层。从而改变地基的承载力特性，提高抗变形和稳定能力。工程施工中有砂砾垫层法、换填法和抛石挤淤法等几种方法。

　　(2)排水固结法。排水固结法的主要特点是理论成熟，施工设备简单，费用较低。排水固结的原理是软弱地基在荷载作用下，土中孔隙水慢慢排出，孔隙体积不断减少，地基发生固结变形，同时随着超静孔隙水压力的逐渐消散，土的有效应力增大，地基强度逐步增加。

　　(3)推载预压法。在建造建筑物之前，用砂石料、土料等建筑材料临时堆载的方法堆地基施加荷载，给予一定的预压期，使地基预先压缩完成大部分沉降并使地基承载力得到提高后，卸除荷载再建造建筑物。

　　(4)深层搅拌法。深层搅拌法主要用于加固饱和软黏土，它利用水泥浆体作为固化剂，应用特制的深层搅拌机将固化剂送入地基土中与土体强制搅拌，形成水泥土桩体，与原地基组成复合地基。

　　(5)强夯法。强夯法是一种快速加固软基的方法，将很重的锤提起从高处自由落下，以冲击荷载夯实软弱土层，使地基受到冲击力和振动，土层被强制压实，从而提高地基土强度，降低土层的压缩性，以达到地基加固的目的。

任务所示为某宿舍楼的基础平面布置图，从图 5-1-1 中可以看出，建筑物总长度为 13 800 mm，总宽度为 12 800 mm，采用的基础构造类型为钢筋混凝土柱下独立基础，共有 7 种不同构造尺寸，即 J-1～J-7，其中 J-1 尺寸为 1 500 mm×1 500 mm，J-2 为 2 500 mm× 2 500 mm 等。

任务所示的 J-1 基础详图中，基础采用二层阶梯，上层尺寸为 900 mm×900 mm，下层尺寸为 1 500 mm×1 500 mm，高度均为 300 mm，垫层厚度为 100 mm，基础顶部标高为 −1.200，底部标高为 −1.800。基础底部配置 HRB400 级配筋，X 方向配置的钢筋直径为 12 mm，间距为 150 mm，Y 方向配置的钢筋直径为 12 mm，间距为 150 mm。柱箍筋为2根 直径为 10 mm 的 HRB400 级钢筋，柱钢筋直角弯钩长度为 220 mm。

【课堂任务单】

课堂任务单一					
学习项目	识读构造详图	班级		组别	
训练任务	任务一	姓名		日期	

写出以下基础所属的类型及适用范围。

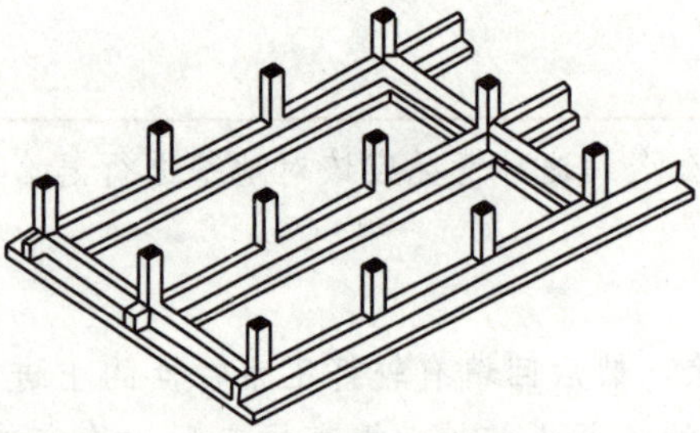

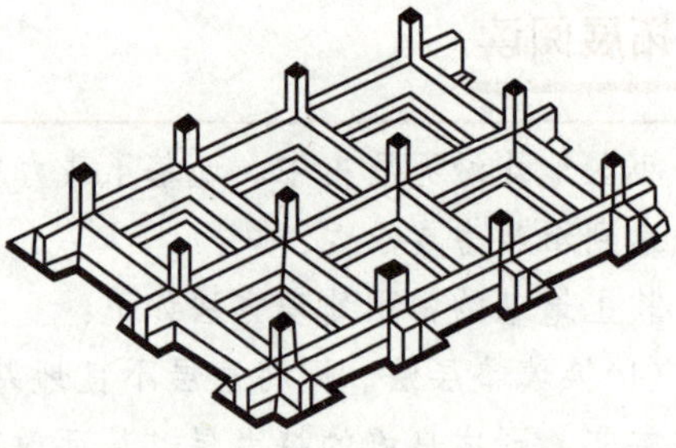

基础类型：＿＿＿＿＿＿＿＿＿＿

适用范围：＿＿＿＿＿＿＿＿＿＿

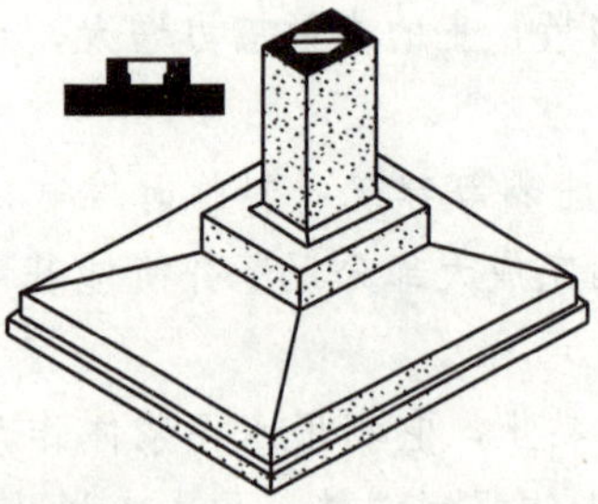

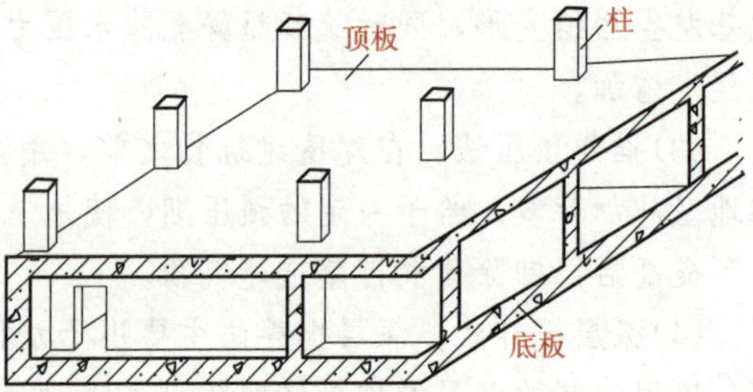

基础类型：＿＿＿＿＿＿＿＿＿＿

适用范围：＿＿＿＿＿＿＿＿＿＿

基础类型：＿＿＿＿＿＿＿＿＿＿

适用范围：＿＿＿＿＿＿＿＿＿＿

基础类型：＿＿＿＿＿＿＿＿＿＿

适用范围：＿＿＿＿＿＿＿＿＿＿

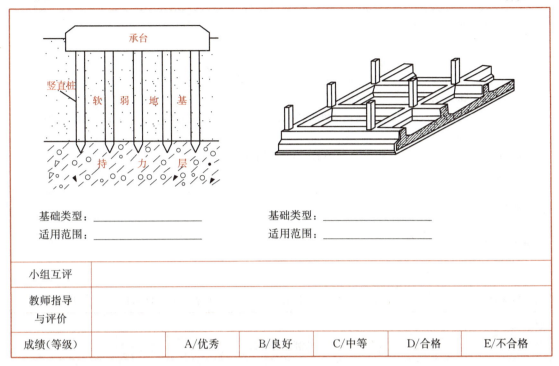

基础类型：＿＿＿＿＿＿＿＿＿＿＿＿　　　　基础类型：＿＿＿＿＿＿＿＿＿＿＿＿

适用范围：＿＿＿＿＿＿＿＿＿＿＿＿　　　　适用范围：＿＿＿＿＿＿＿＿＿＿＿＿

小组互评					
教师指导 与评价					
成绩（等级）		A/优秀	B/良好	C/中等	D/合格	E/不合格

课堂任务单二					
学习项目	识读构造详图	班级		组别	
训练任务	任务一	姓名		日期	

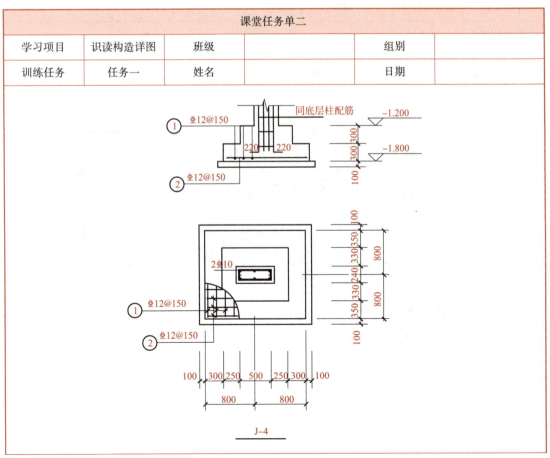

J—4

如上图所示的独立基础详图中：

1. 图名为_____。

2. 垫层厚度为_____，尺寸为_____。

3. 上层阶梯尺寸为_____，下层尺寸为_____，高度均为_____。

4. 基础顶部标高为_____，基底标高为_____。

5. 底部配置 HRB400 级配筋，X 方向配置的钢筋直径为_____，间距为_____，Y 方向配置的直径为_____，间距为_____。

6. 柱箍筋为_____根直径为_____的 HRB400 级钢筋。

7. 柱钢筋直角弯钩长_____。

小组互评	
教师指导 与评价	

成绩(等级)	A/优秀	B/良好	C/中等	D/合格	E/不合格

课堂任务单三					
学习项目	识读构造详图	班级		组别	
训练任务	任务一	姓名		日期	

在读懂以下详图的基础上，为其他小组出题：

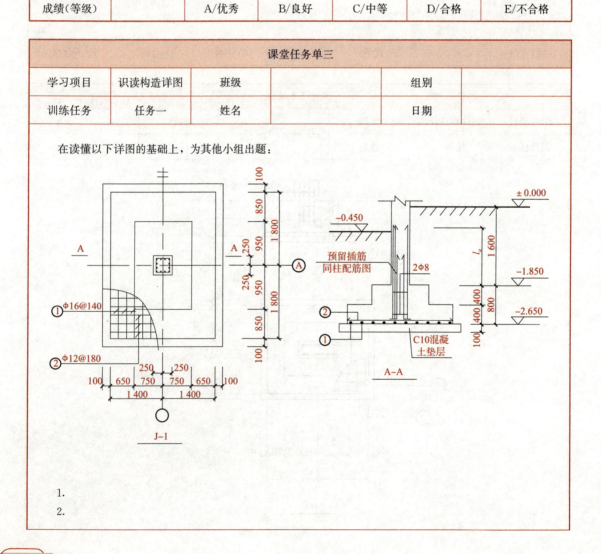

1.

2.

续表

3.					
4.					
5.					
6.					
7.					
8.					
9.					
10.					
小组互评					
教师指导 与评价					
成绩(等级)		A/优秀	B/良好	C/中等	D/合格	E/不合格

课堂任务单四					
学习项目	识读构造详图	班级		组别	
训练任务	任务一	姓名		日期	

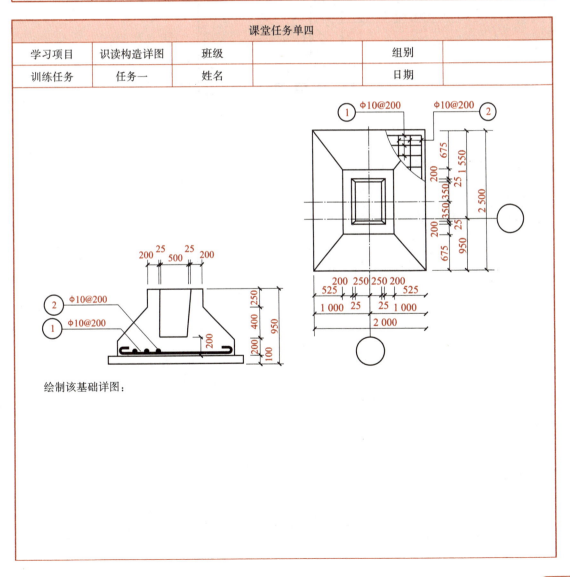

绘制该基础详图:

小组互评					
教师指导与评价					
成绩（等级）		A/优秀	B/良好	C/中等	D/合格	E/不合格

课堂任务单五					
学习项目	识读构造详图	班级		组别	
训练任务	任务一	姓名		日期	

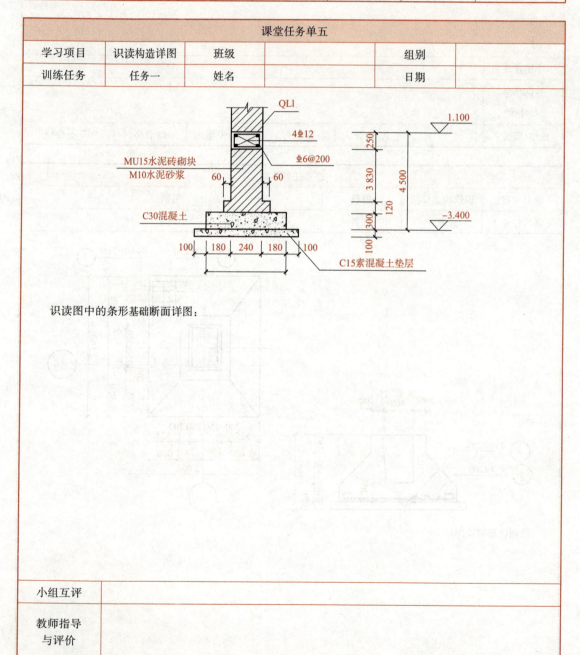

识读图中的条形基础断面详图：

小组互评					
教师指导与评价					
成绩（等级）		A/优秀	B/良好	C/中等	D/合格	E/不合格

任务二 楼地层构造及详图识读

任务要求

识读楼地面工程做法表（表5-2-1）。

表5-2-1 楼地面工程做法表

内容	名称	图集	页次	代号	使用范围	做法
地坪层	面砖防水地面	L06J002	25	地15	卫生间、沐浴间等有水房间	1. 8～10厚地面砖，砖背面刮水泥浆粘贴，素水泥浆结合层； 2. 30厚1∶3干硬性水泥砂浆结合层； 3. 1.5厚合成高分子防水涂料； 4. 刷基层处理剂一道； 5. 20厚1∶3水泥砂浆抹平； 6. 素水泥浆一道； 7. 60厚C15混凝土垫层并找坡； 8. 300厚3∶7灰土夯实或150厚小毛石灌M5水泥砂浆； 9. 素土夯实，压实系数≥0.9
	面砖地面	L06J002	25	地14	其他地面	1. 8～10厚地面砖，砖背面刮水泥浆粘贴，素水泥浆结合层； 2. 30厚1∶3干硬性水泥砂浆结合层； 3. 素水泥浆一道； 4. 60厚C15混凝土垫层； 5. 300厚3∶7灰土夯实或150厚小毛石灌M5水泥砂浆； 6. 素土夯实，压实系数≥0.9
楼板层	面砖防水楼面	L06J002	45	楼17	卫生间、沐浴间等有水房间	1. 8～10厚地面砖，砖背面刮水泥浆粘贴； 2. 30厚1∶3干硬性水泥砂浆结合层； 3. 1.5厚合成高分子防水涂料； 4. 刷基层处理剂一道； 5. 30厚C20细石混凝土找坡抹平； 6. 素水泥浆一道； 7. 现浇钢筋混凝土楼板
	大理石楼面	L06J002	46	楼19	楼梯间及其走廊	1. 20厚磨光花岗石（大理石）板，板背面刮水泥浆粘贴； 2. 30厚1∶3干硬性水泥砂浆结合层； 3. 素水泥浆一道； 4. 现浇钢筋混凝土楼板

本任务中的工程做法表是建筑施工图的首页内容，主要说明工程中不同房间楼板层和地坪层的构造做法。

楼板层与地坪层是建筑物的水平受力构件，承受上部的全部荷载并传递给墙或柱，对建筑物起着水平支撑的作用。楼板层沿垂直方向将建筑物分隔成若干层，是建筑物的重要组成部分，它应具有保温、隔声、隔热、防水、防火等性能。地坪层是建筑物底部与土壤相接的构件，它要承受作用在底层地面上的全部荷载，并将它们均匀地传递给地基。通常将楼板层和底层地坪层统称楼地面。

视频：楼地面概述

一、地坪层构造

地坪层是建筑物底层直接与土壤相接的构件，它承受底层地面上的荷载并传递给地基。地坪层一般由面层、垫层、基层组成，对有特殊要求房间的地坪可在面层与垫层之间增设防水、保温等附加层，如图 5-2-1 所示。

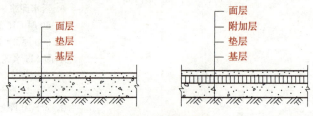

图 5-2-1　地坪层构造

1. 面层

面层是地坪层的最上层，与人们日常生活直接接触，应满足耐磨、平整美观、易清洁、不起尘、防水、保温性能好等要求。

2. 垫层

垫层是地坪的结构层，它承受面层传来的荷载并传递给基层。刚性垫层可采用 60～100 mm 厚 C10 混凝土，柔性垫层可采用 60～100 mm 厚石灰炉渣等。

3. 基层

基层是垫层与土壤层间的找平层或填充层，起加强地基传递荷载的作用。可采用灰土、碎砖、三合土等，厚度为 100～150 mm。

4. 附加层

附加层是为满足房间特殊使用要求而设置的构造层，如防潮层、防水层、保温层等。

二、楼板层构造

楼板是建筑物的水平承重构件，它承受楼面上的全部荷载并将其传递给墙或柱。楼板起着水平支撑和分隔空间的作用，应满足坚固、隔声、防火、防水、防潮等功能要求。楼板层通常由面层、结构层、顶棚层(直接粉刷层)、附加(功能)层四部分组成，如图 5-2-2 所示。

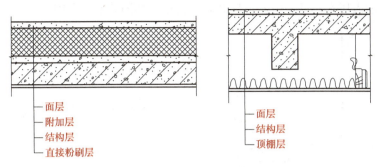

图 5-2-2　楼板层构造

1. 面层

面层位于楼板层的最上层，作用和功能要求同地坪层面层。

2. 结构层

结构层是楼板层的承重构件，通常由梁、板组成，应具有足够的强度、刚度和耐久性。

3. 顶棚层

顶棚层位于楼板层的下表面，俗称天花板，是建筑物室内空间上部的装修层，起保护结构层和装饰室内、安装灯具、敷设管线等作用。

4. 附加层

附加层又称为功能层，根据楼板层的使用要求设置，主要作用是保温、隔热、防水、防潮、隔声等。

三、楼地面的构造

楼地面的构造是指楼板层和地坪层的地面层的构造做法。面层一般包括表面面层及其下面的找平层两部分。楼地面的名称是以面层的材料和做法来命名的，如面层为水磨石，则该地面称为水磨石地面；面层为木材，则称为木地面。楼地面按其材料和做法可分为整体类地面、块材类地面、粘贴类地面、涂料类地面四大类。

视频：楼地面装饰

1. 整体类地面

(1)水泥砂浆地面。水泥砂浆地面是一种低档地面，具有构造简单、坚硬、强度较高等优点；但容易起灰、无弹性、热工性较差、色彩灰暗。其做法是在钢筋混凝土楼板或混凝土垫层上先用 15～20 mm 厚 1∶3 水泥砂浆打底找平，再用 5～10 mm 厚 1∶2 或 1∶2.5 水泥砂浆抹面、压光。表面可做成抹光面层，也可做成有纹理的防滑水泥砂浆地面。接缝采用勾缝或压缝条的方式，如图 5-2-3 所示。

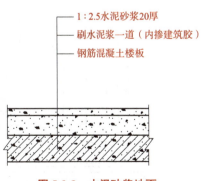

1∶2.5水泥砂浆20厚
刷水泥浆一道（内掺建筑胶）
钢筋混凝土楼板

图 5-2-3　水泥砂浆地面

(2)水磨石地面。水磨石地面一般分为两层施工。先在刚性垫层或结构层上用 10～20 mm 厚的 1∶3 水泥砂浆找平，然后在找平层上按设计图案嵌 10 mm 高分格条(玻璃条、钢条、铝条等)，并用 1∶1 水泥砂浆固定。最后，将拌和好的水泥石屑浆铺入压实，经浇水养护后磨光、打蜡，如图 5-2-4 所示。

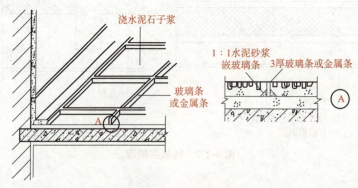

图 5-2-4　水磨石地面

（3）细石混凝土地面。细石混凝土地面刚性好、强度高且不易起尘。其做法是在基层上浇筑 30～40 mm 厚 C20 细石混凝土，随打随压光。为提高整体性、满足抗震要求可内配直径为ϕ4@200 的钢筋网。也可用沥青代替水泥作胶粘剂，做成沥青砂浆和沥青混凝土地面，增强地面的防潮和耐水性。

（4）整体涂布地面。整体涂布地面是指以合成树脂代替水泥或部分代替水泥，再加入颜料填料等混合而成的材料，在现场涂布施工硬化后形成的整体无接缝地面。其特点是无缝，易于清洁，并具有良好的耐磨性、耐久性、耐水性、耐化学腐蚀性能。常用于办公场所、工业厂房、大卖场和体育场地等。

2. 块材类地面

（1）地砖地面。

1）陶瓷马赛克地面。陶瓷马赛克是以优质瓷土烧制成 19～25 mm 见方，厚为 6～7 mm 的小块，出厂前按设计图案拼成 300 mm×300 mm 或 600 mm×600 mm 的规格，反贴于牛皮纸上。具有质地坚硬、经久耐用、表面色泽鲜艳、装饰效果好，且防水、耐腐蚀、易清洁的特点，适用于有水、有腐蚀性液体作用的地面。做法是 15～20 mm 厚 1∶3 水泥砂浆找平；5 mm 厚 1∶1.5～1∶1 水泥砂浆或 3～4 mm 素水泥浆加 108 胶粘贴，用滚筒压平，使水泥浆挤入缝隙；待硬化后，用水洗去皮纸，再用干水泥擦缝，如图 5-2-5 所示。

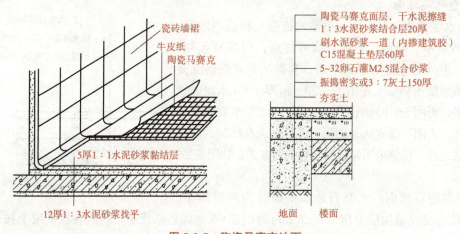

图 5-2-5　陶瓷马赛克地面

2)陶瓷地砖地面。陶瓷地砖分为釉面和无釉面两种。其规格有 600～1 200 mm 不等，形状多为方形，也有矩形，地砖背面有凸棱，有利于地砖胶结牢固，具有表面光滑、坚硬耐磨、耐酸耐碱、防水性好、不宜变色的特点。做法是在基层上做 10～20 mm 厚 1∶3 水泥砂浆找平层，然后浇素水泥浆一道，铺地砖，最后用水泥砂浆嵌缝，如图 5-2-6 所示。对于规格较大的地砖，找平层要用干硬性水泥砂浆。

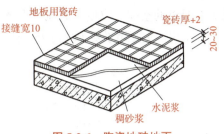

图 5-2-6　陶瓷地砖地面

（2）天然石板地面。其构造做法：先在基层上刷素水泥浆一道，抹 1∶3 干硬性水泥砂浆找平 30 mm 厚，再撒 2 mm 厚素水泥（洒适量清水），后粘贴 20 mm 厚大理石板（花岗石）。另外，再用素水泥浆擦缝，如图 5-2-7 所示。

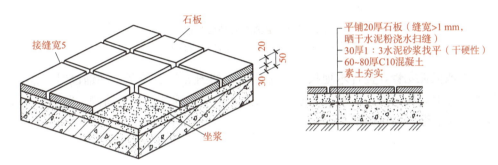

图 5-2-7　天然石板地面

（3）水泥制品块状地面。水泥制品块状地面常用的有水泥砂浆砖（尺寸常为 150～200 mm 见方，厚为 10～20 mm）、水磨石块、预制混凝土块（尺寸常为 400～500 mm 见方，厚为 20～50 mm）。水泥制品块与基层黏结有两种方式：当预制块尺寸较大且较厚时，常在板下干铺一层 20～40 mm 厚细砂或细炉渣，待校正后，板缝用砂浆嵌填，称为干铺法，这种做法施工简单、造价低，便于维修更换，但不易平整，目前城市人行道常按此方法施工；当预制块小而薄时，则采用 12～20 mm 厚 1∶3 水泥砂浆做结合层，铺好后再采用 1∶1 水泥砂浆嵌缝，这种做法坚实、平整，称为粘贴法（图 5-2-8）。

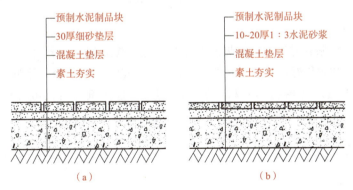

图 5-2-8　水泥制品块状地面构造做法

(a)干铺法；(b)粘贴法

（4）木楼地面。空铺式木楼地面的构造比较复杂，一般是将木楼地面进行架空铺设，使板下有足够的空间，以便于通风，保持干燥。空铺式木楼地面耗费木材量较多，造价较高，故多不采用，主要用于要求环境干燥且对楼地面有较高的弹性要求的房间，如图 5-2-9 所示。

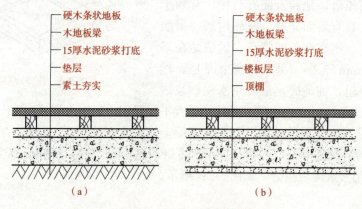

图 5-2-9　空铺木楼地面构造
(a)空铺木地面构造做法；(b)空铺木楼面构造做法

　　实铺木地板无龙骨，复合木地板多采用浮铺，如图 5-2-10 所示。在铺设时，常在基层找平层的基础上，先铺设一层聚乙烯泡沫塑料垫，以增加弹性。对有防潮、防静电要求的，还可以在垫层上贴一层铝箔纸。

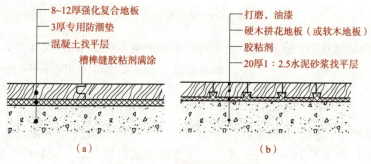

图 5-2-10　实铺式木地板构造
(a)浮铺式；(b)胶粘式

3. 粘贴类地面

　　粘贴类地面以粘贴卷材为主，常见的有塑料地毡、橡胶地毡及各种地毯等。这些材料表面美观、干净，装饰效果好，具有良好的保温、消声性能，适用于公共建筑和居住建筑。

　　塑料地毡以聚氯乙烯树脂为基料，加入增塑剂、稳定剂、石棉绒等经塑化热压而成。其有卷材和片材，卷材可干铺，也可用胶粘剂粘贴在水泥砂浆找平层上，如图 5-2-11 所示。拼接时将板缝切割成 V 形，然后用三角形塑料焊条、电热焊枪焊接。它具有步感舒适、有弹性、防滑、防火、耐磨、绝缘、防腐、消声、阻燃、易清洁、价格低等特点。

4. 涂料类地面

　　涂料类地面是利用涂料涂刷或涂刮而成的。它是水泥砂浆或混凝土地面的一种表面处理形式，用以改善水泥砂浆地面在使用和装饰方面的不足。地面涂料品种较多，有溶剂型、水溶性和水乳型等地面涂料。

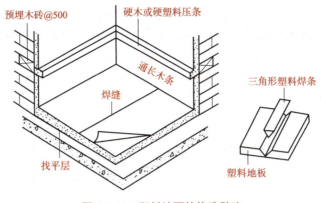

图 5-2-11 塑料地面的构造做法

四、钢筋混凝土楼板的构造

钢筋混凝土楼板按其施工方法不同,可分为现浇式、预制装配式和装配整体式三种。

1. 现浇式钢筋混凝土楼板

现浇式钢筋混凝土楼板根据受力和传力情况不同,可分为板式楼板、梁板式楼板、无梁式楼板和压型钢板混凝土组合板等。

(1)板式楼板。楼板下不设梁将板的两端直接支承在承重墙上称为板式楼板。其适用于板跨2~3 m的建筑平面尺寸较小的(厨房、卫生间)房间及公共建筑的走廊,板式楼板底面平整、美观、施工方便,目前采用较多。

板式楼板按其支撑情况和受力特点可分为单向板和双向板。当板的长边与短边之比大于2时,板基本上沿短边方向传递荷载,称为单向板,板内的受力钢筋沿短边方向设置;双向板长边与短边之比小于等于2时,荷载沿板双向传递,短边方向内力较大,长边方向内力较小,受力主筋应双向布置,如图5-2-12所示。

视频:现浇钢筋混凝土楼板

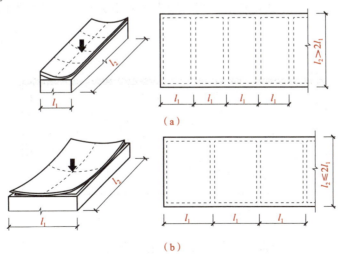

图 5-2-12 钢筋混凝土单向板和双向板
(a)单向板;(b)双向板

（2）梁板式楼板。当跨度较大时，常在板下设梁以减小板的跨度，使楼板结构更经济合理，楼板上的荷载先由板传递给梁，再由梁传递给墙或柱。这种楼板称为梁板式楼板或梁式楼板，也称为肋形楼板，如图5-2-13所示。梁板式楼板中的梁有主梁、次梁之分，次梁与主梁一般垂直相交，板搁置在次梁上，次梁搁置在主梁上，主梁搁置在墙或柱上，主梁可沿房间的纵向或横向布置。

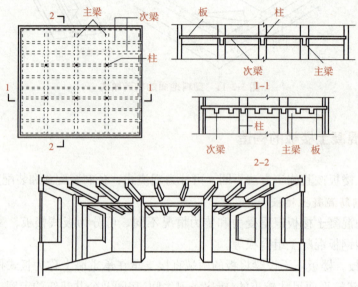

图 5-2-13　梁板式楼板

当梁支承在墙上时，为避免墙体局部压坏，支承处应有一定的支承面积，一般情况下，次梁在墙上的支承长度宜采用240 mm，主梁宜采用370 mm。

（3）无梁式楼板。无梁式楼板是将板直接支承在柱和墙上，不设横梁，通常在柱顶设柱帽以增大柱对板的支承面积和减小板的跨度（图5-2-14）。无梁式楼板顶棚平整，楼层净空大，采光、通风好，但楼板较厚，自重大，且不经济，多用于楼板上活荷载较大的商店、仓库、展览馆等建筑。无梁式楼板的柱网一般为间距不大于6 m的方形网格，板厚不小于120 mm。

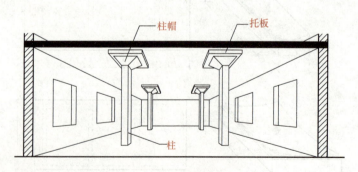

图 5-2-14　无梁式楼板

（4）压型钢板混凝土组合板。压型钢板混凝土组合板的基本构造形式如图5-2-15所示。它是由钢梁、压型钢板和现浇混凝土三部分组成的。

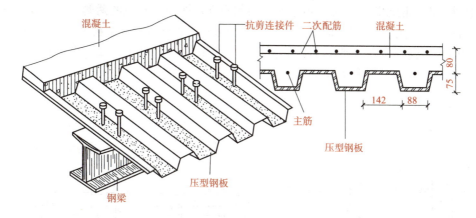

图 5-2-15 压型钢板混凝土组合楼板

压型钢板混凝土组合板的整体连接是由栓钉(又称抗剪螺钉)将钢筋混凝土、压型钢板和钢梁组合成整体。栓钉是组合楼板的抗剪连接件,楼面的水平荷载通过它传递到梁、柱上,所以又称为剪力螺栓,其规格和数量是按楼板与钢梁连接的剪力大小确定的。栓钉应与钢梁焊接。

压型钢板的跨度一般为 2~3 m,铺设在钢梁上,与钢梁之间用栓钉连接。上面浇筑的混凝土厚度为 100~150 mm。压型钢板混凝土组合板中的压型钢板承受施工时的荷载,是板底的受拉钢筋,也是楼板的永久性模板。这种楼板简化了施工程序,加快了施工进度,并且具有较强的承载力、刚度和整体稳定性,但耗钢量较大,适用于多、高层的框架或框架-剪力墙结构的建筑中。

2. 预制装配式钢筋混凝土楼板

按楼板的构造形式,预制装配式钢筋混凝土楼板可分为实心平板、槽形板和空心板三种;按板的应力状况,又可分为预应力和非预应力两种。预应力构件与非预应力构件相比,可推迟裂缝的出现和限制裂缝的开展,并且节省钢材 30%~50%,节约混凝土 10%~30%,可以减轻自重、降低造价。

视频:预制装配式钢筋混凝土楼板与装配整体式钢筋混凝土楼板

(1)实心平板。预制实心平板的板面较平整,其跨度较小,一般不超过 2.4 m,板的厚度为 60~100 mm,宽度为 600~1 000 mm。由于板的厚度较小且隔声效果较差,故其一般不用作使用房间的楼板,两端常支承在墙或梁上,可用作楼梯平台、走道板、隔板、阳台栏板、管沟盖板等,如图 5-2-16 所示。

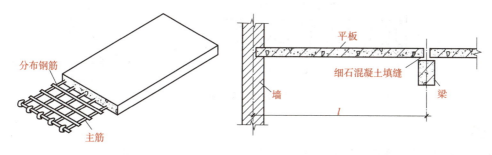

图 5-2-16 实心平板

（2）槽形板。槽形板是一种肋板结合的预制构件，即在实心板的两侧设有边肋，作用在板上的荷载都由边肋来承担，板宽为 500～1 200 mm，非预应力槽形板跨长通常为 3～6 m。板肋高为 120～240 mm，板厚仅 30 mm。槽形板减轻了板的自重，具有省材料、便于在板上开洞等优点，但隔声效果差，如图 5-2-17 所示。

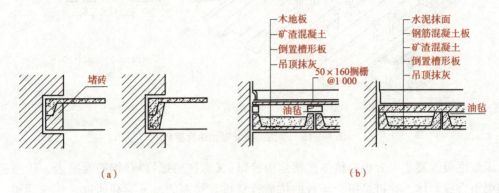

图 5-2-17　槽形板

（a）正槽板板端支承在墙上；（b）倒槽板的楼面及顶棚构造

（3）空心板。空心板是将楼板中部沿纵向抽孔而形成中空的一种钢筋混凝土楼板。孔的断面形式有圆形、椭圆形、方形和长方形等，由于圆形孔制作时，抽芯脱模方便且刚度好，故应用最普遍。空心板有预应力和非预应力之分，一般多采用预应力空心板。

空心板的厚度一般为 110～240 mm，视板的跨度而定，宽度为 500～1 200 mm，跨度为 2.4～7.2 m，较为经济的跨度为 2.4～4.2 m，如图 5-2-18 所示。空心板侧缝的形式与生产预制板的侧模有关，一般有 V 形缝、U 形缝和凹槽缝三种。空心板上、下表面平整，隔声效果较实心平板和槽形板好，是预制板中应用最广泛的一种类型，但空心板不能任意开洞，故不宜用于管道穿越较多的房间。

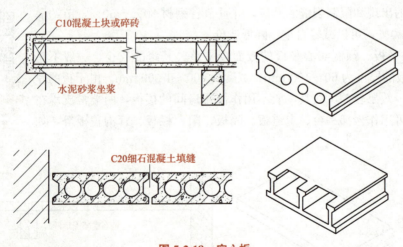

图 5-2-18　空心板

⫸⫸ **小贴士**

预制钢筋混凝土楼板上设置隔墙时，宜采用轻质隔墙，可搁置在楼板的任何位置。若隔墙自重较大时，如采用砖隔墙、砌块隔墙等，应避免将隔墙搁置在一块板上，通常将隔墙设置在两块板的接缝处。当采用槽形板或小梁隔板的楼板时，隔墙可直接搁置在板的纵肋或小梁上；当采用空心板时，须在隔墙下的板缝处设置现浇板带或梁支承隔墙，如图 5-2-19 所示。

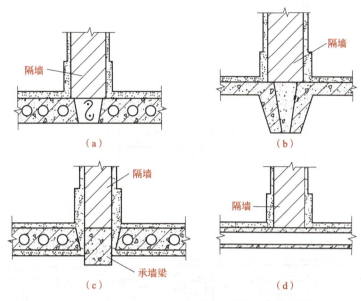

图 5-2-19　隔墙处理

(a)板缝内配钢筋支承隔墙；(b)隔墙支承在纵肋上；(c)隔墙支承在梁上；(d)隔墙与板跨垂直

3. 装配整体式钢筋混凝土楼板

装配整体式钢筋混凝土楼板是先在构件厂预制加工部分构件到施工现场进行安装，再整体浇筑混凝土而成的楼板。它综合了现浇板和装配楼板的优点，是预制装配和现浇相结合的楼板类型。

常用的装配式钢筋混凝土楼板有叠合式楼板和密肋填充块楼板两种。

(1)叠合式楼板。叠合式楼板是由预制薄板和现浇钢筋混凝土叠合而成的装配整体式楼板。预制薄板既是楼板结构的组成部分，又是现浇钢筋混凝土叠合层的永久模板，薄板具有模板、结构、装修的功能，适用于对整体刚度要求较高的高层建筑和大开间建筑。

通常，薄板内配置预应力钢筋，板面现浇混凝土叠合层，在板支座处配置负弯矩钢筋，为使预制薄板和叠合层共同工作，应在薄板的表面做直径为 50 mm、深度为 20 mm 的圆形凹槽，或在薄板面露出较规则的三角形状的结合钢筋进行特殊处理，如图 5-2-20 所示。经济跨度为 4 000～6 000 mm，最大可达 9 000 mm，板宽为 1 100～1 800 mm，板厚为 50～70 mm，叠合层采用强度等级为 C20 的混凝土，厚度为 70～120 mm，叠合式楼板的总厚度为 150～250 mm。

(2)密肋填充块楼板。密肋填充块楼板是由密肋楼板和轻质空心填充块叠合而成的。它包括现浇密肋楼板和预制小梁现浇板两种。现浇密肋填充块楼板是由陶土空心砌块、矿渣混凝土空心砖等作为肋间填充块来现浇密肋和面板，如图 5-2-21 所示。

密肋填充块楼板底面光滑平整，具有隔声、保温、隔热的能力，有利于敷设设备管线。

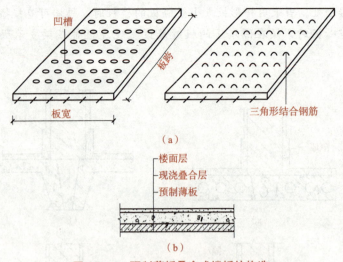

图 5-2-20 预制薄板叠合式楼板的构造

(a)预制薄板的板面处理；(b)预制薄板叠合式楼板

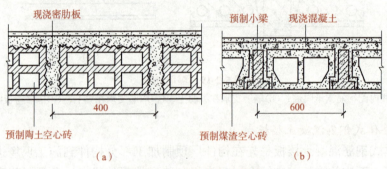

图 5-2-21 密肋填充块楼板

(a)现浇密肋填充块楼板；(b)预制小梁现浇板

五、阳台与雨篷构造

1. 阳台的类型

阳台是连接室内外空间的平台，主要用于观景、远眺、休息、晾晒等，是住宅和旅馆等建筑中不可缺少的一部分。阳台按与外墙的位置关系可分为凸阳台、凹阳台与半凸半凹阳台(图 5-2-22)。

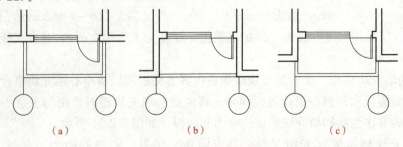

图 5-2-22 阳台的类型

(a)凸阳台；(b)凹阳台；(c)半凸半凹阳台

2. 阳台的结构布置

阳台的结构形式、布置方式及材料应与建筑物的楼板结构布置统一考虑。目前，采用最多的是现浇钢筋混凝土结构或预制装配式钢筋混凝土结构。阳台的承重结构一般为悬挑式结构，按悬挑方式的不同，有挑梁式、挑板式、压梁式和墙承式四种。

(1)挑梁式阳台。挑梁式阳台是从建筑物的横墙上伸出挑梁，上面搁置阳台板。为防止阳台倾覆，挑梁压入横墙部分的长度应不小于悬挑部分长度的1.5倍，如图5-2-23(a)所示。这种阳台底面不平整，挑梁端部外露，不仅影响美观，也使封闭阳台时构造复杂化，工程中一般在挑梁端部增设与其垂直的边梁，以加强阳台的整体性，并承受阳台栏杆的质量。

(2)挑板式阳台。挑板式阳台是将楼板延伸挑出墙外，形成阳台板。由于阳台板与楼板是一个整体，故楼板的质量和墙的质量就会构成阳台板的抗倾覆力矩，以保证阳台板的稳定。挑板式阳台板底平整美观，若采用现浇式工艺，还可以将阳台平面制成半圆形、弧形、多边形等形式，以增加房屋形体美观，如图5-2-23(b)所示。

(3)压梁式阳台。压梁式阳台是将凸阳台板与墙梁整浇在一起，墙梁可用加大的圈梁代替，此时梁和梁上的墙构成阳台板后部压重。由于墙梁受扭，故阳台悬挑尺寸不宜过大，一般在1 m以内为宜。当梁上部的墙开洞较大时，可将梁向两侧延伸至不开洞部分，必要时还可以伸入内墙来确保安全，如图5-2-23(c)所示。

(4)墙承式阳台。墙承式阳台，即将阳台板直接搁置在墙上，阳台板的跨度和板型一般与房间楼板相同。这种结构形式稳定、可靠，施工方便，多用于凹阳台，如图5-2-23(d)所示。

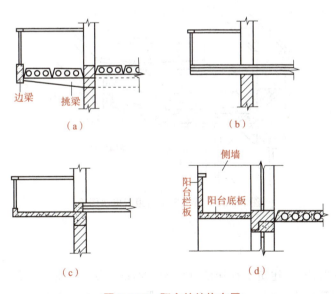

图5-2-23 阳台的结构布置
(a)挑梁式；(b)挑板式；(c)压梁式；(d)墙承式

3. 雨篷的支承方式

雨篷受力作用与阳台相似，均为悬臂构件，雨篷一般由雨篷板和雨篷梁组成。为防止雨篷可能倾覆，常将雨篷与过梁或圈梁浇筑在一起。雨篷板的悬挑长度由建筑要求决定，当悬挑长度较小时，可采用悬板式，一般挑出长度不大于 1.5 m。当需要挑出长度较大时，可采用挑梁式。因此，根据雨篷板的支承方式不同，有悬板式和梁板式两种。

（1）悬板式。悬板式雨篷外挑长度一般为 700～1 500 mm，板根部厚度不小于挑出长度的 1/12，雨篷宽度比门洞每边宽 250 mm，雨篷排水方式可采用无组织排水和有组织排水两种。雨篷顶面距离过梁顶面 250 mm 高，板底抹灰可抹 1:2 水泥砂浆内掺 5% 防水剂的防水砂浆 15 mm 厚，多用于次要出入口。悬板式雨篷构造如图 5-2-24 所示。

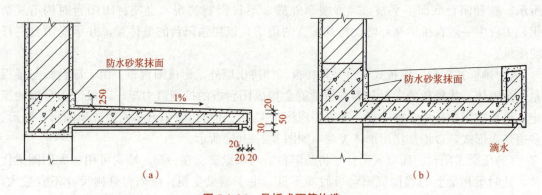

图 5-2-24　悬板式雨篷构造
(a)自由落水雨篷；(b)有翻口有组织排水雨篷

（2）梁板式。梁板式雨篷多用在宽度较大的入口处，悬挑梁从建筑物的柱上挑出，为使板底平整，多做成倒梁式。折挑倒梁有组织排水雨篷如图 5-2-25 所示。

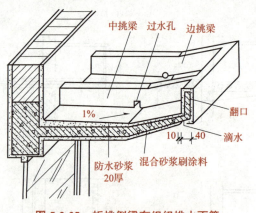

图 5-2-25　折挑倒梁有组织排水雨篷

视频：阳台与雨篷

任务实施

任务中的地坪层按照《建筑工程作法》(L06J002) 的第 25 页地 14、地 15 作法进行施工，即卫生间、沐浴间等有水房间的基层是 300 mm 厚 3:7 灰土夯实或 150 mm 厚小毛石灌 M5 水泥砂浆，垫层为 60 mm 厚 C15 混凝土兼起找坡作用，上部为防水层，先涂素水泥浆一道，再用 20 mm 厚 1:3 水泥砂浆找平，刷基层处理剂一道，再涂一道 1.5 mm 厚合成高分子防水涂料，用 30 mm 厚 1:3 干硬性水泥砂浆找平后，最后面层铺设地面砖。

其他房间地面除不设置防水层外，构造相同。

任务中的楼板层按照《建筑工程作法》(L06J002) 的第 45 页楼 17 和 46 页楼 19 作法进

行施工，卫生间、沐浴间等有水房间的结构层是现浇钢筋混凝土楼板，其上刷素水泥浆一道，结合层用 300 mm 厚 C20 细石混凝土找坡抹平，上部为防水层，先刷基层处理剂一道，再涂 1.5 mm 厚合成高分子防水涂料，再用 30 mm 厚 1∶3 干硬性水泥砂浆做结合层，最后面层铺设地面砖。

其他房间地面除不设防水层外，面层采用 20 mm 厚大理石板。

【课堂任务单】

课堂任务单一					
学习项目	识读构造详图	班级		组别	
训练任务	任务二	姓名		日期	
1. 观察所在教室的地坪层或楼板层，组内同学相互交流、讨论它们的组成。 2. 整体类地面、块材类地面、粘贴类地面及涂料类地面各有什么优点、缺点？观察校内建筑的楼地面，举例说明有哪些类型的楼地面。 3. 现浇式钢筋混凝土楼板有哪些优点、缺点？预制装配式钢筋混凝土楼板与装配整体式钢筋混凝土楼板适用于什么样的建筑？ 4. 阳台按悬挑方式的不同，可分为哪几种？雨篷按支承方式可分为哪几种？					
小组互评					
教师指导 与评价					
成绩（等级）		A/优秀	B/良好	C/中等	D/合格	E/不合格

学习项目	识读构造详图	班级		组别	
训练任务	任务二	姓名		日期	

下表为某图集中地砖面层的做法，请对其进行识读。

编号	重量(kN/m)	厚度	简图	构造		备注
				地面	楼面	
DN4 LN4	1.65	a150+h b70+h	 地面　楼面	1. 10厚地砖，干水泥擦缝； 2. 20厚1：3干硬性水泥砂浆结合层； 3. 水泥浆一道； 4. 40厚C20细石混凝土，内配Φ3@50钢丝网片； 5. 0.2厚塑料膜浮铺； 6. h厚EPS或XPS或泡沫玻璃板保温层； 7. 0.2厚塑料膜浮铺； 8. 80厚C15混凝土垫层； 9. 素土夯实	 8. 现浇钢筋混凝土楼板或 预制楼板上现浇叠合层	1.适用于有保温要求的楼地面。 2.保温层厚度由设计计算确定或见本图集第163页。 3.h为保温层厚度

小组互评	
教师指导与评价	

成绩(等级)		A/优秀	B/良好	C/中等	D/合格	E/不合格

任务三　墙体构造及详图识读

任务要求

识读墙身节点详图，读懂各节点部位构造做法，如图 5-3-1 所示。

视频：墙体概述

任务资讯

墙体是建筑物的重要组成部分，除具有承重、围护、分隔作用外，还直接影响着建筑结构、使用功能、工程造价及施工的工期。在一般民用建筑中，墙体的造价占总造价的 30％～40％，墙体的质量占房屋总质量的 40％～65％，因此，合理选择墙体材料和构造做法是实现建筑安全、经济实用的重要保证。

图 5-3-1 所示为外墙节点详图。其主要包括散水、勒脚、踢脚线、防潮层、窗台、过梁、檐口、女儿墙等构造部位。

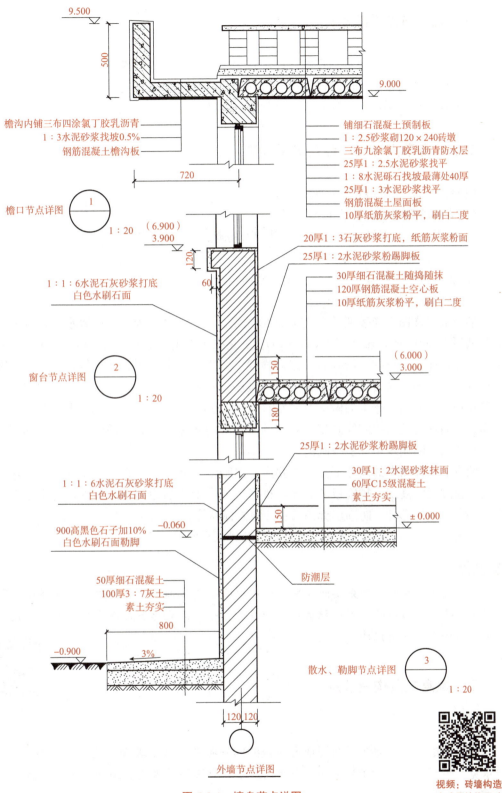

9.500

500

檐沟内铺三布四涂氯丁胶乳沥青
1:3水泥砂浆找坡0.5%
钢筋混凝土檐沟板

720

9.000

铺细石混凝土预制板
1:2.5砂浆砌120×240砖墩
三布九涂氯丁胶乳沥青防水层
25厚1:2.5水泥砂浆找平
1:8水泥砾石找坡最薄处40厚
25厚1:3水泥砂浆找平
钢筋混凝土屋面板
10厚纸筋灰浆粉平,刷白二度

檐口节点详图   ①   1:20

(6.900)
3.900

120

60

20厚1:3石灰砂浆打底,纸筋灰浆粉面
25厚1:2水泥砂浆粉踢脚板

1:1:6水泥石灰砂浆打底
白色水刷石面

30厚细石混凝土随捣随抹
120厚钢筋混凝土空心板
10厚纸筋灰浆粉平,刷白二度

窗台节点详图   ②   1:20

150

(6.000)
3.000

180

25厚1:2水泥砂浆粉踢脚板

1:1:6水泥石灰砂浆打底
白色水刷石面

30厚1:2水泥砂浆抹面
60厚C15级混凝土
素土夯实

±0.000

150

900高黑色石子加10%
白色水刷石面勒脚

−0.060

防潮层

50厚细石混凝土
100厚3:7灰土
素土夯实

800

−0.900

3%

120 120

外墙节点详图

散水、勒脚节点详图   ③   1:20

图 5-3-1　墙身节点详图

视频:砖墙构造
方式及墙体尺寸

一、墙身节点详图含义

墙身节点详图，即墙身剖视图，详尽地表明墙身从底部防潮层到屋顶的各主要节点的构造和做法。墙身节点详图的作用是与建筑平面图配合起来作为墙身施工的依据。通常采用 1:10 或 1:20 的比例详细画出墙身的散水和勒脚、窗台、屋檐等各节点的构造及做法。

二、墙身节点详图内容及识图方法

(1)看图名，了解墙体所在的位置。
(2)查看墙身与定位轴线的关系。
(3)查看墙脚位置散水、防潮层、勒脚、踢脚、地面的构造。
(4)查看窗台的位置、构造做法。
(5)查看过梁、楼板与墙体的关系、楼面构造。
(6)查看室内外墙面装修构造。

墙身节点详图中应表明墙身与轴线的关系。如图 5-3-1 所示，在散水、勒脚节点详图中，墙厚为 240 mm，轴线居中，散水的做法是在图中用多层构造的引出线表示的，引出线贯穿各层，在引出线的一侧画有三道短横线，旁边用文字说明各层的构造及厚度。在窗台节点详图中表明了窗过梁、楼面、窗台的做法，楼面的构造用多层构造引出线表示。在檐口节点详图中表明了檐沟的做法及屋面的构造。在墙身节点详图中剖切到的墙身线、檐口、楼面、屋面均应使用粗实线画出。看到的屋顶上的砖墩，窗洞处的外墙边线，踢脚线等用中实线绘制，粉刷线用细实线画出。

墙身节点详图中的尺寸不多，主要应注出轴线与墙身的关系，散水的宽度，踢脚板的高度，窗过梁的高度，挑檐板的高度，挑檐板伸出轴线的距离等。另外，还应注出几个标高，即室内地坪标高，防潮层标高，室外地面标高等。

在图 5-3-1 中还用箭头表示散水的坡度和排水方向。

小贴士

识读墙身详图时，首先要阅读建筑设计说明中墙体部分；具体识读墙身详图前要对照详图符号弄清楚墙体的位置；识读墙身构造时，一方面从墙身详图中根据图例识读；另一方面要结合设计说明识读。

三、墙身主要构造节点

视频：墙脚

1. 散水

散水是指沿建筑物外墙四周地面所做的向外倾斜的排水坡面，坡度一般为 3%～5%。散水宽度一般为 600～1 000 mm，当建筑物屋面有挑檐，采用无组织排水时，散水应比屋面檐口宽出 200 mm。

散水一般是在素土夯实上用三合土、碎砖、石、混凝土等材料铺砌而成的。散水与勒脚交接处应设置分隔缝，分隔缝内应设置有弹性的防水材料嵌缝，以防止外墙下沉时使散水拉裂，同时散水整体面层纵向距离每隔 6～12 m 做一道伸缩缝，伸缩缝内应用热沥青或用沥青麻丝填充。如图 5-3-2 所示为散水示例。

图 5-3-2　散水示例

2. 勒脚

勒脚是设置在房屋外墙接近地面部位的一种保护、装饰性构造。勒脚由于其位置原因，容易受到雨、雪的侵袭和人为因素破坏，同时受到土壤中水分的侵蚀，会造成墙身受潮，饰面脱落现象。因此，应做好防潮处理，延长建筑物的使用年限。勒脚的高度一般为 300～600 mm，其做法、高度、色彩等应结合建筑物的性质和建筑造型，一般采用抹灰和贴面的做法。如图 5-3-3 所示为抹灰和贴面勒脚示例。

图 5-3-3　抹灰和贴面勒脚示例

（1）抹灰勒脚。对于装饰性要求不高的建筑物，可采用水泥砂浆抹面，做法是在勒脚部位抹 20～30 mm 厚 1∶2 或 1∶2.5 水泥砂浆，或做水刷石、干粘石、斩假石等，抹灰勒脚造价低，施工简单。为了保证抹灰层与砖墙黏结牢固，施工时应清扫墙面浇水润湿，为防止抹灰脱落，也可在墙面上留槽，使抹灰嵌入即增加抹灰"咬口"。

（2）贴面类勒脚。对于装饰性要求较高的建筑，常采用天然石材花岗石、大理石或人造石材水磨石板等作为勒脚贴面。贴面勒脚防水、防撞击，耐久性强，建筑物立面的装饰效果好，但造价较高。

3. 防潮层

为防止墙体接近土壤部分受土壤中水分影响而受潮（图 5-3-4），使室内抹灰粉化、墙面霉变，冬季引起勒脚部位的冻融破坏，从而影响到室内环境和人体健康，需在靠近室内地面适当位置处设置防潮层，防潮层可分为水平防潮层和垂直防潮层两种。

水平防潮层应在所有内外墙中连续设置。当室内地面为混凝土等密实材料作垫层时，建筑物的内、外墙防潮层

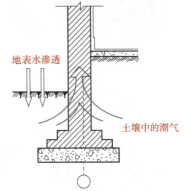

地表水渗透

土壤中的潮气

图 5-3-4　土壤中的潮气流向

应设于垫层范围内，通常低于室内地坪 60 mm，即标高－0.060 m 处，同时至少高于室外地坪 150 mm。当室内地面垫层为透水材料时（如炉渣、碎石），水平防潮层的位置应平齐或高于室内地面 60 mm。如图 5-3-5 所示为水平防潮层的设置。

当内墙面的两侧地面出现高差或室内地坪低于室外地面时，应在高低两个勒脚处的结构层中分别设置一道水平防潮层，并在两道水平防潮层之间靠近土壤的一侧垂直墙面上，设置一道垂直防潮层。如图 5-3-6 所示为垂直防潮层的设置。

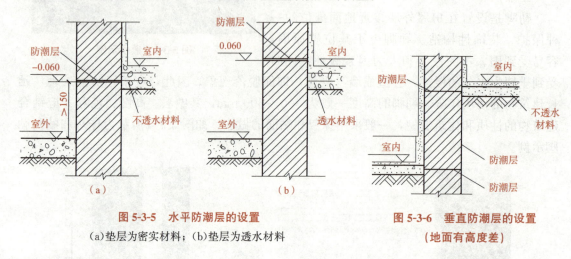

图 5-3-5　水平防潮层的设置
（a）垫层为密实材料；（b）垫层为透水材料

图 5-3-6　垂直防潮层的设置
（地面有高度差）

4. 踢脚

踢脚（踢脚板、踢脚线）是外墙内侧和内墙两侧与室内地坪交接处的构造（图 5-3-7）。踢脚的主要作用是防潮和保护墙脚，兼装饰作用。踢脚材料一般与地面相同，高度一般为 120～150 mm。按其所用材料及墙体材料不同，有水泥踢脚、水磨石踢脚、地砖踢脚、木板踢脚、塑料踢脚等。

图 5-3-7　踢脚示例

5. 窗台

窗台是窗洞下部的构造，位于室外的叫作外窗台，位于室内的叫作内窗台。

（1）外窗台的作用是排除窗外侧流下的雨水，防止雨水流入室内。外窗台的构造有悬挑窗台和不悬挑窗台两种。悬挑窗台应在下缘前端做滴水。

（2）内窗台可直接做抹灰层或铺大理石、预制水磨石、木窗台板等形成窗台面。

窗台的构造如图 5-3-8 所示。

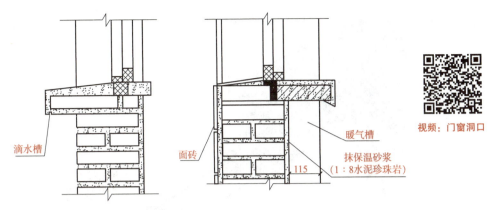

滴水槽　面砖

暖气槽

抹保温砂浆
（1：8水泥珍珠岩）

115

视频：门窗洞口

图 5-3-8　窗台的构造

6. 过梁

过梁设置在建筑物门窗洞口上部，承受上部传来的荷载，并将其传递给两侧的墙体。过梁有砖拱过梁、钢筋砖过梁和钢筋混凝土过梁三种形式。目前应用较为广泛的是钢筋砖拱过梁和钢筋混凝土过梁。

（1）砖拱过梁。砖拱过梁有平拱和弧拱两种，因抗震性能较差，目前应用较少，如图 5-3-9 所示。

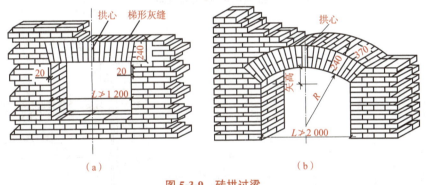

拱心　梯形灰缝

240

20　20

$L \geqslant 1\,200$

（a）

拱心

370

240

矢高

R

$L \geqslant 2\,000$

（b）

图 5-3-9　砖拱过梁
（a）平拱；（b）弧拱

（2）钢筋砖过梁。钢筋砖过梁是在门窗洞口上部的砂浆层内配置钢筋的平砌砖过梁。钢筋砖过梁砌法与砖墙相同，但须在第一皮砖下设置不小于 30 mm 厚的砂浆层，并在其中放置钢筋，钢筋的数量为每 120 mm 墙厚不少于 1φ6。钢筋两端伸入墙内 240 mm，并在端部做 60 mm 高的垂直弯钩，如图 5-3-10 所示。

（3）钢筋混凝土过梁。钢筋混凝土过梁承载力强，施工方便，不受跨度限制，是目前建筑工程中应用最广泛的一种过梁形式。

钢筋混凝土过梁可分为预制和现浇两种，截面尺寸应根据洞口的跨度和上部墙体荷载计算确定。通常，梁宽不小于 2/3 墙厚，过梁的两端伸进墙内的支承长度不小于 240 mm，如图 5-3-11 所示。

7. 女儿墙

女儿墙是凸出屋面的矮墙，主要起保护作用，除此之外，也可作为屋面防水卷材的收头处理，起到一定的装饰作用，如图 5-3-12 所示。

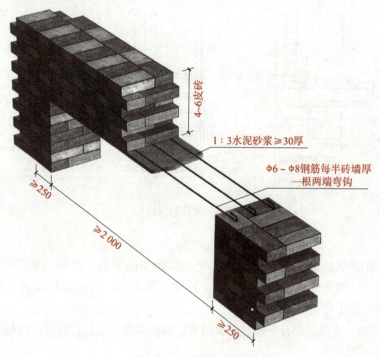

图 5-3-10 钢筋砖过梁

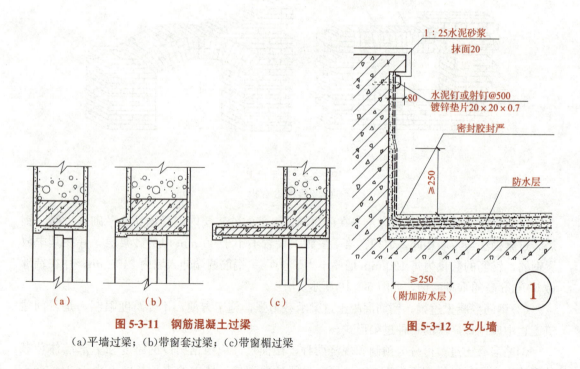

图 5-3-11 钢筋混凝土过梁　　　　　　　图 5-3-12 女儿墙
(a)平墙过梁；(b)带窗套过梁；(c)带窗楣过梁

8. 圈梁

圈梁是沿房屋的外墙、内纵墙和部分横墙在墙内水平方向设置的连续封闭的梁。其作用是增加墙体的稳定性，常与构造柱配合加强房屋的刚度及整体性，防止由于基础的不均匀沉降、荷载振动等引起的墙体开裂，提高房屋抗震性能，如图 5-3-13 所示。

图 5-3-13　圈梁

圈梁常设于基础内、楼盖处、屋盖处。圈梁的具体设置位置与圈梁的设置数量有关。如只设置一道圈梁，应设于屋盖处，增设的圈梁可设于楼盖处。为了防止楼盖和屋盖的水平错动，圈梁的上口一般与楼盖及屋盖上口平齐，使圈梁形成一个箍，钢筋混凝土圈梁的截面形状一般为矩形，宽度一般同墙厚。当墙体厚度 $h \geqslant 240$ mm 时，圈梁宽度不宜小于 $2/3h$，高度不小于 120 mm。在非地震区，圈梁内纵筋不少于 $4\phi8$，箍筋间距不大于 300 mm。圈梁应连续封闭，如遇门窗洞口必须断开时，应在洞口上部增设相应截面的附加圈梁，并应满足搭接补强要求，如图 5-3-14 所示。

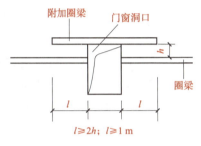

图 5-3-14　附加圈梁的构造

9. 构造柱

构造柱是设置在墙体内的钢筋混凝土现浇柱，主要作用是与圈梁共同形成空间骨架，加强房屋的整体刚度，提高抗震能力。

钢筋混凝土构造柱不单设置基础，但应伸入室外地面以下 500 mm 的基础内，或锚固于地圈梁内。构造柱的截面尺寸不小于 240 mm×180 mm，主筋不少于 $4\phi12$，箍筋不少于 $\phi6@250$ mm。沿墙高每 500 mm 设置 $2\phi6$ 拉结筋，每边伸入墙内不小于 1 m。构造柱施工时应先砌墙并留马牙槎，随着墙体的上升，逐段浇筑钢筋混凝土构造柱，构造柱所用混凝土强度一般为 C20。如图 5-3-15 所示为构造柱与墙体的连接。

图 5-3-15　构造柱与墙体的连接

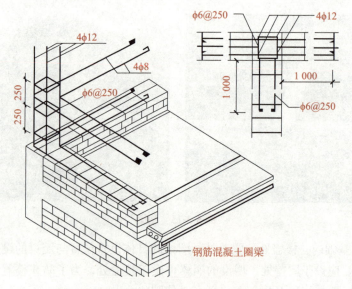

视频：墙身加固措施

图 5-3-15　构造柱与墙体的连接(续)

10．块材墙体构造

块材墙是用砂浆等胶结材料将砖、石、砌块等块材组砌而成的，如砖墙、石墙及各种砌块墙等，也可以简称为砌体。块材墙具有一定的保温、隔热、隔声性能和承载能力，块材生产及施工操作简单，造价低，但现浇湿作业较多，施工速度慢，劳动强度较大。

砖的种类很多，按材质分有黏土砖、页岩砖、粉煤灰砖、灰砂砖、混凝土砖等；按形状分有实心砖、多孔砖、空心砖等，如图 5-3-16 所示；按制造工艺分有烧结砖、蒸压养护砖等。

图 5-3-16　按形状划分的砖

实心黏土砖曾因成本低、保温隔热性能好，颜色又醒目、古朴而风靡一时，但因生产过程中取土破坏耕地、烧制过程中需要消耗大量煤炭，并且会产生二氧化硫等有害气体，所以自 2005 年起，国家先后发文要求在全国 567 个城市分三批限时禁止实心黏土砖的生产，2010 年年底所有城市禁止使用实心黏土砖。

目前，建筑承重主要采用框架结构，墙体主要起围护和分隔作用，所以，利用混凝土、工业废料制作的多孔砖、空心砖、混凝土砌块等在工程中得到广泛应用，有的还在孔洞中加入保温材料形成了自保温砌块，如图 5-3-17 所示。

视频：隔墙

图 5-3-17　新型砖

　　砌块由于规格较多、尺寸较大，为保证错缝及整体性，应事先做好排列设计，并采取加固措施。排列时应使上下皮错缝搭接，墙体交接处和转角处应使砌块间彼此搭接，优先选用大规格的砌块并使主砌块的总数量在 70% 以上。为减少砌块规格，允许使用少量砖镶砌填缝。当采用混凝土空心砌块时，上下皮应孔对孔、肋对肋，以保证有足够的接触面。当砌块组砌时出现通缝或错缝，距离不足 150 mm 时，应在水平通缝处附加钢筋网片，使之拉结成整体，如图 5-3-18 所示。

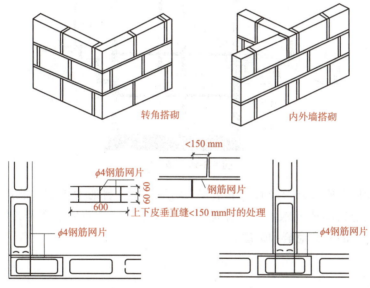

图 5-3-18　砌块墙通缝处理

拓展阅读

　　2019 年 5 月，上海市长宁区一幢厂房发生局部坍塌，造成 12 人死亡、10 人重伤、3 人轻伤，坍塌面积约为 1 000 m²，直接经济损失约 3 430 万元。

　　经调查，事故直接原因为该厂房一层承重砖墙承载力不足，施工过程中未采取维持墙体稳定措施，南侧承重墙在改造施工过程中承载力和稳定性进一步降低，施工时瞬间失稳后部分厂房结构连锁坍塌，生活区设置在施工区内，导致群死群伤。

　　2022 年 4 月，湖南省长沙市望城区发生一起特别重大居民自建房倒塌事故，造成 54 人死亡、9 人受伤，直接经济损失 9 077.86 万元。

事故调查组查明，事故的直接原因是违法违规建设的原五层（局部六层）房屋违法违规加层扩建至八层（局部九层）后，荷载大幅增加，致使二层东侧柱和墙超出极限承载力，出现受压破坏并持续发展，最终造成房屋整体倒塌。事发前，在出现明显倒塌征兆的情况下，房主拒不听从劝告，未采取紧急避险疏散措施，是导致人员伤亡多的重要原因。

　　以上事故以血的代价警醒所有人，工程建设容不得半点大意和侥幸，每次不规范的施工和对安全的怠慢都有可能酿成大祸，安全生产，重在预防，警钟长鸣！

11. 地下室墙体防水构造

　　地下室是建筑物最下层的使用空间，高层建筑的基础埋置较深，利用该深度建造地下室，可在有限的占地面积内增加使用空间，提高建设用地利用率，有效缓解城市用地紧张的问题。地下室如图 5-3-19 所示。

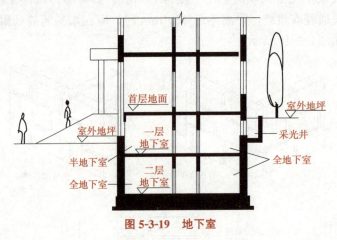

图 5-3-19　地下室

　　地下室按使用性质可分为普通地下室和人防地下室。普通地下室一般按地下楼层进行设计，满足不同建筑功能要求，可用作健身房、车库等；人防地下室是人防工事的一种，能解决紧急状态下的人员隐蔽和疏散。

 拓展阅读

　　生活中有时会看到"防空地下室"的标志，人民防空地下室是人防工事的一种，由外墙、缓冲墙、防爆门、封闭墙、防护隔墙等部分组成，主要用于人民防空临时掩体、战时防空指挥中心、通信中心、隐蔽所等。防空地下室如图 5-3-20 所示。

图 5-3-20　防空地下室

人防地下室和普通地下室有着很多相同点，这使很多人认为普通地下室就是人防地下室。人防地下室的特有名称和自身特点也使部分人认为，人防地下室只能用于战时防空袭，在平时是无法使用的。这些观点都是错误的。

1. 相同点

人防地下室与普通地下室最主要相同点就是它们都是埋在地下的工程，在平时使用功能上都可以用作商场、停车场、医院、娱乐场所甚至是生产车间，它们都有相应的通风、照明、消防、给水排水设施，因此，从一个工程的外表和用途上是很难区分该地下工程是否为人防地下室。

2. 不同点

人防地下室由于在战时具有防备空袭和核武器、生化武器袭击的作用，因此在工程的设计、施工及设备设施上与普通地下室有着很多的区别：在工程设计中普通地下室只需按照地下室的使用功能和荷载进行设计，可以全埋或半埋于地下。而防空地下室除考虑平时使用外，还必须按照战时标准进行设计，因此，人防地下室只能是全部埋于地下，由于战时工程所承受的荷载较大，人防地下室的顶板、外墙、底板、柱子和梁等都要比普通地下室的尺寸规格大。有时为了满足使用功能，还需要进行战前转换设计，如封堵墙、洞口、临战加柱等。另外，对重要的人防工程，还须在顶板上设置水平遮弹层用来抵挡导弹、炸弹的袭击。

地下室按埋入深度可分为全地下室和半地下室。地下室地面与室外地坪的高度差超过该房间净高的 1/2 时为全地下室，如防空地下室；地下室地面与室外地坪的高度差超过该房间净高的 1/3 且不超过 1/2 时为半地下室。

（1）地下室的构造组成。地下室一般由墙、底板、顶板、门和窗、采光井、楼梯等部分组成。地下室的主要构件除需要承受上部荷载外，还需要承受外侧土、地下水和土壤的侧压力，所以应有足够的强度、刚度和抗渗能力。地下室构造如图 5-3-21 所示。

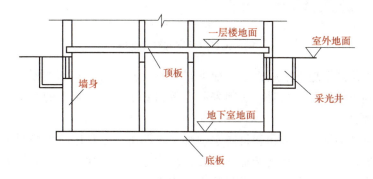

图 5-3-21　地下室构造

（2）地下室的防潮与防水构造。地下室的外墙、地层在建筑物的使用中，会受到土壤的湿度及地下水的侵袭，致使地下室内潮湿，地面、墙面霉变、墙皮脱落，严重影响人体健康和建筑物的安全及耐久性，因此，做好地下室的防潮、防水尤为重要。地下室常见问题如图 5-3-22 所示。

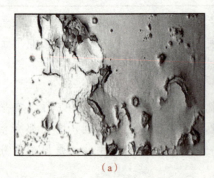 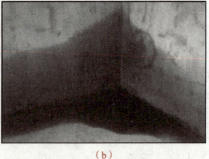

（a） （b）

图 5-3-22　地下室常见问题

（a）卷材涂料起鼓、空壳；（b）室内潮湿、霉变

当地下最高水位低于地下室底板，且地基范围内的土壤及回填土无形成上层滞水的可能时，地下室只需要做防潮处理。若地下室外墙、底板采用混凝土或钢筋混凝土结构，可利用材料自身的密实性防潮，不必再做防潮处理；若地下室外墙为砖砌体，则必须用水泥砂浆砌筑，灰缝饱满，并做好相应的防潮处理。地下室防潮处理如图 5-3-23 所示。

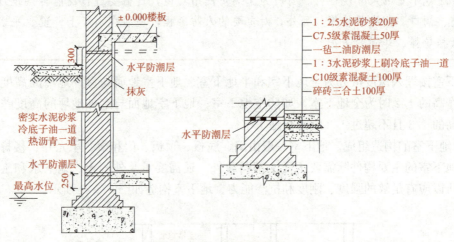

图 5-3-23　地下室防潮处理

地下最高水位高于地下室底板时，地下室的墙体和底板受到水的侵蚀，极易导致地下室漏水从而影响正常使用。此时，必须采取有效的防水措施。常用的有柔性防水和混凝土构件自防水两种。

柔性防水可分为涂膜防水和卷材防水两种。涂膜防水是利用防水涂料形成不透水层以达到防水的目的，这种防水有利于形成完整的防水涂层，对建筑内有穿墙管、转折和高差的特殊部位的防水处理极为有利；卷材防水适用于受侵蚀性介质作用或受振动作用的地下室。卷材防水常用的材料为高聚物改性沥青防水卷材或合成高分子防水卷材，施工做法有外防水和内防水两种。卷材内外防水做法如图 5-3-24 所示。

当地下室的墙体采用混凝土或钢筋混凝土结构时，可连同底板一同采用防水混凝土，实现承重、围护和防水功能三合一。防水混凝土如图 5-3-25 所示。

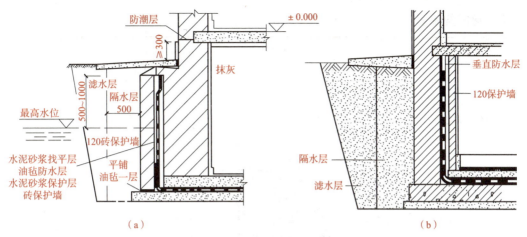

图 5-3-24 卷材内外防水做法

(a)卷材外防水做法；(b)卷材内防水做法

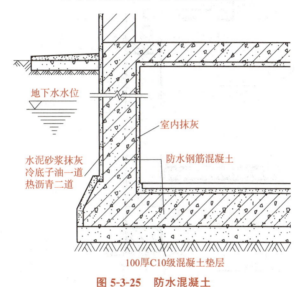

图 5-3-25 防水混凝土

视频：地下室构造

任务实施

(1)外墙节点详图中，散水坡度为3%，构造层次有三层，底层素土夯实，中间层100 mm厚3∶7灰土作垫层，最上层为50 mm厚细石混凝土抹面。

(2)采用的勒脚高度为900 mm，饰面采用黑色石子加10%白色水刷石。

(3)室内地面高于室外地面，且垫层采用60 mm厚C15混凝土，属于密实的不透水材料，故不必设垂直防潮层，只需要设置一道水平防潮层，标高为−0.060。

(4)踢脚高度为150 mm，厚度为25 mm，饰面采用1∶2水泥砂浆抹面。

(5)外窗台宽度为180 mm，坡度为5%，挑出宽度为60 mm，厚度为120 mm，外窗台下斜抹水泥砂浆做滴水线，内窗台采用水泥抹面。

(6)采用的是钢筋混凝土过梁，截面为矩形，梁高为180 mm，梁宽同墙厚，为240 mm。

(7)采用的是女儿墙内设檐沟，女儿墙高度为500 mm，顶端标高为9.500，檐沟做法是在钢筋混凝土檐沟板上用1∶3水泥砂浆找坡0.5%，上铺三布四涂氯丁胶乳沥青。

课堂任务单					
学习项目	识读构造详图	班级		组别	
训练任务	任务三	姓名		日期	

下图中，都注明了墙身详图的哪些内容？

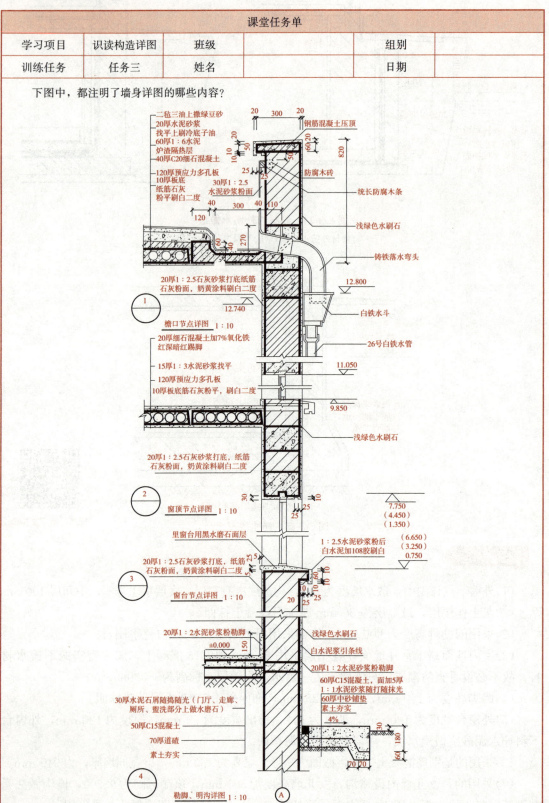

小组互评					
教师指导 与评价					
成绩(等级)		A/优秀	B/良好	C/中等	D/合格	E/不合格

任务四 屋顶构造及详图识读

▶ **任务要求**

如图 5-4-1 所示，根据屋面保温层设置进行判断，该屋面属于正置式屋面还是倒置式屋面？

简　图	屋面构造
 有保温上人屋面	1.40厚C20细石混凝土保护层，配φ6或冷拔φ4的HPB300级钢，双向@150，钢筋网片绑扎或点焊（设分格缝） 2.10厚低强度等级砂浆隔离层 3.保温层 4.防水卷材层 5.20厚1∶3水泥砂浆找平层 6.最薄30厚LC5.0轻集料混凝土2%找坡层 7.钢筋混凝土屋面板

图 5-4-1　有保温上人屋面构造图

▶ **任务资讯**

屋顶是房屋最上部的围护结构，应满足相应的使用功能要求，为建筑提供适宜的内部空间环境。屋顶也是房屋顶部的承重结构，受到材料、结构、施工条件等因素的制约。屋顶又是建筑体量的一部分，其形式对建筑物的造型有很大影响，因而设计中还应注意屋顶的美观问题。在满足其他设计要求的同时，力求创造出适合各种类型建筑的屋顶。

一、屋顶的组成和分类

1. 屋顶的组成

视频：屋面概述

屋顶主要解决承重、保温隔热、防水三个方面问题。由于各种材料性能上的差异，目前很难用一种材料兼备以上三种功能，因此，形成了屋顶的多层次构造特点，即将承重、保温隔热、防水多种材料叠合在一起，各尽其能。

从某种意义上讲，屋顶属于一种特殊楼层，尤其是对于平屋顶的上人屋面。因此，屋顶的组成具有楼层的基本构造层次（顶棚、结构层、面层）；同时，由于屋顶与室外接触，所以还应当具有围护结构的功能，如防水、排水、保温、隔热、隔声、防火等功能要求，所有这些层次可以简称为浮筑层（或辅助层）；所以，通常屋顶的基本构造层次可以归纳为顶棚、结构层、辅助层、面层，如图 5-4-2 所示。

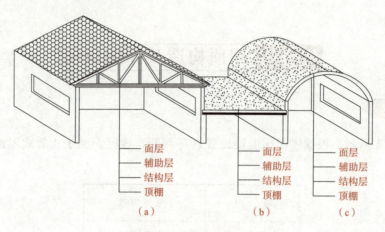

图 5-4-2 屋顶的基本组成
(a)坡屋顶；(b)平屋顶；(c)曲面屋顶

2. 屋顶的分类

屋顶的类型很多，其主要是由屋顶的结构和布置形式、建筑的使用要求、屋面使用的材料等因素决定的。一般情况下，屋顶按其坡度和外形可分为平屋顶、坡屋顶和其他形式屋顶。

（1）平屋顶。平屋顶是指屋面排水坡度小于或等于 10％ 的屋顶，一般的坡度为 2％～3％。平屋顶的主要特点是坡度平缓，上部可做成露台、屋顶花园等供人使用，同时，平屋顶的体积小、构造简单、节约材料、造价经济，在建筑工程中应用最为广泛。其形式如图 5-4-3 所示。

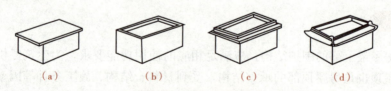

图 5-4-3 平屋顶的形式
(a)挑檐平屋顶；(b)女儿墙平屋顶；(c)挑檐女儿墙平屋顶；(d)盈顶平屋顶

（2）坡屋顶。屋面坡度大于 10％ 的屋顶称为坡屋顶。坡屋顶在我国有着悠久的历史，由于坡屋顶造型丰富多彩并能就地取材，故至今仍被广泛应用。

坡屋顶按其分坡的多少可分为单坡顶、双坡顶和四坡顶，如图 5-4-4 所示。当建筑物进深不大时，可选用单坡顶；当建筑物进深较大时，宜采用双坡顶或四坡顶。双坡顶有硬山和悬山之分。硬山是指房屋两端山墙高出屋面，山墙封住屋面；悬山是指屋顶的两端挑出山墙外面，屋面盖住山墙。

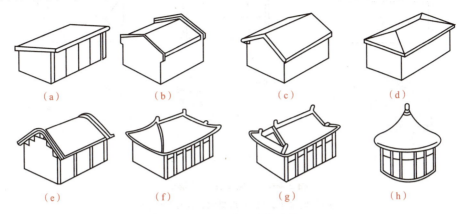

图 5-4-4　坡屋顶的形式

(a)单坡顶；(b)硬山两坡顶；(c)悬山两坡顶；(d)四坡顶；(e)卷棚顶；

(f)庑殿顶；(g)歇山顶；(h)圆攒尖顶

(3)其他形式屋顶。其他形式屋顶的承重结构多为空间结构，如拱结构、薄壳结构、悬索结构和网架结构等。这类空间结构具有受力合理，节约材料的优点，但施工复杂，造价高，一般用于较大体量、大跨度的公共建筑。其他屋顶的形式如图 5-4-5 所示。

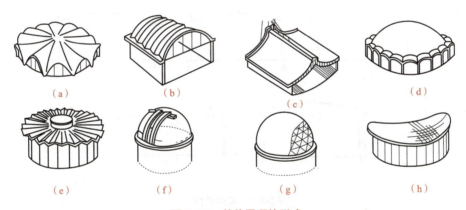

图 5-4-5　其他屋顶的形式

(a)抛物面壳屋顶；(b)折板拱屋顶；(c)曲面网架屋顶；(d)球壳屋顶；(e)辐射式折板屋顶；

(f)活动球顶；(g)球形网壳屋顶；(h)鞍形悬索屋顶

二、屋顶排水

屋顶排水方式可分为无组织排水和有组织排水两类。

1. 无组织排水

无组织排水又称为自由落水，是指屋面雨水直接从挑出外墙的檐口自由落下至地面的一种排水方式。该排水形式施工方便，构造简单，造价低。无组织排水一般适用于低层建筑、少雨地区建筑，标准较高及临街建筑不宜采用。无组织排水的形式如图 5-4-6 所示。

视频：屋面排水设置

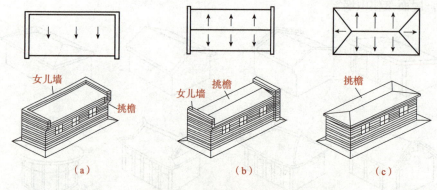

图 5-4-6　无组织排水的形式

(a)单坡排水；(b)双坡排水；(c)四坡排水

2. 有组织排水

有组织排水(图 5-4-7)是指屋面设置排水设施，将屋面雨水分区域、有组织地疏导引至檐沟，经雨水管排至地面或地下排水管内的一种排水方式。这种排水方式使屋面雨水不侵蚀墙面，不影响地面行人交通，是常见的屋面排水方式。有组织排水可分为内排式、外排式和两者结合的混排式。为便于检修和减少渗漏，少占室内空间，设计时可采用外排式，当大跨度外排有困难或建筑立面要求不能外排时，则可采用内排式或混排式。

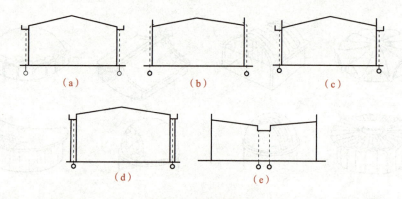

图 5-4-7　有组织排水

(a)挑檐沟外排水；(b)女儿墙外排水；(c)女儿墙挑檐沟外排水；(d)暗管外排水；(e)中间天沟内排水

三、平屋顶的构造

1. 平屋顶的组成

平屋顶一般由屋面、承重结构、保温隔热层、顶棚等基本层次组成，如图 5-4-8 所示。

(1)屋面。屋面是屋顶最上面的表面层次，要承受施工荷载和使用时的维修荷载，以及自然界风吹、日晒、雨淋、大气腐蚀等的长期作用，因此，屋面材料应有一定的强度、良好的防水性和耐久性。

(2)承重结构。承重结构承受屋面传来的各种荷载和屋顶自重。

视频：平屋顶(一)

视频：平屋顶(二)

(3)保温隔热层。当对屋顶有保温隔热要求时，需要在屋顶中设置相应的保温隔热层，以防止外界温度变化对建筑物室内空间带来影响。

视频：平屋顶(三)

(4)顶棚。顶棚位于屋顶的底部，用来满足室内对顶部的平整度和美观要求。

2. 柔性防水平屋顶的构造

柔性防水平屋顶是指采用防水卷材用胶结材料粘贴铺设而成的整体封闭的防水覆盖层。它具有一定的延性和韧性，并且能适应一定程度的结构变化，保持其防水性能。柔性防水平屋顶的构造层次包括结构层、找平层、隔汽层、找坡层、保温层(隔热层)和保护层等，如图 5-4-9 所示。

视频：平屋顶(四)

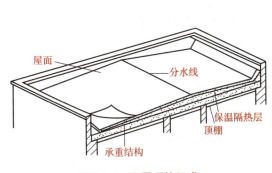

图 5-4-8　平屋顶的组成

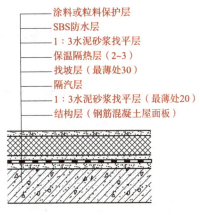

图 5-4-9　柔性防水平屋顶的构造

(1)结构层。结构层采用现浇钢筋混凝土板。结构层要承受屋面上的所有荷载，具有足够的强度和刚度，满足由于建筑物结构变形过大引起防水层开裂。

(2)找平层。找平层一般需设两道即在结构层和保温层之上，用 1∶3 水泥砂浆找平(最薄处 20 mm 厚)，应二次压光、充分养护，保证抹灰质量不能有起砂、起皮现象，找平层宜留 20 mm 分格缝，并嵌填密封材料，确保屋面基层平整，避免卷材凹陷和断裂，利于铺贴卷材防水层。

(3)隔汽层。寒冷地区冬季室内外温差大，水蒸气向屋面保温层渗透，使保温材料受潮产生凝聚水，降低保温效果，因此要阻止外界水蒸气渗入保温层，在保温层下设置一道防止室内水蒸气渗透的防水卷材(或防水涂膜)隔汽层，在结构层上设通风孔或在保温层中设排气孔，排气孔上要盖一小铁帽且比屋面高出 300～500 mm，排气道应纵横连通不得堵塞，纵横间距为 6 m。

(4)找坡层。找坡层设于结构层上，应选用水泥焦渣或水泥膨胀蛭石作找坡材料，通常保温层也可兼作找坡层。

(5)保温层。通常，保温层设于结构层之上防水层之下，即正置式保温屋面体系，它能防止室内热量由屋面向室外散失，适用于寒冷地区。常用的保温材料为导热系数小的轻质多孔材料，有散状(膨胀珍珠岩、矿渣、炉渣等)、整体浇筑的拌合料(水泥珍珠岩、沥青膨胀珍珠岩等)、板块料(泡沫混凝土板、水泥蛭石板、矿棉板、聚苯乙烯泡沫塑料板、硬质聚氨酯泡沫塑料板等)三种。保温层的厚度需要进行热工计算确定。

小贴士

屋面保温层设置位置有正置式和倒置式两种。正置式保温体系，即保温层设置在结构层之上，防水层之下，形成封闭的保温层的做法，也叫作内置式保温，如图 5-4-10(a) 所示；倒置式保温体系，即保温层设置在防水层之上，防水层不受外界气温变化的影响，不易受外界作用的破坏，如图 5-4-10(b) 所示。

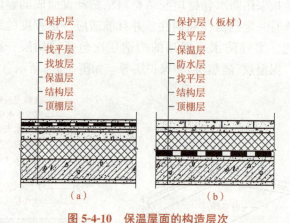

图 5-4-10　保温屋面的构造层次

(6)隔热层。隔热层主要用于炎热和温暖地区，为防止和减少太阳辐射热传入室内，降低屋面热量对室内的影响，可采用屋面通风隔热、蓄水屋面隔热、种植屋面隔热做法、反辐射屋面隔热。

(7)防水层。屋面一般采用"阻"和"导"两种方法解决防水与排水的问题。

1)阻：在屋面上满铺防水卷材，处理好卷材间的搭接缝隙，形成一个封闭的防水覆盖层阻止雨水渗漏，达到防水的目的。

2)导：在屋面上设置适宜的坡度，采取合理的构造措施，迅速排走屋面雨水。

(8)保护层。设保护层的目的是保护防水层，防止雨水、人对屋面防水层的踩踏，阳光辐射和大气作用下防水卷材老化，常用绿砂、铝银粉涂料、彩砂、涂料等作保护层。

3. 刚性防水平屋顶的构造

刚性防水屋面是指用防水砂浆或细石混凝土作防水层的屋面，因混凝土属于脆性材料，抗拉强度较低，因此称为刚性防水屋面。它构造简单，施工方便，造价较低，但其对温度变化和结构变形较敏感，易产生裂缝而漏水。刚性防水平屋顶的构造层次包括结构层、找平层、隔离层、防水层等，如图 5-4-11 所示。

(1)结构层。刚性防水屋面的结构层要求具有足够的强度和刚度，一般应采用现浇或预制装配的钢筋混凝土屋面板，并在结构层现浇或铺板时形成屋面的排水坡度。

(2)找平层。为保证防水层厚薄均匀，通常应在结构层上用 20 mm 厚 1∶3 水泥砂浆找平。若采用现浇钢筋混凝土屋面板或设有纸筋灰等材料时，也可不设置找平层。

(3)隔离层。为减少结构层变形及温度变化对防水层的不利影响，宜在防水层下设置隔离层。隔离层可采用纸筋灰、低强度等级砂浆或在薄砂层上干铺一层油毡等。当防水层中加有膨胀剂类材料时，其抗裂性有所改善，也可不做隔离层。

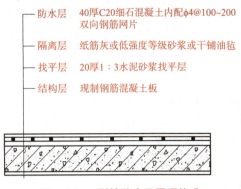

图 5-4-11 刚性防水平屋顶构造

（4）防水层。常用配筋细石混凝土防水屋面的混凝土强度等级应不低于C20，其厚度宜不小于40 mm，双向配置 $\phi4\sim\phi6$ 钢筋，间距为 $100\sim200$ mm 的双向钢筋网片。为提高防水层的抗渗性能，可在细石混凝土内掺入适量外加剂（如膨胀剂、减水剂、防水剂等），以提高其密实性能。

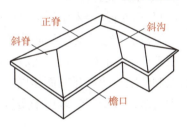

视频：坡屋顶

四、坡屋顶的构造

1. 坡屋顶的组成

坡屋顶是排水坡度较大的屋顶形式，由承重结构和屋面两个基本部分组成。根据使用功能的不同，有些还需设置保温层、隔热层和顶棚等。坡面组织由房屋平面和屋顶形式决定，屋顶坡面交接形成屋脊、斜沟、斜脊等（图 5-4-12），对屋顶的结构布置和排水方式及造型均有一定影响。

图 5-4-12 屋顶坡面交接示意

2. 坡屋顶的承重结构类型

坡屋顶中常用的承重结构类型有山墙承重、屋架承重和梁架承重三类，如图 5-4-13 所示。

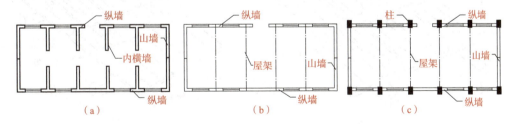

（a）　　　　　　　　　　（b）　　　　　　　　　　（c）

图 5-4-13 坡屋顶的承重结构

（a）山墙承重；（b）屋架承重；（c）梁架承重

（1）山墙承重。山墙承重又称为横墙承重或硬山搁檩，是指按屋顶设计所要求的坡度，将横墙上部砌成山尖形，在其上直接搁置檩条来承受屋顶重量的一种承重方式。这种承重方式一般适用于多数开间相同且并列的房屋，如住宅、旅馆、宿舍等。其优点是节约钢材和木材，构造简单，施工方便，房间的隔声、防火效果好，是一种较为合理的承重体系。

（2）屋架承重。屋架承重是指利用建筑物的外纵墙支承屋架，然后在屋架上搁置檩条来承受屋面荷载的一种承重方式。这种承重方式多用于要求有较大空间的建筑，如食堂、教学楼等。屋架一般按房屋的开间等间距排列，其开间的选择与建筑平面及立面设计都有关系。屋架承重体系的主要优点是建筑物内部可以形成较大的空间，结构布置灵活，通用性大。

（3）梁架承重。随着房间进深的加大，单纯利用纵墙已不足以支撑整个屋盖系统，需设置承重柱来承载，而纵墙则只起围护作用。梁架承重是我国传统的结构形式，在古建筑中利用檩条和连系梁（枋）将房屋组成一个整体的骨架，梁架承重系统的主要优点是结构牢固，抗震性好。

3. 坡屋顶屋面的构造

坡屋顶屋面一般是利用各种瓦材，如平瓦、波形瓦、小青瓦等作为屋面防水材料。近年来，还有不少采用金属瓦屋面、彩色压型钢板屋面等。

平瓦屋面根据基层的不同，有冷摊瓦屋面、木望板瓦屋面和钢筋混凝土板瓦屋面三种做法。

（1）冷摊瓦屋面。冷摊瓦屋面[图 5-4-14（a）]是在檩条上钉固椽条，然后在椽条上钉挂瓦条并直接挂瓦。这种做法构造简单，但雨、雪易从瓦缝中飘入室内，通常用于南方地区质量要求不高的建筑。

（2）木望板瓦屋面。木望板瓦屋面[图 5-4-14（b）]是在檩条上铺钉 15～20 mm 厚的木望板（也称屋面板），木望板可采取密铺法（不留缝）或稀铺法（木望板间留 20 mm 左右宽的缝），在木望板上平行于屋脊方向干铺一层油毡，在油毡上顺着屋面水流方向钉 10 mm×30 mm、中距 500 mm 的顺水条。然后，在顺水条上面平行于屋脊方向钉挂瓦条并挂瓦，挂瓦条的断面和间距与冷摊瓦屋面相同。这种做法比冷摊瓦屋面的防水、保温隔热效果要好，但耗用木材多、造价高，多用于质量要求较高的建筑物中。

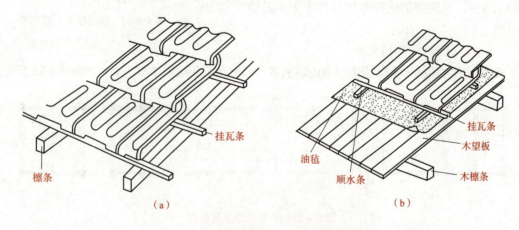

图 5-4-14　冷摊瓦屋面、木望板瓦屋面构造
（a）冷摊瓦屋面；（b）木望板瓦屋面

（3）钢筋混凝土板瓦屋面。瓦屋面由于保温、防火或造型等的需要，可将钢筋混凝土板作为瓦屋面的基层盖瓦。盖瓦的方式有两种：一种是在找平层上铺油毡一层，用压毡条钉嵌在板缝内的木楔上，再钉挂瓦条挂瓦；另一种是在屋面板上直接粉刷防水水泥砂浆并贴瓦或陶瓷面砖或平瓦。在仿古建筑中也常常采用钢筋混凝土板瓦屋面。钢筋混凝土板瓦屋

面构造如图 5-4-15 所示。

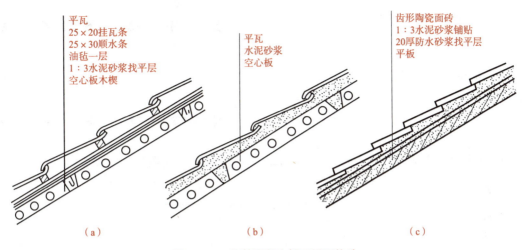

平瓦
25×20挂瓦条
25×30顺水条
油毡一层
1：3水泥砂浆找平层
空心板木楔

平瓦
水泥砂浆
空心板

齿形陶瓷面砖
1：3水泥砂浆铺贴
20厚防水砂浆找平层
平板

(a)　　　　　　　(b)　　　　　　　(c)

图 5-4-15　钢筋混凝土板瓦屋面构造
(a)木条挂瓦；(b)砂浆贴瓦；(c)砂浆贴面砖

任务实施

任务要求中所示的屋面，由于保温层在防水卷材（防水层）之上，因此为倒置式保温体系。

【课堂任务单】

课堂任务单					
学习项目	识读构造详图	班级		组别	
训练任务	任务四	姓名		日期	
完成本任务的学习并填空。 1. 屋顶的基本构造层次可以归纳为_____、_____、_____、_____。 2. 平屋顶是指屋面排水坡度_____的屋顶，一般的坡度为_____。 3. 图示坡屋顶，属于坡屋顶中的_____类型。 4. 拱结构、网架结构等空间结构适用的场所是_____。 5. 当大跨度外排水有困难或建筑立面要求不能外排水时，可采用的组织排水形式是_____。 6. 平屋顶一般由_____、_____、_____、_____等基本层次组成。 7. 柔性防水平屋顶的构造层次包括_____、_____、_____、_____、_____等。 8. 刚性防水平屋顶的优点有_____、_____、_____。 9. 坡屋顶坡面交接形成_____、_____、_____等。					

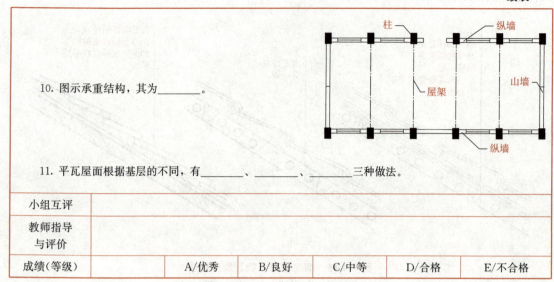

10. 图示承重结构，其为_____。

11. 平瓦屋面根据基层的不同，有_____、_____、_____三种做法。

小组互评					
教师指导 与评价					
成绩(等级)		A/优秀	B/良好	C/中等	D/合格	E/不合格

任务五 楼梯构造及详图识读

任务要求

识读图 5-5-1 所示的楼梯图。

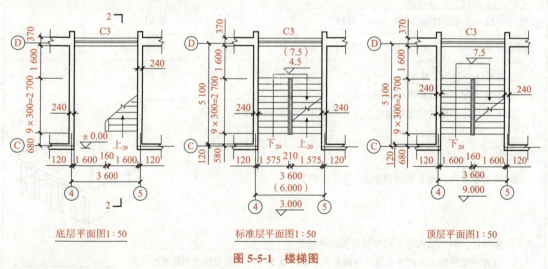

底层平面图1∶50　　　标准层平面图1∶50　　　顶层平面图1∶50

图 5-5-1　楼梯图

任务资讯

　　楼梯是解决建筑物楼层之间垂直交通的重要构件，供人上下楼层、防火疏散之用。楼梯设计要具有足够的通行能力，即合适的梯段宽度和坡度，同时，还要满足防火、防烟、防滑等要求，《建筑设计防火规范(2018 年版)》(GB 50016—2014)、《民用建筑设计统一标准》(GB 50352—2019)及其他一些单项建筑设计规范对楼梯设计都有规定。

一、楼梯的组成

楼梯一般由楼梯段、楼梯平台、栏杆(或栏板)和扶手三部分组成，如图 5-5-2 所示。

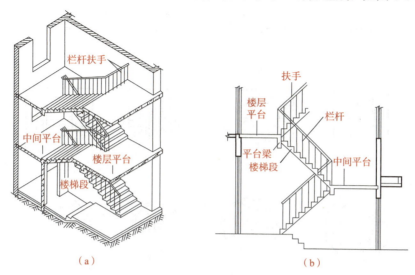

图 5-5-2　楼梯的组成

(a)楼梯间立体图；(b)楼梯间剖面图

1. 楼梯段

楼梯段是楼梯的主要使用和承重部分，它是由若干个连续的踏步组成的。每个踏步又由两个互相垂直的面构成，水平面叫作踏面，垂直面叫作踢面。为避免人们行走楼梯段时太过疲劳，每个楼梯段上的踏步数目不得超过 18 级；照顾到人们在楼梯段上行走时的连续性，每个楼梯段上的踏步数目不得少于 3 级。

2. 楼梯平台

楼梯平台是楼梯段两端的水平段，主要用来解决楼梯段的转向问题，并使人们在上下楼层时能够缓冲休息。楼梯平台按照其所处的位置分为楼层平台和中间平台，与楼层相连的平台为楼层平台，处于上下楼地层之间的平台为中间平台。

相邻楼梯段和平台所围成的上下连通的空间称为楼梯井。楼梯井的尺寸根据楼梯施工时支模板的需要及满足楼梯间的空间尺寸来确定。

3. 栏杆(栏板)和扶手

栏杆(栏板)是设置在楼梯段和平台临空侧的围护构件，应该有一定的强度和刚度，并应该在上部设置供人们手扶持用的扶手。在公共建筑中，当楼梯段较宽时，常在楼梯段和平台靠墙一侧设置靠墙扶手。

二、楼梯的类型

(1)按照楼梯的主要材料可分为钢筋混凝土楼梯、钢楼梯、木楼梯等。

视频：楼梯概述

（2）按照楼梯在建筑物中所处的位置可分为室内楼梯和室外楼梯。

（3）按照楼梯的使用性质分为楼梯、辅助楼梯、疏散楼梯、消防楼梯等。

（4）按照楼梯的形式分为单跑楼梯、双跑折角楼梯、双跑平行楼梯、双跑直楼梯、三跑楼梯、四跑楼梯、双分式楼梯、双合式楼梯、八角形楼梯、圆形楼梯、螺旋形楼梯、弧形楼梯、剪刀式楼梯、交叉式楼梯等，如图5-5-3所示。

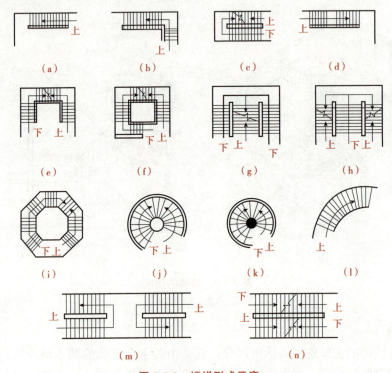

图5-5-3　楼梯形式示意

(a)单跑楼梯；(b)双跑折角楼梯；(c)双跑平行楼梯；(d)双跑直楼梯；(e)三跑楼梯；

(f)四跑楼梯；(g)双分式楼梯；(h)双合式楼梯；(i)八角形楼梯；(j)圆形楼梯；

(k)螺旋形楼梯；(l)弧形楼梯；(m)剪刀式楼梯；(n)交叉式楼梯

（5）按照楼梯间的平面形式分为封闭式楼梯、非封闭式楼梯、防烟楼梯等，如图5-5-4所示。

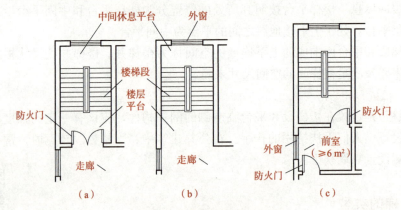

图5-5-4　楼梯间的平面形式

(a)封闭式楼梯；(b)非封闭式楼梯；(c)防烟楼梯

三、钢筋混凝土楼梯的构造

钢筋混凝土楼梯按施工方式可分为现浇钢筋混凝土楼梯和预制装配式钢筋混凝土楼梯两类。

1. 现浇钢筋混凝土楼梯

现浇钢筋混凝土楼梯是指在施工现场支模板、绑扎钢筋、浇筑混凝土而形成的整体楼梯。其具有整体性好、刚度好、坚固耐久等优点，但是耗用人工、模板较多，施工速度较慢，因此，多用于楼梯形式复杂或抗震要求较高的房屋中。

现浇钢筋混凝土楼梯按楼梯段特点及结构形式的不同，可分为板式楼梯和梁式楼梯，如图 5-5-5 所示。

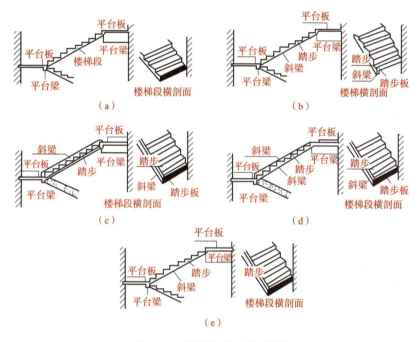

图 5-5-5　现浇板式、梁式楼梯

(a)板式楼梯；(b)梁式楼梯(梁在板下)；(c)梁式楼梯(梁在板中)；

(d)梁式楼梯(梁在板上)；(e)梁式楼梯(单斜梁式)

(1)板式楼梯。板式楼梯是将楼梯段做成一块板底平整、板面上带有踏步的板，与平台、平台梁现浇在一起。楼梯段相当于一块斜放的现浇板，平台梁是支座，其作用是将在楼梯段和平台上的荷载同时传递给平台梁，再由平台梁传到承重横墙或柱上。从力学和结构角度，梯段板的跨度大或梯段上使用荷载大，都将导致梯段板的截面高度加大。这种楼梯构造简单，施工方便，但自重大，材料消耗多，适用于荷载较小、楼梯跨度不大的房屋，如图 5-5-6(a)所示。

有时为了保证平台过道处的净空高度，可以在板式楼梯的局部位置取消平台梁，这种楼梯称为折板式楼梯，如图 5-5-6(b)所示。此时，板的跨度应为楼梯段水平投影长度与平台深度尺寸之和。

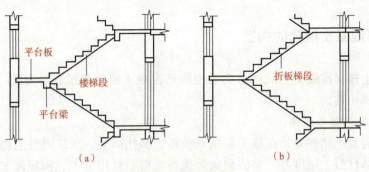

图 5-5-6　板式楼梯

(a)板式；(b)折板式

(2)梁式楼梯。梁式楼梯与板式楼梯相比，钢材和混凝土的用量少、自重轻，当荷载或楼梯跨度较大时，采用梁式楼梯比较经济(设计时，对于楼梯段水平投影长度超过 3 m，多采用梁式楼梯)。

梁式楼梯由踏步板、楼梯斜梁、平台梁和平台板组成。在结构上有双梁式和单梁式两种。

1)双梁式楼梯。将梯段斜梁布置在踏步的两端，这时踏步板的跨度便是梯段的宽度，也就是楼梯段斜梁间的距离，梁式楼梯的梯段板跨度小，在板厚相同的情况下，梁式楼梯可以承受较大的荷载；反之，荷载相同的情况下，梁式楼梯的板厚可以比板式楼梯的板厚减薄。梁式楼梯按斜梁所在的位置不同，分为正梁式(明步)和反梁式(暗步)两种(图 5-5-7)。

①正梁式。梯梁在踏步板之下，踏步板外露，又称为明步。明步楼梯形式较为明快，但在板下露出的梁的阴角容易积灰。

②反梁式。梯梁在踏步板之上，形成反梁，踏步包在里面，又称为暗步。暗步楼梯段底面平整，洗刷楼梯时污水不致污染楼梯底面。但梯梁占去了一部分梯段宽度，应尽量将边梁做得窄一些，必要时可以与栏杆结合。

双梁式楼梯在有楼梯间的情况下，通常在楼梯段靠墙的一边不设置斜梁，用承重墙代替，而踏步板另一端搁在斜梁上。

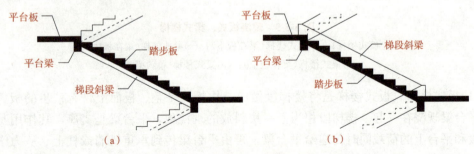

图 5-5-7　钢筋混凝土梁式楼梯

(a)正梁式；(b)反梁式

2)单梁式楼梯。在梁式楼梯中，单梁式楼梯已在一些公共建筑中较多采用，这种楼梯的梯段由一根梯梁支承踏步(图 5-5-8)。梯梁布置有两种方式：一种是单梁悬臂式楼梯；另一种是单梁挑板式楼梯。单梁式楼梯受力复杂，单梁挑板式楼梯比单梁悬臂式楼梯受力合理。这两种楼梯外形轻巧、美观，常为建筑空间造型所采用。

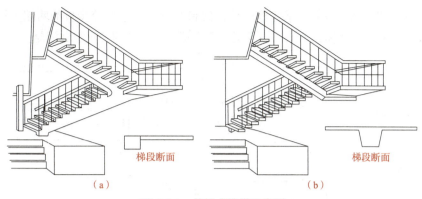

梯段断面   梯段断面

（a）   （b）

图 5-5-8　单梁式楼梯示意图

（a）单梁悬臂式；（b）单梁挑板式

2. 预制装配式钢筋混凝土楼梯

预制装配式钢筋混凝土楼梯有多种不同的构造形式。按楼梯构件的拼合程度一般可分为小型预制构件装配式楼梯、中型预制构件装配式楼梯和大型预制构件装配式楼梯。

（1）小型预制构件装配式楼梯。小型预制构件装配式楼梯是将楼梯的组成部分划分为若干构件，每一构件体积小、质量轻、易于制作、便于运输和安装。但由于安装时件数较多，所以施工工序多，现场湿作业较多，施工速度较慢。其适用于施工过程中没有吊装设备或只有小型吊装设备的房屋。

预制踏步的支承有梁承式、双墙支承式和悬挑式三种形式。

1）梁承式楼梯。梁承式楼梯是指预制踏步支承在梯斜梁上，形成梁式梯段，梯段支承在平台梁上（图 5-5-9）。

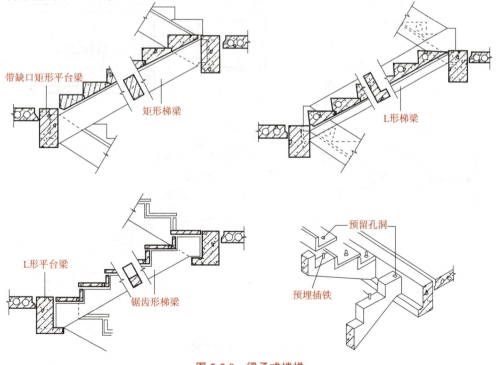

带缺口矩形平台梁   矩形梯梁   L形梯梁

L形平台梁   锯齿形梯梁   预留孔洞   预埋插铁

图 5-5-9　梁承式楼梯

2）双墙支承式楼梯。双墙支承式楼梯是将预制 L 形或一字形踏步板的两端直接搁置在墙上，荷载传递给两侧的墙体，不需要设梯梁和平台梁，从而节约了钢材和混凝土（图 5-5-10）。

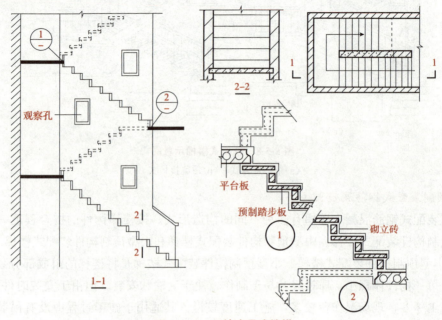

观察孔

平台板
预制踏步板
砌立砖

图 5-5-10　双墙支承式楼梯

3）悬挑式楼梯。悬挑式楼梯是将踏步板的一端固定在楼梯间墙上，另一端悬挑，利用悬挑的踏步支承全部荷载，并直接传递给墙体（图 5-5-11）。

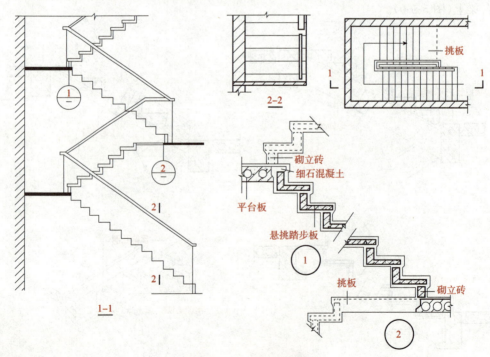

挑板

砌立砖
细石混凝土
平台板
悬挑踏步板
挑板
砌立砖

图 5-5-11　悬挑式楼梯

（2）中型预制构件装配式楼梯。中型预制构件装配式楼梯一般由楼梯段和带平台梁的平台板两个构件组成，带梁平台板将平台板与平台梁合并成为一个构件，当起重能力有限时，可将平台梁和平台板分开，这种构造做法的平台板，可以与小型构件装配式楼梯的平台板相同，采用预制钢筋混凝土槽形板或空心板两端直接支承在楼梯间的横墙上；或采用小型预制钢筋混凝土平板，直接支承在平台梁和楼梯间的纵墙上。

（3）大型预制构件装配式楼梯。大型预制构件装配式楼梯，是将整个梯段和平台板预制成一个构件。按结构形式不同，有板式楼梯和梁式楼梯两种，如图5-5-12所示。这种楼梯的构件数量少，装配化程度高，施工速度快，但需要大型运输、起重设备，主要用于大型装配式建筑中。

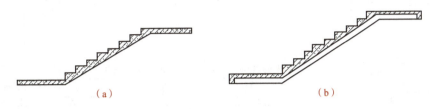

图 5-5-12　大型构件装配式楼梯

(a)板式楼梯；(b)梁式楼梯

\\\ **小贴士**

　　识读楼梯尺寸时，先识读楼梯平面图，再结合平面图识读剖面图；识读平面图时，先识读楼梯间的开间、进深，再识读楼梯的各个平面尺度；识读剖面图时，先识读各部位的标高，再识读楼梯的剖面尺度。

视频：楼梯细部构造

四、楼梯的细部构造

1. 踏步

　　楼梯踏步的踏面应光洁、耐磨，易于清扫。面层常采用水泥砂浆、水磨石等，也可采用铺缸砖、贴油地毡或铺大理石板（图5-5-13）。前两种多用于一般工业与民用建筑中；后几种多用于有特殊要求或较高级的公共建筑中。

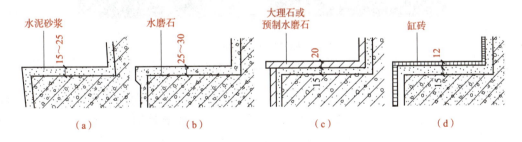

图 5-5-13　踏步面层构造

(a)水泥砂浆；(b)水磨石；(c)大理石或预制水磨石；(d)缸砖

　　为防止行人在上下楼梯时滑跌，特别是水磨石面层及其他表面光滑的面层，常在踏步近踏口处，用不同于面层的材料做出略高于踏面的防滑条或防滑槽；或用带有槽口的陶土块或金属板包住踏口。如果面层采用水泥砂浆抹面，由于表面粗糙，可不做防滑条。防滑槽的做法是做踏步面层时留两三道凹槽。防滑条材料可采用铁屑水泥、金刚砂、塑料条、橡胶条、金属条、马赛克等。采用耐磨防滑材料如缸砖、铸铁等做防滑包口，既防滑又起保护作用。防滑处理如图 5-5-14 所示。

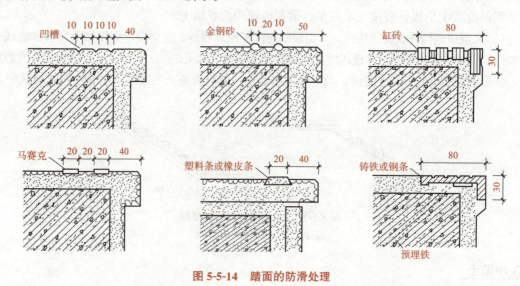

图 5-5-14　踏面的防滑处理

2. 栏杆

栏杆是在楼梯段与平台临空一边所设的安全措施，要求做到安全、坚固、美观，也要注意经济和施工维修方便等。楼梯栏杆有空花栏杆、实心栏板及两者组合的半空花栏杆。空花栏杆和半空花栏杆如图 5-5-15 所示。

（a）　　　　　　　　　　　　（b）

图 5-5-15　栏杆

(a)空花栏杆；(b)半空花栏杆

（1）空花栏杆。空花栏杆常用的立杆材料为圆钢、方钢、扁钢及钢管。固定方式有与预埋件焊接、开脚预埋（或留孔后装）、与预埋件栓接、用膨胀螺栓固定。其安装部位多在踏面的边缘位置或踏步的侧边，如图 5-5-16 所示。

（2）实心栏板。实心栏板可采用在立杆之间固定安全玻璃、钢丝网、钢板网等形成栏板。随着建筑材料的改良和发展，有些玻璃栏板甚至可以不依赖立杆而直接作为受力的栏板来使用，但自重较大，造价较高，现在采用较少，如图 5-5-17 所示。

（3）半空花栏杆。半空花栏杆是空花栏杆与栏板相结合的一种形式。空花部分多用金属材料制作，栏板可选用木板或钢化玻璃等，如图 5-5-18 所示。

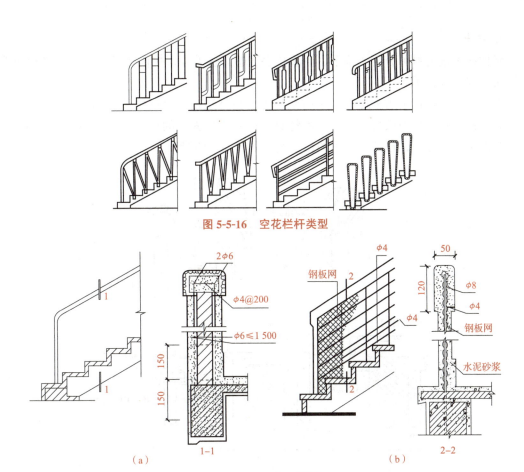

图 5-5-16　空花栏杆类型

图 5-5-17　实心栏板

(a)1/4 砖砌栏板；(b)钢板网水泥栏板

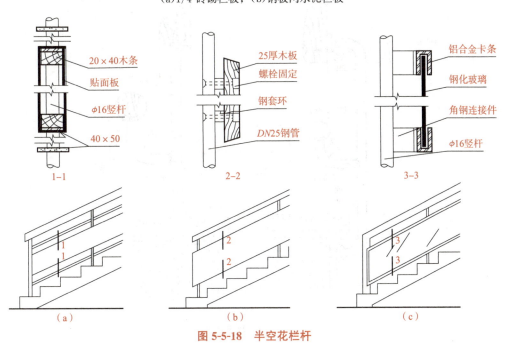

图 5-5-18　半空花栏杆

(a)贴面板栏板；(b)木板栏板；(c)钢化玻璃栏板

3. 扶手

楼梯扶手按材料可分为木扶手、金属扶手、塑料扶手等；按构造可分为镂空栏杆扶手、栏板扶手和靠墙扶手等。

木扶手、塑料扶手用木螺钉通过扁铁与镂空栏杆连接；金属扶手则通过焊接或螺钉连接；靠墙扶手则由预埋铁脚的扁钢借木螺钉来固定。栏板上的扶手多采用抹水泥砂浆或水磨石粉面的处理方式。栏杆及栏板的扶手类型如图 5-5-19 所示。

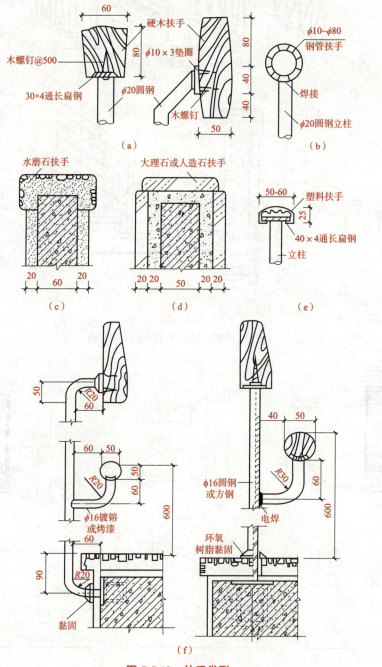

图 5-5-19 扶手类型

(a)硬木扶手；(b)钢管扶手；(c)水磨石扶手；(d)大理石或人造石扶手；(e)塑料扶手；(f)节点构造

4. 基础

首层楼梯的第一段与地面接触处需设基础（即梯基），梯基的做法有两种：一种是梯段支承在钢筋混凝土基础梁上；另一种是直接在梯段下设砖、石材或混凝土基础，当地基持力层较浅时这种做法较经济，但地基的不均匀沉降会影响楼梯（图5-5-20）。

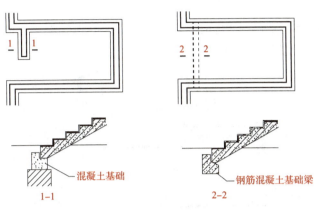

图 5-5-20　楼梯的基础形式

五、楼梯详图识读的要点

1. 先看楼梯平面图

从楼梯平面图中可以了解楼梯的平面布置情况，注意与建筑平面图核对轴线、开间及进深尺寸，以及剖切平面的剖切位置。

2. 其次看楼梯剖面图

看图时，首先要核对剖切平面的位置及投影关系。从楼梯剖面图中能了解到楼梯的各部分构造情况，还要注意各部分的详细尺寸、材料做法，还应与材料做法表核对。

任务实施

以任务要求为例，对楼梯详图进行识读。

(1)了解楼梯或楼梯间在房屋中的平面位置。如图5-5-1所示，楼梯间位于Ⓒ～Ⓓ轴交④～⑤轴。

(2)熟悉楼梯段、楼梯井和休息平台的平面形式、位置、踏步的宽度和踏步的数量。本建筑楼梯为等分双跑楼梯，楼梯井宽度为160 mm，梯段长度为2 700 mm、宽度为1 600 mm，平台宽度为1 600 mm，每层20级踏步。

(3)了解楼梯间处的墙、柱、门窗平面位置及尺寸。本建筑楼梯间处承重墙宽度为240 mm，外墙宽度为370 mm，外墙窗宽度为3 240 mm。

(4)看清楼梯的走向及楼梯段起步的位置。楼梯的走向用箭头表示。

(5)了解各层平台的标高。本建筑一、二、三层平台的标高分别为1.5 m、4.5 m、7.5 m。

(6)在楼梯平面图中了解楼梯剖面图的剖切位置。

课堂任务单					
学习项目	识读构造详图	班级		组别	
训练任务	任务五	姓名		日期	

目的：熟悉楼梯详图的内容和一般表达方法，通过作业掌握绘制楼梯详图的步骤和方法。

要求：A2 图幅，比例为 1：100；图名为楼梯详图。

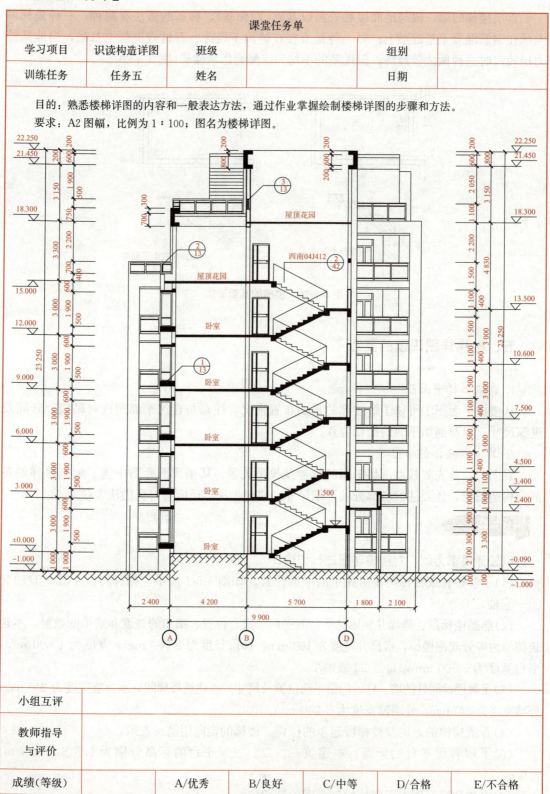

小组互评					
教师指导 与评价					
成绩（等级）		A/优秀	B/良好	C/中等	D/合格	E/不合格

任务六 门窗构造及详图识读

任务要求

指出图 5-6-1 中窗户的开启方式。

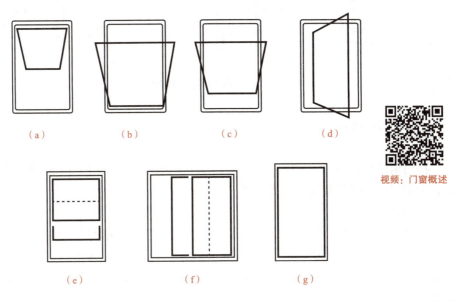

视频：门窗概述

图 5-6-1 窗户开启方式

任务资讯

门和窗是建筑物的围护及分隔构件，不承重。门的主要功能是供交通出入及分隔、联系建筑空间，带玻璃或亮子的门也可起通风、采光的作用；窗的主要功能是采光、通风及观望。门窗的形状、大小、位置、数量、组合方式及材料对建筑物的外观及使用要求影响较大。因此，对门窗来说，总的设计要求是首先要满足防护、保温、隔热及隔声要求，同时，还要坚固耐用、美观大方、开启灵活、关闭紧密、便于擦洗和维修方便。

一、门的组成

门一般由门框、门扇、亮子、五金零件及附件组成，如图 5-6-2 所示。门框又称为门樘，是门与墙体的连接部分，由上框、边框、中横框和中竖框组成。门扇一般由上冒头、中冒头、下冒头和边梃组成骨架，中间固定门芯板，为了通风采光，可在门的上部设置亮子，有固定、平开及上悬、中悬、下悬等形式，其构造同窗扇。门框与墙间的缝隙常用木条盖缝，称为门头线（俗称"贴脸"）。门上常用的五金零件有铰链、插销、门锁、拉手等。

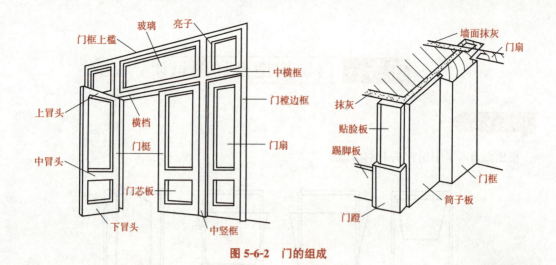

图 5-6-2　门的组成

二、门扇的开启方式

视频：门（一）

按门扇的开启方式，门可分为平开门、弹簧门、推拉门、折叠门、转门、上翻门、升降门及卷帘门等类型。

1. 平开门

如图 5-6-3(a)所示，平开门是水平方向开启的门，门扇与门框用铰链连接并绕着侧边安装的铰链转动，分单扇、双扇、内开和外开等形式。其具有构造简单、开启灵活、制作安装和维修方便等特点，所以，在建筑物中使用最为广泛。

视频：门（二）

2. 弹簧门

如图 5-6-3(b)所示，弹簧门的门扇与门框用弹簧铰链连接。门扇水平开启，可分为单向弹簧门和双向弹簧门。其最大优点是门扇能够自动关闭。单向弹簧门常用于有自闭要求的房间，一般为单扇，如卫生间的门、纱门等；双向弹簧门多用于人流出入频繁或有自动关闭要求的公共场所，多为双扇门，如建筑物出入口的门、商场/商店的门等。双向弹簧门的门扇上一般要安装玻璃，以避免出入人流相互碰撞。

3. 推拉门

如图 5-6-3(c)所示，推拉门的门扇开启时沿上、下设置的轨道左、右滑行，有单扇和双扇之分。开启后，门扇可隐藏在墙体的夹层中或贴在墙面上。推拉门占用面积小，受力合理，不易变形，但构造较复杂，多用于分隔室内空间的轻便门和仓库、车间的大门。

4. 折叠门

如图 5-6-3(d)所示，折叠门的门扇由一组宽度约为 600 mm 的窄门扇组成，窄门扇之间用铰链连接。开启后，门扇可折叠在一起推移到洞口的一侧或两侧，占用空间少。简单的折叠门可以只在侧边安装铰链，复杂的还要在门的上边或下边安装导轨及转动五金配件。其构造较复杂，适用于宽度较大的门。

5. 转门

如图 5-6-3(e)所示，转门由三扇或四扇门扇通过中间的竖轴组合起来，在两侧的弧形门套内水平旋转来实现启闭。转门无论是否有人通行，均有门扇隔断室内外，有利于室内隔视线、保温、隔热和防风沙，并且对建筑立面有较强的装饰性，适用于室内环境等级较高的公共建筑的大门。但其通行能力差，不能用作公共建筑的疏散门。

6. 上翻门

如图5-6-3(f)所示，上翻门的特点是充分利用上部空间，门扇不占用面积，五金及安装要求高。它适用于不经常开关的门。

7. 升降门

如图5-6-3(g)所示，升降门的特点是开启时门扇沿轨道上升，它不占使用面积，常用于空间较高的民用建筑与工业建筑。

8. 卷帘门

如图5-6-3(h)所示，卷帘门的门扇由金属叶片相互连接而成，在门洞的上方设转轴，通过转轴的转动来控制叶片的启闭。其特点是开启时不占使用空间，但其因加工制作复杂，造价较高，故常用于不经常启闭的商业建筑大门。

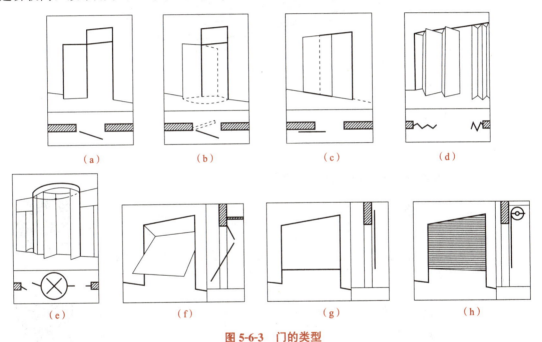

图5-6-3　门的类型
(a)平开门；(b)弹簧门；(c)推拉门；(d)折叠门；(e)转门；(f)上翻门；(g)升降门；(h)卷帘门

三、窗的组成

窗一般由窗框、窗扇和五金零件三部分组成，如图5-6-4所示。窗框又称为窗樘，是窗与墙体的连接部分，由上框、下框、边框、中横框和中竖框组成。窗扇是窗的主体部分，可分为活动扇和固定扇两种。窗扇一般由上冒头、下冒头、边梃和窗芯（又称为窗棂）组成骨架，中间固定玻璃、窗纱或百叶。窗扇与窗框多用五金零件连接，常用的五金零件包括铰链、插销、风钩及拉手等。当建筑的室内装修标准较高时，窗洞口周围可增设贴脸、筒子板、压条、窗台板及窗帘盒等附件。

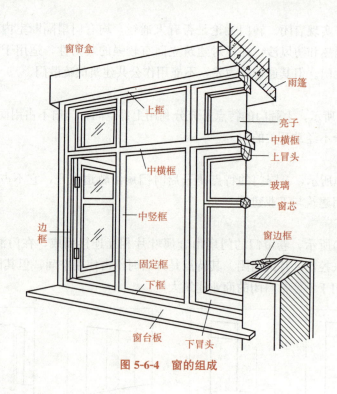

窗帘盒

雨篷

上框

亮子

中横框

上冒头

中横框

玻璃

窗芯

中竖框

边框

窗边框

固定框

下框

窗台板　　下冒头

图 5-6-4　窗的组成

四、窗的开启方式

1. 按窗的开启方式分类

窗户按开启方式可分为下面几种，如图 5-6-5 所示。

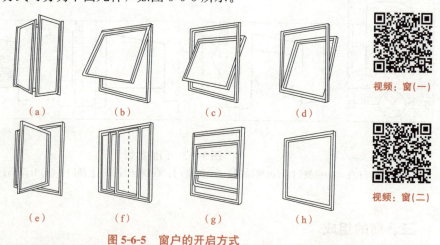

视频：窗（一）

视频：窗（二）

（a）　　　　　（b）　　　　　（c）　　　　　（d）

（e）　　　　　（f）　　　　　（g）　　　　　（h）

图 5-6-5　窗户的开启方式

（a）平开窗；（b）上悬窗；（c）中悬窗；（d）下悬窗；（e）立转窗；（f）水平推拉窗；
（g）垂直推拉窗；（h）固定窗

　　（1）平开窗[图 5-6-5（a）]。平开窗是水平方向开启的窗户，在窗樘侧边用铰链固定窗扇，窗扇可内开、外开，构造简单、制作安装方便，易维修，是常用的一种窗户形式。

　　（2）悬窗[图 5-6-5（b）、（c）、（d）]。按窗户悬转轴的位置不同分为上悬窗、中悬窗和下悬窗 3 种。上悬窗向外开启，防雨和通风效果较好；中悬窗上半部内开、下半部外开，有利于通风，开启方便，适于高窗和上亮子窗；下悬窗可内开，一般不防雨，一般在建筑中不使用。

(3)立转窗[图5-6-5(e)]。立转窗是窗扇上下围绕竖向转轴转动的窗户，竖向转轴设在窗扇中心，通风效果较好。

(4)推拉窗[图5-6-5(f)、(g)]。推拉窗可分为水平推拉窗和垂直推拉窗。窗扇沿导轨槽可左右水平推拉或上下垂直推拉，不占建筑空间，但通风面积小。目前，铝合金窗和塑钢窗可采用这种开启方式。

(5)固定窗[图5-6-5(h)]。固定窗是不能开启的窗扇，通常将玻璃直接安装在窗框上，仅用于采光、眺望。

2. 按窗所使用的材料分类

(1)木窗。木窗是用松、杉木制作而成，具有制作简单、密封性及保温性好等优点，但防火性能差，耗用木材量大，木材的耐久性能低，相对透光面积小，易变形损坏等。

(2)钢窗。钢窗是用型钢材料经焊接而成的窗。钢窗与木窗相比较，具有坚固不易变形、防火性能高、便于安装组合、透光率大等优点；但密封性能差，保温性能低，耐久性差，易锈蚀，维修费用较高。

(3)铝合金窗。铝合金窗是用铝合金型材与拼接构件装配而成的，具有轻质高强、刚度大、变形小、美观耐久、耐腐蚀、开启方便等优点；但造价成本较高。

(4)塑钢窗。塑钢窗是近年窗户使用的新型材料，由塑钢型材装配而成，具有密闭性能好、保温、隔热、隔声、表面光洁、便于开启等优点；目前塑钢窗应用广泛，但成本较高。

(5)玻璃钢窗。玻璃钢窗是由玻璃钢型材装配而成的，其刚度大，具有耐腐蚀性强、质量轻等优点；但表面粗糙度较大，适用于化工类的工业建筑。

五、门窗类型代号

门窗类型代号见表5-6-1。

表 5-6-1　门窗类别及代号

代号	类别
PM	平开门
TM	推拉门
NPC	内平开窗
WPC	外平开窗
NCM	内平开连窗门
WCM	外平开连窗门
TC	推拉窗
NPXC	内平开下悬窗

六、铝合金窗的构造

铝合金窗多采用水平推拉式的开启方式，窗扇在窗框的轨道上滑动开启。窗扇与窗框之间用尼龙密封条进行密封，以避免金属材料之间相互摩擦。玻璃卡在铝合金窗框料的凹槽内，并用橡胶压条固定(图5-6-6)。

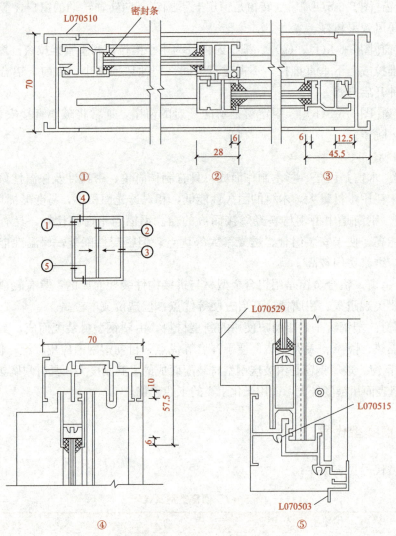

图 5-6-6 铝合金窗的构造

铝合金窗一般采用塞口的方法安装，固定时，窗框与墙体之间采用预埋铁件、燕尾铁脚、膨胀螺栓、射钉固定等方式连接(图5-6-7)。

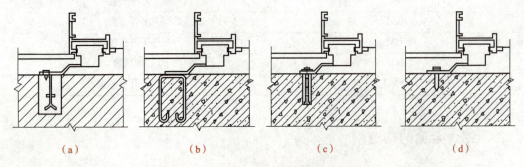

图 5-6-7 铝合金窗框与墙体的固定方式
(a)预埋铁件；(b)燕尾铁脚；(c)金属膨胀螺栓；(d)射钉

七、塑钢窗的构造

塑钢窗是以 PVC 为主要原料制成的空腹多腔异型材，中间设置薄壁加强型钢，经加热焊接成窗框料，具有导热系数低，耐弱酸碱，无须油漆并具有良好的气密性、水密性、隔声性等优点（图 5-6-8）。

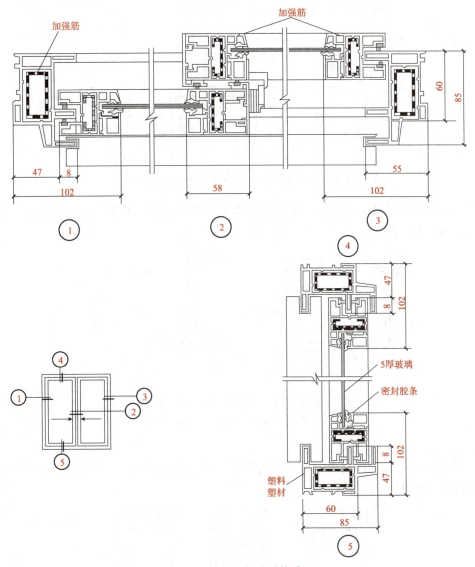

图 5-6-8　塑钢窗的构造

塑钢窗的开启方式及安装构造与铝合金窗基本相同。

八、平开门的构造

1. 门框的断面形状和尺寸
门框的断面形状与窗框类似，但门框的断面尺寸要适当增加，如图 5-6-9 所示。

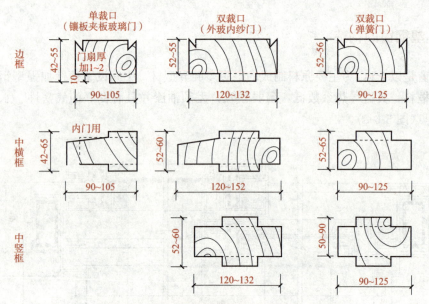

图 5-6-9 门框的断面形状和尺寸(单位：mm)

门框在洞口中，根据门的开启方式及墙体厚度不同可分为外平、居中、内平、内外平四种，如图 5-6-10 所示。

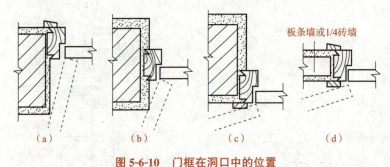

图 5-6-10 门框在洞口中的位置
(a)外平；(b)居中；(c)内平；(d)内外平

2. 门扇

(1)夹板门。夹板门门扇由骨架和面板组成，骨架通常采用(32~35)mm×(34~36)mm的木料制作，如图 5-6-11 所示。

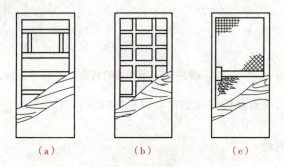

图 5-6-11 夹板门
(a)水平骨架；(b)双向骨架；(c)格状骨架

（2）镶板门。镶板门门扇由骨架和门芯板组成。骨架一般由上冒头、下冒头及边梃组成，有时中间还有中冒头或竖向中梃。门芯板可采用木板、胶合板、硬质纤维板及塑料板、玻璃等，如图 5-6-12 所示。

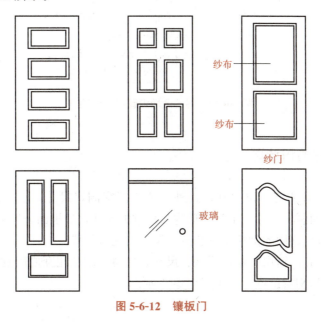

图 5-6-12　镶板门

九、铝合金门的构造

铝合金门多为半截玻璃门，采用平开的开启方式，门扇边梃的上、下端用地弹簧连接，如图 5-6-13 所示。

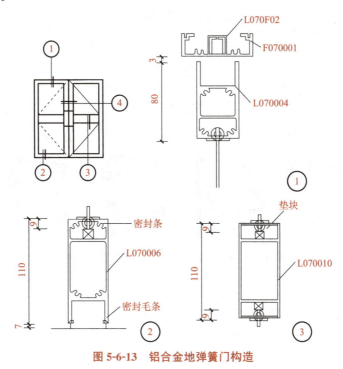

图 5-6-13　铝合金地弹簧门构造

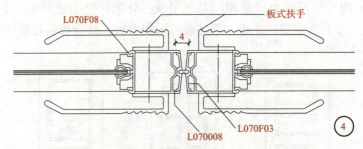

图 5-6-13　铝合金地弹簧门构造(续)

十、门窗详图的识读要点

(1)立面图上通常注有三道尺寸，最外一道为门窗洞口尺寸，也是建筑平面图、立面图、剖面图上标注的洞口尺寸，中间一道为门窗框的尺寸，最里面一道为门窗扇尺寸。

(2)了解门窗节点详图的剖切位置和索引符号的注写位置。

(3)了解门窗框和门窗扇的断面形状、尺寸、材料，以及相互之间的构造关系，门窗框与墙体的连接方式和相对位置，有关五金零件等。

任务实施▶

任务要求所示的窗户的开启方式依次为上悬、下悬、中悬、立转、垂直推拉、水平推拉、固定。

【课堂任务单】

课堂任务单					
学习项目	识读构造详图	班级		组别	
训练任务	任务六	姓名		日期	
1.门上常用的五金零件有_____、_____、_____、_____等。 2.按门扇的开启方式，门可分为_____、_____、_____、_____、_____、_____等类型。 3.如下图所示，按窗的开启方式，依次写出窗的类型：_____、_____、_____、_____。 4.铝合金窗一般采用塞口的方法安装，固定时，窗框与墙体之间采用_____、_____、_____、_____等方式连接。 5.塑钢窗具有的优点：_____。 6.门框在洞口中分为外平、居中、内平、内外平的依据是_____、_____。					
小组互评					

198

教师指导 与评价					
成绩(等级)		A/优秀	B/良好	C/中等	D/合格	E/不合格

任务七 变形缝构造及详图识读

任务要求

指出图 5-7-1 中，序号①～⑥处变形缝的相交方式。

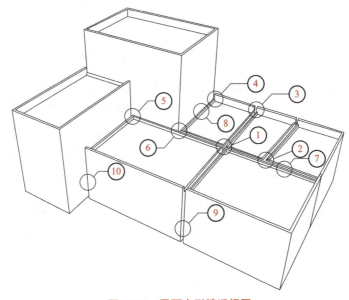

图 5-7-1 屋面变形缝透视图

任务资讯

　　建筑物由于受温度变化、地基不均匀沉降及地震的影响，结构内将产生附加的变形和应力，如果不采取措施或措施不当，会使建筑物产生裂缝，甚至倒塌，影响使用与安全。

　　为避免这种状态的发生，可以采取"阻"或"让"两种不同措施。前者是通过加强建筑物的整体性，使其具有足够的强度与刚度，以阻止这种破坏；后者是在变形敏感部位将结构断开，预留缝隙，使建筑物各部分能自由变形，不受约束，即以退让的方式避免破坏。后一种措施比较经济，常被采用，但在构造上必须对缝隙加以处理，满足使用和美观要求。建筑物中这种预留缝隙称为变形缝。

　　根据变形缝产生的原因，相应设置的变形缝有伸缩缝(温度缝)、沉降缝、防震缝。

一、伸缩缝(温度缝)的构造

伸缩缝要求将建筑物的墙体、楼层、屋顶等地面以上的构件在结构和构造上全部断开。若基础埋置在地下，受温度变化影响较小，则不必断开。

1. 墙体伸缩缝构造

墙体伸缩缝视墙体厚度、材料及施工条件不同，可做成平缝(墙厚在一砖以内)、错口缝、企口缝(墙厚在一砖以上)等截面形式，如图 5-7-2 所示。

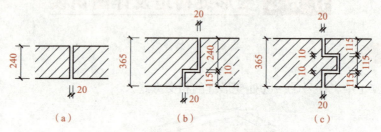

图 5-7-2　墙体伸缩缝的设置形式

(a)平缝；(b)错口缝；(c)企口缝

为防止外界条件对墙体及室内环境的侵袭，伸缩缝外墙一侧缝口处应填以防水、防腐的弹性材料，如沥青麻丝、木丝板、橡胶条、塑料条和油膏等。当缝隙较宽时，缝口可用镀锌薄钢板、彩色薄钢板、铝皮等金属调节片做盖缝处理。内墙常用具有一定装饰效果的金属调节盖板或木盖缝条单边固定覆盖，如图 5-7-3 所示。所有填缝及盖缝材料的安装构造均应保证结构在水平方向伸缩自由。

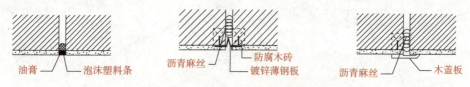

图 5-7-3　墙体伸缩缝处的构造处理

2. 楼地面伸缩缝构造

楼地面伸缩缝的位置和缝宽应与墙体、屋顶变形缝一致，缝内也要用弹性材料做封缝处理，上面再铺活动盖板(钢板、木板、橡胶或塑料地板等地面材料)，以满足地面平整、防水和防尘等功能；在顶棚的盖缝条也只能单边固定，以保证构件两端能自由伸缩变形，如图 5-7-4、图 5-7-5 所示。

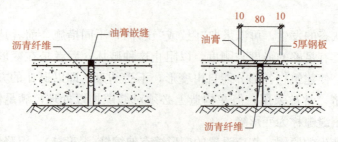

图 5-7-4　地面缩缝处的构造处理

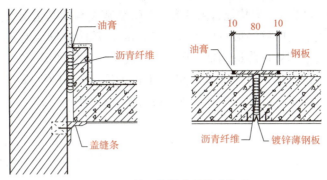

图 5-7-5　楼层缩缝处的构造处理

3. 屋面伸缩缝构造

屋面伸缩缝的位置和缝宽与墙体、楼地面的伸缩缝相对应，一般设置在同一标高屋顶或建筑物的高低错落处。屋面伸缩缝要注意做好防水和泛水处理。其基本要求同屋顶泛水构造相似，不同之处在于盖缝处应能允许自由伸缩而不造成渗漏。卷材防水屋面伸缩缝构造如图 5-7-6 所示。

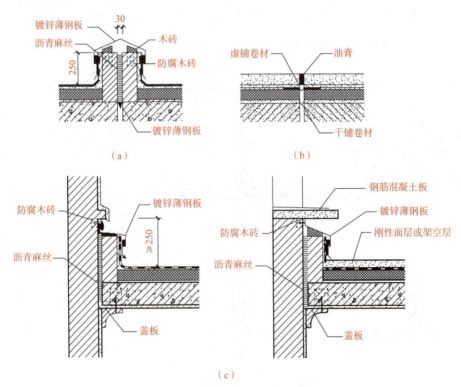

图 5-7-6　卷材防水屋面伸缩缝构造

(a)不上人屋面平接变形缝；(b)上人屋面平接变形缝；(c)高低错落处屋面变形缝

二、沉降缝的构造

沉降缝处的屋顶、楼板、墙体及基础必须全部分离，两侧的建筑成为独立单元，两单元在垂直方向上可以自由沉降，最大限度地减少对相邻部分的影响，所以，盖缝的金属调节片必须保证在水平方向和垂直方向均能自由变形。沉降缝宽度与地基情况及建筑高度有关，地基软弱的，缝宽宜大。沉降缝一般宽度为 30～70 mm。沉降缝同时起伸缩缝的作用，但伸缩缝不能代替沉降缝。墙体沉降缝构造与屋顶沉降缝构造分别如图 5-7-7、图 5-7-8 所示。

基础也必须设置沉降缝，以保证缝两侧能自由沉降。常见的沉降缝处基础的处理方案有双墙方案、双墙基础交叉排列方案和悬挑基础方案三种(图 5-7-9)。

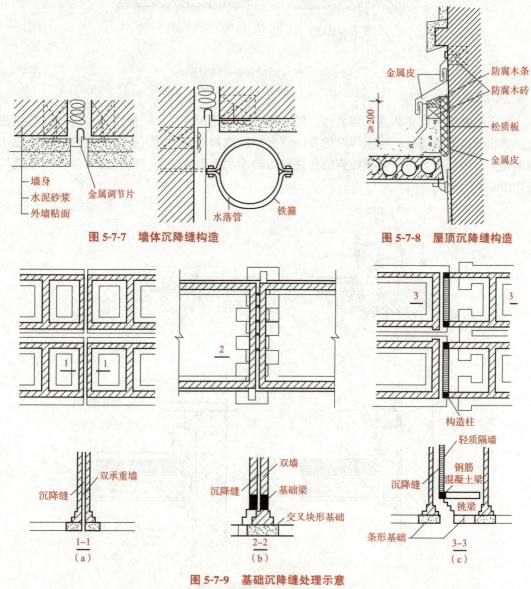

图 5-7-7　墙体沉降缝构造

图 5-7-8　屋顶沉降缝构造

图 5-7-9　基础沉降缝处理示意

(a)双墙方案沉降缝；(b)双墙基础交叉排列方案的沉降缝；(c)悬挑基础方案的沉降缝

三、防震缝的构造

1. 防震缝两侧结构的布置

防震缝应沿建筑的全高设置，缝的两侧应布置墙或柱，形成双墙、双柱或一墙一柱，使各部分封闭，以增加刚度，如图 5-7-10 所示。由于建筑物的底部受地震影响较小，一般情况下，基础不设置防震缝。当防震缝与沉降缝合并设置时，基础也应设缝断开。

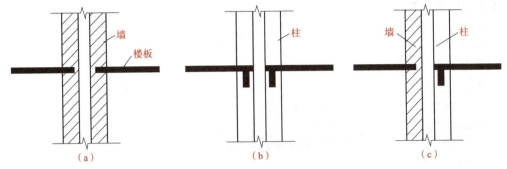

图 5-7-10　防震缝两侧结构的布置

(a)双墙方案；(b)双柱方案；(c)一墙一柱方案

2. 墙体防震缝的构造

由于防震缝的宽度较大，因此在构造上应充分考虑盖缝条的牢固性和适应变形的能力，做好防水、防风措施。图 5-7-11 所示为墙身防震缝的构造示意。防震缝处应用双墙使缝两侧的结构封闭，其构造要求与伸缩缝相同，但不应做错口缝和企口缝，缝内不填任何材料。由于防震缝的宽度较大，构造上更应注意盖缝的牢固、防风沙、防水和保温等问题。

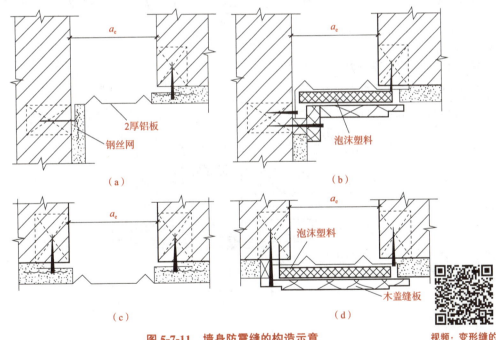

图 5-7-11　墙身防震缝的构造示意

(a)外墙转角；(b)内墙转角；(c)外墙平缝；(d)内墙平缝

a_e—防震缝宽度

视频：变形缝的类型及设置原则

视频：变形缝的构造

任务实施

在任务要求中，①～⑥处变形缝的相交方式依次是屋面平缝十字相交、屋面平缝 T 形相交、屋面平缝与外墙平缝相交、屋面角缝与外墙平缝相交、屋面角缝与外墙角缝相交、屋面角缝与平缝相交。

【课堂任务单】

课堂任务单一					
学习项目	识读构造详图	班级		组别	
训练任务	任务七	姓名		日期	
1. 墙体伸缩缝视墙体厚度、材料及施工条件不同，可分为_____、_____、_____等截面形式。 2. 楼地面伸缩缝上面铺设活动盖板的目的是_____。 3. 应与屋顶、楼板、墙体及基础必须全部分离的变形缝是_____。 4. 沉降缝的一般宽度为_____mm。 5. 判断题： (1)当防震缝与沉降缝合并设置时，基础不宜设缝断开。　　　　　　　　　　　（　　） (2)防震缝处应用双墙使缝两侧的结构封闭，其构造要求与伸缩缝相同，但不应做错口缝和企口缝，缝内不填任何材料。　　　　　　　　　　　　　　　　　　　　　　　　　　　　（　　）					
小组互评					
教师指导 与评价					
成绩(等级)		A/优秀	B/良好	C/中等	D/合格	E/不合格

课堂任务单二					
学习项目	识读构造详图	班级		组别	
训练任务	任务七	姓名		日期	
识读变形缝详图： 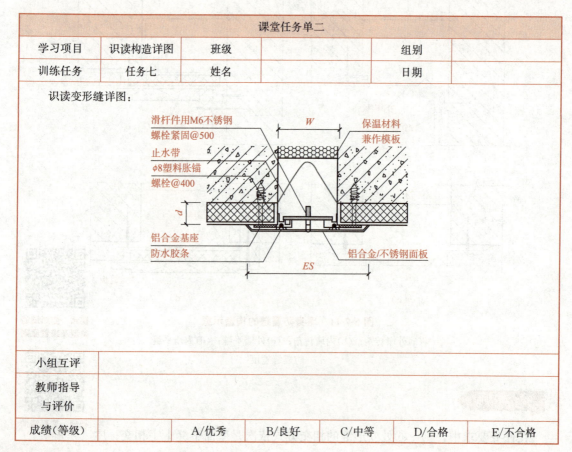					
小组互评					
教师指导 与评价					
成绩(等级)		A/优秀	B/良好	C/中等	D/合格	E/不合格

推进城乡建设绿色低碳发展的广东实践

党的二十大报告提出，要加快发展方式绿色转型，实施全面节约战略，发展绿色低碳产业，倡导绿色消费，推动形成绿色低碳的生产方式和生活方式。

随着城镇化快速推进和产业结构深度调整，城乡建设绿色低碳发展的紧迫性越来越强。近年来，广东省始终秉承全球视野和务实作风，以绿色低碳发展为引领，加快转变城乡建设方式，取得了显著成效。

以政策法规建设为先导
立起绿色低碳发展的"风向标"

"推进城乡建设绿色低碳发展，需要政府和市场同向发力。作为政府职能部门，必须认准自身定位，在充分研究论证的基础上，加快政策法规体系建设，为绿色转型发挥引领和保障作用。回顾近年来广东省在这方面所做的工作，主要聚焦在三个主题词——开源、节流、转型。"广东省住房和城乡建设厅相关负责人表示。

开源，即把充分利用可再生能源作为新时代城乡建设的重要抓手，因地制宜利用太阳能、空气热能、地热能、余热等，优化建筑用能结构，以绿色能源支撑绿色发展。《广东省建筑节能与绿色建筑发展"十四五"规划》提出"新增建筑太阳能光伏装机容量200万千瓦，城镇建筑可再生能源替代率达到8%"等目标；正在制定中的《广东省城乡建设领域碳达峰实施方案》进一步明确"到2025年新建公共机构建筑、新建厂房屋顶光伏覆盖率力争达到50%，到2030年，进一步提升建筑屋顶光伏覆盖率，提高建筑用能清洁化水平"等要求。

节流，即统筹规划、建设、管理三大环节，推进建筑全过程绿色低碳和节能增效，既满足人们对建筑的环境质量要求，又减少能源消耗。2013年，广东省政府办公厅印发《广东省绿色建筑行动实施方案》，明确了绿色建筑发展的方针政策。2016年，广东省委、省政府在《关于进一步加强城市规划建设管理工作的实施意见》中提出了广东省2020年绿色建筑占新建建筑60%的发展目标。2021年施行的《广东省绿色建筑条例》，从规划、土地出让、设计、施工图审查、施工、监理、工程质量检测、工程验收到绿色建筑认定，全链条明确要求、全环节强化监管。广东省住房和城乡建设厅还联合12个部门印发了《广东省绿色建筑创建行动实施方案(2021—2023)》。各市结合自身实际，纷纷出台地方性法规政策，其中《深圳经济特区绿色建筑条例》是全国首部将工业建筑和民用建筑一并纳入立法调整范围的绿色建筑法规，首次以立法形式规定了建筑领域碳排放控制目标和重点碳排放建筑名录。

转型，即强化规划的绿色低碳引领，发挥科技创新的强大支撑作用，通过大力发展装配式建筑等新型建造方法，推动全行业发展方式由粗放型向集约型转变。2017年，《广东省人民政府办公厅关于大力发展装配式建筑的实施意见》将全省分为重点推进地区、积极推进地区和鼓励推进地区，明确装配式建筑发展的目标任务和支持政策；广东省住房和城乡建设厅会同相关部门先后出台了《广东省装配式建筑发展专项规划编制工作指引（试行）《关于加快推进新型建筑工业化发展的实施意见》等十余项政策文件。全省21个市出台了发展装配式建筑的实施意见，16个市出台了发展装配式建筑的专项规划，建立起全方位推动装配式建筑发展的"1＋N"政策体系。2022年9月，广东省委办公厅、省政府办公厅联合印发的《关于推进城乡建设绿色发展的若干措施》，将绿色发展纳入城乡建设领域整体布局，科学确定节能降碳目标要求，全面推进城乡建设绿色低碳发展。

据了解，广东省将根据各地在落实过程中遇到的矛盾问题，及时更新、补充和完善现有政策法规。目前，正在研究制定《广东省城乡建设领域碳达峰实施方案》，力求为全省住房和城乡建设领域绿色低碳发展提供更具操作性的工作指南。

以传统现代交融为基调
坚守建筑节能低碳的"主阵地"

据业内人士介绍，建筑的节能降碳从内涵要义上讲，实际上自古已有。广东省的建筑在漫长的演进历程中，逐步形成了适应岭南地理气候和民俗文化，以遮阳、通风、隔热、防潮等为主要特征的建筑风格。新时代广东省的城乡建设绿色低碳发展，要利用现代先进技术，更好地传承弘扬岭南特色。

实施绿色建筑全周期管理。开展《广东省绿色建筑条例》实施效果评估，督导各地通过规划设计引领、施工图审查抽查和建设过程检查，加强绿色建筑建设全过程监管。注重强化岭南特色绿色建筑技术应用，改善建筑室内热湿环境。今年竣工的广州国家版本馆借鉴骑楼传统理念，用现代手法设计了风雨廊，串联建筑群落与园林，融入新材料、新技术和新审美，大量应用方形柱构件的传统设计，满足了遮阳、通风、隔热、防潮要求，体现了传统与现代结合之美。据介绍，广东省城镇新增绿色建筑面积从"十二五"时期的0.8亿平方米增长到累计超过8亿平方米，绿色建筑实现跨越式发展。城镇民用建筑全面执行绿色建筑标准，城镇绿色建筑占新建成建筑比例逐年递增，2021年年底达到73％。广州白云国际机场扩建工程二号航站楼、深圳中建科工大厦等15个项目获得国家绿色建筑创新奖。同时，涌现了一批以水发兴业、未来大厦为代表的优秀岭南特色近零能耗建筑。广州、深圳、佛山、珠海等地已建成高星级绿色建筑发展聚集区。2019年，明珠湾起步区灵山岛尖片区获得全国首个绿色生态城区规划设计三星级标识，中新广州知识城南起步区今年正式获得国家三星级绿色生态城区实施运管标识证书。

深化建筑节能改造。为适应夏热、冬暖、高湿的岭南气候特点，实施既有建筑绿色化改造项目试点，探索适宜岭南特色的绿色化改造技术。广州市推广高效空调机房等技术，实施一批节能改造项目，广州图书馆项目获得全国"节能型公共机构示范单位"称号，太古汇和地铁白江站线高效制冷系统2个项目获选中国建筑节能年度发展报告（2022）"公共建筑节能最佳工程实践案例"。深圳市积极推进公共建筑能效提升重点城市建设，结合城市更新、城镇老旧小区改造等工作，同步推动居住建筑实施节能绿色化改造；结合产业转型、城市公共服务配套和住房保障需求，推动闲置办公楼和工业厂房功能提升和绿色化改造。广东省各市积极贯彻《建筑节能与可再生能源利用通用规范》，推进新建建筑太阳能光伏一体化建设，阳江市以政府规章的力度推行太阳能供热系统应用，韶关、惠州、肇庆等市采用合同能源管理方式应用分布式太阳能光伏，可再生能源建筑应用呈现良好发展态势。

广泛推广运用绿色建材。全国绿色产品认证活动发放证书中，广东省企业占比达20％，位居全国第一。佛山市入选政府采购支持绿色建材促进建筑品质提升首批国家试点，搭建"入库体系"及"项目管理体系"，一方面积极拓展目录材料品类和数量；另一方面通过试点示范项目等方式提高项目对绿色建材采购应用需求。截至目前，广东省绿色建材入库1 050项、绿色产品认证证书668张，绿色建材试点项目104个，试点项目总建筑面积约456.52万平方米，总投资额约337.82亿元。广东省将积极总结推广佛山经验，开展省级绿色建材应用试点，在星级绿色建筑中全面应用绿色建材。

大力推进建造方式创新。早在15年前，广东省就响应国家要求，积极推进住宅产业化，将绿色、节能、智能化等作为住宅产业化的重点内容推进。2016年以来，累计新建装配式建筑面积2.3亿平方米，2022年前三季度全省新开工装配式建筑占新建建筑面积比例为22.87％。全省建立了42个省级装配式建筑示范工程和1个国家装配式住宅试点项目，建成裕璟幸福家园、中建钢构大厦、深圳华润城润府等一批典型示范项目。广东省还借助粤港澳大湾区成熟的产业配套优势，有力整合装配式建筑全产业链，在全省16个地市布局建设部品部件生产基地，分别建立国家级、省级装配式建筑产业基地21个、83个，发挥了强有力的辐射带动作用。广州、深圳、佛山等国家和省装配式建筑示范城市输出了一揽子经验做法，如深圳市率先开展建筑标准化工业化研究，率先建立装配式建筑专业技术职称，首创预制混凝土构件管理"星级评价"自律机制；广州市在装配式项目开展现场工人配置试点工作，建立技术专家和技能工匠对接项目一线的协作攻关机制；佛山市发挥本地建材产业优势，建立装配式建筑项目建造全过程闭环管理机制，打造"工业化建造＋可选择硬装＋全自主家居"的佛山方案。

据悉，广东省还将持续实施省级专项资金激励政策，对城乡建设绿色低碳典型项目进行奖励。同时，每年组织"节能宣传月"和绿色建筑走进民众系列活动，推进绿色校园、绿色医院、绿色社区建设，提高全社会对建筑节能降碳的认同感。

以持续改革创新为动力
培育发展方式转型的"孵化器"

"城乡建设绿色低碳发展是一项繁杂的系统工程，必须秉持敢试敢闯、敢为人先、埋头苦干的精神，找准发力点，培育'孵化器'，加强重点领域改革创新，为城乡建设绿色低碳发展不断注入驱动力。"广东省住房和城乡建设厅相关负责人说。

信息化建设赋能。建成广东省绿色建筑信息平台，在全国率先实现绿色建筑评价工作的申报、评审、发证全流程线上管理，专家在评审过程中直接回答被评审方的质疑，实现全省绿色建筑评价工作监控"无死角"、办理"标准化、零跑动"。正在搭建广东省装配式建筑信息统计平台，整合装配式建筑项目库、产业链企业库、人才库和装配式建筑相关试点示范申报、评审、管理功能，提升装配式建筑发展工作的信息化管理水平。研究开展绿色建材产品目录信息平台建设，推动获得绿色建材认证的产品入库平台、建设和施工等单位使用平台上的绿色建材产品，加快绿色建材产品的推广应用步伐。通过信息化技术应用，整合行业管理相关要素，优化办理流程、精简办事材料、缩短办事时限，实现绿色低碳发展效能的提升。

"标准＋科研"加持。广东省住房和城乡建设厅先后出台《装配式建筑评价标准》等装配式建筑地方标准19项、《广东省建筑节能与绿色建筑施工验收规范》等建筑节能和绿色建筑方面的标准17项、《非承重蒸压泡沫混凝土砖墙体工程技术规程》等建筑材料应用方面的标准24项，联合气象部门推进《民用建筑节能设计气象参数》标准编制，建立涵盖装配式建筑、建筑节能、绿色建筑和建筑材料应用设计、施工、检测、验收、评价等全过程的城乡建设领域绿色低碳发展标准体系。同时，支持绿色低碳关键技术申报国家和省级奖项，将《放管服改革下绿色建筑与建筑节能发展与监管机制研究》等一批研究项目列入计划，为绿色低碳发展蓄能。推动"光储直柔"和氢能源等新技术应用，一批科技成果实现市场化转化。深圳未来大厦规模化应用"光储直柔"技术，能耗大约为同类办公建筑平均能耗的一半；佛山市建成全国首座"氢能进万家"智慧能源示范社区项目，实现燃气供应由天然气管网转向混氢天然气管网。

绿色社区创建助推共同缔造。印发《广东省绿色社区创建行动实施方案》，出台《宜居社区建设评价标准》和《广东省绿色住区评价标准》，编制《绿色社区建设评价标准》，将绿色发展理念贯穿社区设计、建设、管理和服务等活动的全过程，积极开展社区基础设施绿色化、社区人居环境建设和整治、社区市政基础设施智能化改造和安防系统智能化建设，培育社区绿色文化，推动实现社区人居环境整洁、舒适、安全、美丽的目标。截至2022年10月底，广东省已有3 154个社区参与绿色社区创建并达到创建要求，占比为63.73％，提前超额完成国家部署的绿色社区创建任务。通过绿色社区创建行动，使生态文明理念在社区进一步深入人心，推动社区最大限度地节约资源、保护环境。

广东省还在城市更新、历史文化保护、车城协同、未来城市建设研究实证、数字家庭建设等方面，聚焦绿色低碳要求，鼓励各地积极申报国家和省级试点，打造示范样板，切实把绿色低碳的理念和要求贯彻落实到住房和城乡建设领域的各个环节。

问题是时代的声音。广东省住房和城乡建设厅相关负责人表示："广东省城乡建设绿色低碳发展还存在不少短板弱项，特别是全寿命周期成本核算的观念不强、区域间发展不平衡的问题突出、新型建造方式普及的广度和深度亟待加强、重增量轻存量的思维定式尚未扭转等，对标城乡建设高质量发展的要求还有不小差距，需强化问题导向，蹄疾步稳、持续推进。"

广东省将按照国家统一部署，持续完善配套政策，大力发展岭南特色超低能耗、近零能耗建筑，推动装配式建筑提质扩面，强化完善绿色建筑全过程监管，在规划、设计、建设、管理上全方位全过程施策发力，为实现国家"双碳"目标作出贡献。

资料来源：http://zfcxjst.gd.gov.cn/xwzx/tpxw/content/post_4053817.html

项目六 建筑工业化

1. 知识目标：理解建筑工业化的内涵、特征和实现途径；熟悉砌块建筑、大板建筑、升板建筑、大模板建筑、滑模建筑、框架轻板建筑、盒子建筑的定义、特点、构造。
2. 能力目标：能够根据实际情况，选择最适合的建筑类型。

1. 培养技术创新与工程思维：培养学生的创新思维，使他们能够理解和应用新技术、新材料与新方法；加强工程思维训练，使学生能够系统地分析和解决建筑工业化过程中的复杂问题。
2. 树立环保意识与可持续发展观念：强调绿色建筑和可持续建筑的重要性，培养学生的环保意识，使他们能够在设计和施工过程中考虑资源节约、环境保护与生态平衡；引导学生理解可持续发展观念，关注建筑生命周期内的环境影响和社会责任。

阅读材料

装配式建筑施工员：像"搭积木"一样造楼房

将建筑整体拆分为 6 028 个独立空间单元，像"搭积木"一样造房子，30 分钟拼装一个模块，两个小时组合一套房，一年 5 栋百米高楼拔地而起……

目前，广东深圳龙华樟坑径保障性住房地块项目建设已进入尾声，工人们正在对一个个模块的拼接位置开展二次装修工作。此前在工厂监督管理 MIC（模块化集成建筑）生产的党朋飞，如今又"转战"到了工地上，忙着调配物资、指导装修，把控施工品质。

近年来，随着装配式建筑在我国的日渐普及，像党朋飞这样的装配式建筑施工员不断涌现，并在 2020 年 2 月被正式纳入国家职业分类目录。业内人士预计，随着政策支持不断升温和装配式建筑的全面推广，未来 5 年从业人员将有 500 万至 800 万人。

工厂造模块，现场拼房子

走进位于北京市经济技术开发区的亦嘉·交响悦社区，一栋栋黄绿相间的房屋映入眼帘，1 504 个模块拼装在一起，组成了这个国内楼层最高、建筑规模最大的模块化建筑组团。

"项目在建筑方案设计阶段就将标准设计融入其中，以每个房间为一个基本模块单元，房间的结构、内装、水电、卫浴设施等都是在工厂里提前生产完成，基本达到精装修入住的程度。这些模块被运到工地现场直接吊装，真正实现了像搭积木一样造房子，整体装配率达92％。"负责该项目的中建集成科技有限公司设计总监李志武在现场沙盘上向记者介绍项目情况。

"设计标准化，构件预制工厂化，施工机械化"，多年前设想的"中国建筑工业化"如今正在变成现实，也对从业人员提出了更高的要求。

中国北方人才市场中天人力中心职业标准研发部部长符伟曾参与装配式建筑施工员这一新职业的申报工作。在他看来，相对于传统的建筑工人，装配式建筑施工员具有更强的专业性，需要掌握建筑识图、工程测量定位以及预制构件安装等知识技能，也需要具备现场协调与装配施工的核心能力。随着技术的不断发展，这个职业的内涵和外延也在不断变化。

尤其是近年来，先进制造技术、新一代信息技术与建筑业深度融合后，装配式建筑施工员的职责已经扩展到模型设计、预制构件生产和落地安装这一全生产建造链条，各环节"一体化"作业趋势越发明显。

投身装配式建筑行业十余年的党朋飞对此有深刻感受，目前担任中建集团MIC（模块化集成建筑）生产技术员的他，不仅要负责MIC生产、室内装修，还要进行现场施工管理，"在入职之初，主要是生产安装传统PC（混凝土预制件）构件。随着装配式建筑的发展，技术不断迭代，现在是MIC。我们要清晰地掌握设计图纸，熟悉生产模具，明白怎么去组织安排生产施工。"

而对于装配式建筑设计师而言，也需要更多地参与到生产、施工环节。李志武告诉记者，目前公司新入职的设计人员都要去生产车间轮岗半年以上。

加速转型升级，建筑业更加绿色高效

职业革新的背后，是一个行业的变迁发展。

所谓装配式建筑，就是预先在工厂内完成建筑构件的加工，然后在现场采用装配化施工建造而成的新型建筑。

"装配式建筑与传统建筑相比，其碳排放优势显著。"符伟介绍说。装配式建筑采用规模化的集约方式，能够一定程度上节约耗材、降低能耗并减少建筑废弃物；其在建筑施工过程中采取机械化安装方式，能减少噪声、废气、废物、废水排放等污染。

与此同时，通过把大量工作前置于工厂内，装配式建筑施工能够大大缩短工期、减少用工。以亦嘉·交响悦社区为例，吊装一个模块单元仅需15分钟，45天就完成了1 500余模块的安装，整体工期仅需要9个月，而传统建筑方式一般都需要2年左右。

正是基于其绿色环保、高效节约等特性，2016年开始，装配式建筑成为我国促进建筑业转型升级的主要抓手。当年2月中共中央、国务院印发《关于进一步加强城市规划建设管理工作的若干意见》提出，力争用10年左右时间，使装配式建筑占新建建筑的比例达到30％。

2022年年初，住建部发布的《"十四五"建筑业发展规划》再度要求，"十四五"时期，智能建造与新型建筑工业化协同发展的政策体系和产业体系基本建立，装配式建筑占新建建筑的比例超过30％。

多地也先后出台装配式建筑发展目标，部分省份明显加速。例如，北京市明确到2025年实现装配式建筑占新建建筑比例达到55％，海南提出的目标则是80％以上。

据符伟介绍，目前全国31个省份均发布了相关激励政策，有利于积极推进装配式建筑产业的发展。

住建部数据显示，2022年上半年，全国新开工装配式建筑占新建建筑面积比例超过25％，总面积累计达到24亿平方米。

人才需求巨大，未来五年或超500万人

根据住建部、国家发改委2022年6月印发的《城乡建设领域碳达峰实施方案》，到2030年，装配式建筑占当年城镇新建建筑的比例要达到40％。

符伟认为，随着碳达峰、碳中和工作持续深入推进，装配式建筑的绿色环保优势将进一步凸显，产业链将会横向继续拓展和纵向不断延伸。

前瞻产业研究院预计，到2025年全国新增建筑面积超过35亿平方米，预计新开工装配式建筑面积在10.54亿平方米左右。

"在这种形势下，全国装配式建筑施工人员的需求数量将会逐年增多，未来装配式建筑施工员将会成为建筑业的主力军。"符伟说，2021年7月的统计显示，全国装配式建筑专业技术从业人员约300万人，随着国家政策持续升温与装配式建筑的全面推广，预计未来5年将有500万至800万人。

在李志武看来，未来装配式建筑的推广还有赖于行业技术的优化革新与进步，需要不断地提升技术先进程度、智能制造程度和模块化建筑产品化程度。

"未来装配式建筑发展要把握好技术革新和人才培养这两个关键发力点。"党朋飞对这一职业的前景很看好，也很期待。

资料来源：学习强国 https://www.xuexi.cn/lgpage/detail/index.html? id=17522895716567890849&item_id=17522895716567890849

任务一 认知建筑工业化

任务要求

了解新型建筑工业化具体体现在哪些方面。

任务资讯

一、建筑工业化的内涵

建筑工业化是指用现代工业的生产方式和管理手段来建造房屋，可以将分散落后的手工业生产方式转变为集中、先进的现代化工业生产方式，能有效地降低人工消耗量，缩短施工周期，节约施工现场，提高建筑质量。它从根本上改变了建筑业的生产方式。

视频：建筑工业化概述

在我国将开启全面建设社会主义现代化国家新征程的新阶段，住房和城乡建设部等九部门近日联合印发了《关于加快新型建筑工业化发展的若干意见》，明确提出了有关推动新型建筑工业化发展的九项具体意见和要求，为我国建筑业转型升级、实现建筑产业现代化进一步指明了方向。

在新的发展阶段，建筑工业化被统称为"新型建筑工业化"。"新型"主要区别于之前的建筑工业化，主要"新"在从传统粗放建造方式向新型工业化建造方式转变的过程。新型工业化建造方式主要是指在新发展理念指导下，以建筑为最终产品，运用现代工业化的组织和手段，对建筑生产全过程的各阶段的各生产要素的系统集成和资源优化，达到建筑设计标准化、构件生产工厂化、建筑部品系列化、现场施工装配化、土建装修一体化、管理手段信息化、生产经营专业化，并形成有机的产业链和有序的流水式作业，从而全面提升建筑工程的质量、效率和效益。

二、建筑工业化的特征

建筑工业化的基本特征表现在以下几个方面。

（1）标准化设计。标准化设计是建筑工业化的基础。通过统一建筑模数、建筑标准、建筑设计图集等，实现建筑构件的标准化生产。这不仅可以提高生产效率，降低生产成本，而且可以保证建筑质量，方便后期维护和管理。

（2）预制构件的生产。预制构件是建筑工业化的核心。通过工厂化生产，可以实现建筑构件的高效、高质量生产。预制构件可以在施工现场快速安装，缩短工期，降低人工成本。同时，预制构件的生产可以减少施工现场的噪声、尘土和废弃物，有利于环境保护。

（3）装配化施工。将预制构件运来后，现场工人们按图组装，工地不会再出现过去那种大规模和泥、抹灰、砌墙等湿作业。装配化施工可在短期内实现交付使用，减少建筑工人，降低劳动强度，便于交叉作业；每道工序都可以像设备安装那样检查精度，保证质量；现场噪声小，散装物料减少，废物及废水排放减少，施工成本降低。

（4）组织管理科学化。组织管理科学化是实现建筑工业化的保证，因生产的环节多了，相互之间的矛盾需要通过统一的、科学的组织管理来加以协调，避免出现混乱，从而体现出建筑工业化的优越性。

三、实现建筑工业化的途径

建筑工业化的实现途径主要有以下两种：

（1）预制装配式建筑：就是在工厂或现场生产构件和配件，用机械在现场进行安装的建筑。其优点是生产效率高，构件质量好，受季节影响小，可以均衡生产；缺点是生产基地一次性投资大，在建造量不稳定时，预制厂的生产能力不能充分发挥。

（2）现场工业化的施工方法：主要是在现场采用大模板现浇混凝土、滑升模板、升板、升层等施工方法，完成房屋主要结构的施工。其优点是所需生产基地一次性投资比全装配少，适应性大，节省运输费用，结构整体性好；缺点是耗用工期长。

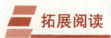 拓展阅读

建筑工业化的起源与发展

追溯历史渊源，建筑工业化是随西方工业革命出现的概念，工业革命让造船、汽车制造等生产效率大幅提升，随着欧洲兴起的新建筑运动，实现工厂预制、现场机械装配，

逐步形成了建筑工业化最初的理论雏形。

建筑工业化的发展也像工业化发展一样经历了从建筑工业化 1.0 向建筑工业化 4.0 的发展阶段。建筑工业化 1.0 是机械化制造时代；建筑工业化 2.0 是工厂自动化制造时代；建筑工业化 3.0 是信息化及高自动化工厂柔性产生制造时代；建筑工业化 4.0 是人、建筑与智能化生产构建而成的高度灵活的、个性化的智能制造时代。

建筑工业化在我国的发展开始于 20 世纪 50 年代。20 世纪 50 年代，一些地方开始采用砌块建筑；1958 年后开始采用大型板材建筑；20 世纪 60 年代开始采用升板建筑和滑模建筑；20 世纪 70 年代开始采用大模板建筑和框架板材建筑；20 世纪 80 年代开始采用盒子建筑。

20 世纪 80 年代末开始出现发展低潮。唐山大地震发生后，采用预制板的砖混结构房屋、预制装配式单层工业厂房等在唐山大地震中破坏严重，引发了人们对装配式体系抗震性能的担忧，装配式建筑大量减少；大板住宅建筑出现渗漏、隔声差、保温差等问题；与此同时，随着我国建筑设计逐步多样化、个性化，各类模板、脚手架普及，商混普及，混凝土现浇结构得到了广泛的推广应用。

随着我国建筑科学的持续进步，抗震技术有了长足发展，为装配式建筑的发展打下了基础；与此同时，我国人口红利逐步消失，建筑业农民工数量减少，使我国劳动力成本大幅提升，实现建筑工业化降低生产成本逐步得到建筑企业重视。

2014 年以来，中央及全国各地政府均出台了相关文件明确推动建筑工业化，形成了如装配式剪力墙结构、装配式框架结构、装配式钢结构等多种形式的装配式建筑技术，我国装配式建筑行业终于迎来了新的快速发展时期。

2017 年 2 月《国务院办公厅关于促进建筑业持续健康发展的意见》（以下简称《意见》）由国务院办公厅发布。该《意见》指出，要坚持标准化设计、工厂化生产、装配化施工、一体化装修、信息化管理、智能化应用，推动建造方式创新。力争用 10 年左右的时间，使装配式建筑占新建建筑面积的比例达到 30%。

2017 年 3 月，住房和城乡建设部一次性印发《"十三五"装配式建筑行动方案》《装配式建筑示范城市管理办法》《装配式建筑产业基地管理办法》三大文件，全面推进装配式建筑发展。

伴随国家对数字中国、绿色建筑概念的重视不断加深，建筑发展形势也在发生转变，建设城市的概念不单单是追求现代化，而是更加注重绿色、环保、人文、智慧以及宜居性，装配式建筑具有符合绿色施工以及环保高效的特点。因此，全面推进装配式建筑发展成为建筑业的重中之重。

任务实施

新型建筑工业化是以信息化带动的工业化。新型建筑工业化的"新型"主要新在信息化，体现在信息化与建筑工业化的深度融合。进入新的发展阶段，以信息化带动的工业化在技术上是一种革命性的跨越式发展，从建设行业的未来发展看，信息技术将成为建筑工业化的重要工具和手段。

新型建筑工业化是整个行业先进的生产方式。新型建筑工业化的最终产品是房屋建筑。

它不仅涉及主体结构，而且涉及围护结构、装饰装修和设施设备；它不仅涉及科研设计，而且涉及部品及构配件生产、施工建造和开发管理的全过程的各个环节。它是整个行业运用现代的科学技术和工业化生产方式全面改造传统的、粗放的生产方式的全过程。在房屋建造全过程的规划设计、部品生产、施工建造、开发管理等环节形成完整的产业链，并逐步实现建筑生产方式的工业化、集约化和社会化。

新型建筑工业化是与城镇化良性互动、同步发展的工业化。当前，我国工业化与城镇化进程加快，工业化率和城镇化率分别达到 40％和 51％，正处于现代化建设的关键时期。在城镇化快速发展过程中，不能只看到大规模建设对经济的拉动作用，而忽视城镇化对农民工转型带来的机遇，更不能割裂城镇化和新型建筑工业化的联系。

新型建筑工业化是以施工总承包单位为实施主体，围绕主体结构建造过程进行优化配置资源，改变传统施工方式，采用机械化、工厂化、装配化的精细建造方式，节能环保，减少施工现场劳动力，提高建筑质量，实现建筑施工质量好、工期短、成本低、安全事故少及环境保护的目标。

【课堂任务单】

课堂任务单					
学习项目	建筑工业化	班级		组别	
训练任务	任务一	姓名		日期	
完成本任务的学习并填空。 1. 新型建筑工业化的"新型"主要区别之前的建筑工业化，主要"新"在从_____向_____转变的过程。 2. 建筑工业化的基本特征表现在_____、_____、_____、_____。 3. 建筑工业化的实现途径主要有_____、_____。 4. _____是建筑工业化的基础；_____是建筑工业化的核心。					
小组互评					
教师指导 与评价					
成绩（等级）		A/优秀	B/良好	C/中等	D/合格	E/不合格

任务二 工业化建筑常见类型

任务要求

了解工业化建筑的分类方法。

一、砌块建筑

(一)砌块建筑的定义与特点

砌块建筑是指用砌块材料作为砌墙材料的一种建筑。如混凝土或炉渣、粉煤灰、石膏等实心或空心砌块。砌块按规格可分为小型砌块、中型砌块和大型砌块。通常把高度在 350 mm 以下（质量一般在 20 kg 以内）的砌块称为小型砌块；高度在 350～900 mm（质量一般在 350 kg 以内）的砌块称为中型砌块；大型砌块是一种向板材过渡的形式，应用较少。砌块建筑适用于 3～5 层的住宅、办公楼等大量性建筑。

视频：装配式建筑

砌块建筑较烧结普通砖建筑有施工方便、工艺简单、适应性强等优点，能有效减少制砖对耕地的破坏。砌块尺寸比普通砖尺寸大，可采用简单的机械吊装和砌筑，但工业化程度不高。

(二)砌块建筑的构造要求

(1)正确选择砌块的规格尺寸，减少砌块的规格类型，尽可能采用大规格砌块作主要砌块，提高主要砌块的使用率，使主要砌块占砌块总数的 70% 以上。

(2)砌块排列要整齐划一，有规律性。上、下皮砌块错缝搭接，减少通缝。内外墙交接处和转角处，砌块应彼此搭接。砌块墙上、下皮搭缝长度一般要求：中型砌块不小于150 mm；小型砌块不小于 90 mm。当搭缝长度不足时，应在水平灰缝内增设 2φ4 的钢筋网片。

(3)砌块灰缝应做到灰缝平直、砂浆饱满。小型砌块缝宽为 10～15 mm；中型砌块缝宽为 15～20 mm；加气混凝土块缝宽为 10～15 mm。砌筑砂浆强度由计算确定。

(4)在楼层的墙身标高处加设圈梁，其断面尺寸应与砌块尺寸相协调，配筋按所在地区的要求选用，如图 6-2-1、图 6-2-2 所示。

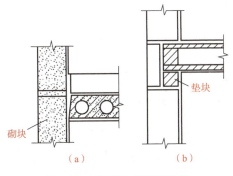

图 6-2-1　楼板与砌块的连接
(a)楼板的侧边；(b)楼板的搁置

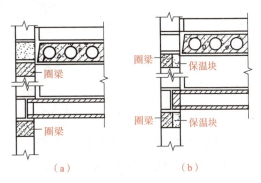

图 6-2-2　砌块建筑的圈梁
(a)一般地区；(b)寒冷地区

(5)当采用混凝土空心砌块时，应在房屋四大角、外墙转角、楼梯间四角设构造柱，如图 6-2-3 所示。芯柱用 C15 细石混凝土填入砌块孔中，并在孔中插入通长钢筋。

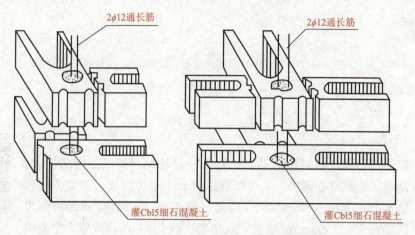

图 6-2-3　空心混凝土砌块建筑的构造柱

二、大板建筑

(一)大板建筑的定义与特点

大板建筑是指由预制的大型内、外墙板和楼板、屋面板及其他辅助的构配件等组合装配而成的建筑,也称为壁板建筑,如图 6-2-4 所示。其特点是除基础外,地上的全部构件均为预制构件,通过装配整体式节点连接而建成。

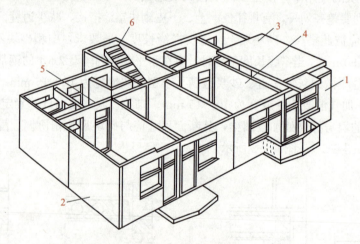

图 6-2-4　大板建筑

1—外纵墙板；2—外横墙板；3—楼板；4—内横墙板；5—内纵墙板；6—楼梯

大板建筑的主要优点是装配化程度高,施工现场湿作业少,施工不受天气和季节的影响,板材的承载能力比砖混结构高,可减少墙厚和结构自重,有利于抗震。但大板建筑需要投入一部分资金修建大板工厂,并且有大型吊装运输设备。

大板建筑属于剪力墙承重结构,房屋空间较小,适用于住宅、宿舍等小开间建筑。

(二)大板建筑的主要构件

大板建筑的主要构件有内墙板、外墙板、楼板和屋面板、楼梯等。

1. 内墙板

（1）内横墙板。内横墙板是建筑物的主要承重构件，要求有足够的强度，以满足承重的要求。内墙板应具有足够的厚度，以保证楼板有足够的搭接长度和现浇加筋板缝所需要的宽度。内横墙板一般采用单一材料的实心板，如混凝土板、粉煤灰矿渣混凝土板、振动砖板等。

（2）内纵墙板。内纵墙板是非承重构件，它不承担楼板荷载，还与横向内墙相连接，起主要的纵向刚度的保证作用，因此也必须保证有一定的强度和刚度。实际上内纵墙板与内横墙板需要采用同一类型的板。

常见的内墙构造形式有实心墙板、空心墙板，如图 6-2-5 所示。

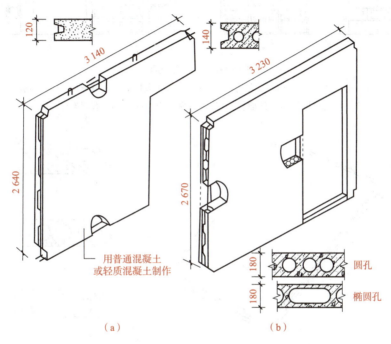

图 6-2-5　承重内墙板构造

(a)实心墙板；(b)空心墙板

2. 外墙板

外墙板是房屋的外围护构件，有承重和非承重两种。其功能要求是能抵抗风雨，保温隔热，外装修等。纵向承重的外墙及横向承重的山墙是承重构件，应考虑楼板、屋顶板的支承问题，如图 6-2-6 所示。

3. 楼板和屋面板

为了加强房屋的整体刚度，宜用整间的预应力混凝土大楼板和屋面板。钢筋混凝土楼板的构造形式通常可用空心板、实心板、肋形板，如图 6-2-7 所示。

4. 楼梯

楼梯分为楼梯段和休息板(平台)两大部分。休息板与墙板之间必须有可靠的连接，平台的横梁预留搁置长度不宜小于 100 mm。常用的做法是在墙上预留洞槽或挑出牛腿，以支承楼梯平台，如图 6-2-8 所示。

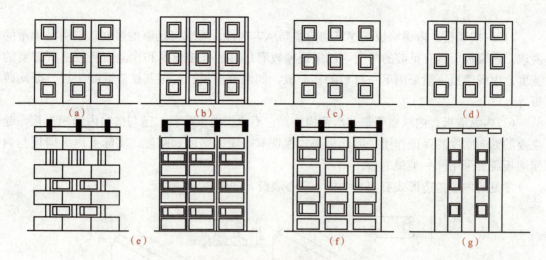

图 6-2-6　外墙板的类型

(a)一间一块；(b)一间一块(填充墙)；(c)横向大块墙板；(d)竖向大块墙板；
(e)板柱结合外墙板；(f)横向窗台板；(g)竖向窗间墙板

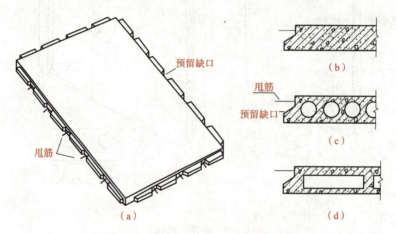

图 6-2-7　钢筋混凝土楼板的构造形式

(a)楼板外观；(b)实心楼板；(c)空心楼板；(d)肋形楼板

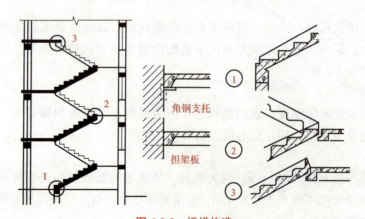

图 6-2-8　楼梯构造

(三)大板建筑的连接构造

1. 墙板之间的连接

墙板之间可采用以下两种连接方法：

(1)用钢筋或钢板，将墙板中的预埋铁件焊接在一起并浇灌细石混凝土进行连接。

(2)将墙板上、下端伸出的连接钢筋搭接或加短筋连接，再用混凝土浇灌成整体。

2. 楼板之间的连接

楼板在墙板上的搁置长度应不小于 60 mm，可采用平缝砂浆灌缝的连接方式。但为了增强结构的整体性和稳定性，楼板与墙板的连接多采用连接墙板中的预留钢筋并现浇混凝土的方法。

3. 板缝防水构造

装配式大板建筑的外墙壁板的接缝有水平缝和垂直缝两个部位。接缝要求密闭，以防止雨水渗透。

(1)水平缝。为了有效地防止雨水渗透，水平缝通常做成带有空腔的企口缝或高低缝，雨水在重力作用下不易越过空腔，从而达到防水的目的，如图 6-2-9、图 6-2-10 所示。

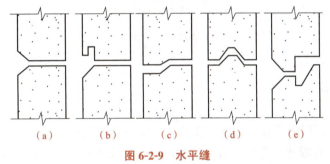

图 6-2-9　水平缝

(a)直缝；(b)滴水缝；(c)高低缝；(d)企口缝；(e)暗槽缝

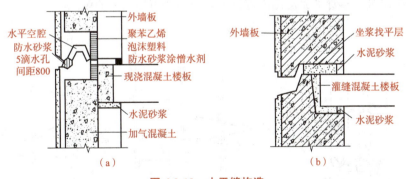

图 6-2-10　水平缝构造

(a)企口缝；(b)高低缝

1)企口缝防水是指上、下墙板做成企口形状，形成企口缝，企口中间为空腔，前端用水泥砂浆勾抹，并留排水孔。

2)高低缝防水是指上、下墙板互相咬口，构成高低缝，水平缝外部的填充料可采用水泥砂浆，但不能填得过深。

(2)垂直缝。垂直缝是左、右两墙板之间的接缝，缝内设置空腔来阻止毛细管渗水，如

图 6-2-11 所示。寒冷地区常用单腔缝防水构造，而在严寒地区则采用双腔缝防水构造，以增强抗渗能力，如图 6-2-12 所示。

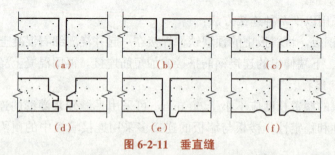

图 6-2-11　垂直缝

(a)直缝；(b)企口缝；(c)暗槽缝；(d)空腔；(e)板边突缘；(f)顺水缝

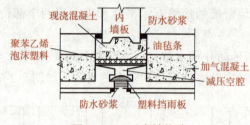

图 6-2-12　垂直缝构造

三、升板建筑

升板建筑是指利用房屋自身的柱子作导杆，将预制楼板和屋面板提升就位的一种建筑，如图 6-2-13 所示。升板建筑是在建筑物的地坪上叠层预制楼板，利用地坪及各层楼面底模，可以大大节约模板；把许多高空作业转移到地面上进行，提高了效率，加快了施工进度。预制楼板是在建筑物本身平面范围内进行的，不需要占用太多的施工场地。

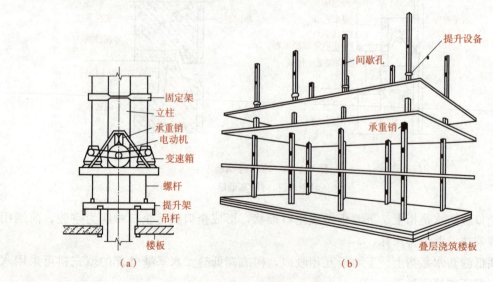

图 6-2-13　升板建筑

(a)楼板提升；(b)提升设备的悬挂

升板建筑适用于隔墙少、楼面荷载大的多层建筑，如商场、书库、车库和其他仓储建筑，特别适用于在施工场地狭小的地段建造房屋。

四、大模板建筑

(一)大模板建筑的定义与特点

大模板建筑是采用整块的工具式大模板现浇混凝土承重内墙，相当于一个房间大小的台模现浇楼板(或采用预制楼板)和预制外墙板(或采用砖砌体)做围护结构的施工方法建造的建筑。大模板建筑采用现浇施工，不必建造预制混凝土板材的大板厂，一次性投资少；结构整体性好，刚度大，结构抗震能力、抗风能力好；现场施工减少了建筑材料的多次转运，建筑造价比大板建筑低。但是大模板建筑现场工作量大，在寒冷地区冬期施工需要采用电热模板升温，增加了能耗，水泥用量也偏高。大模板建筑主要有全现浇式大模板建筑、现浇与预制装配相结合的大模板建筑两种类型。

大模板建筑在我国气候较温暖地区适应性强，可在多层和高层建筑中采用。

(二)大模板建筑的构造

大模板建筑由面板、加劲肋、竖楞、支撑桁架、稳定机构和操作平台、穿墙螺栓等组成。

(1)面板。面板是直接与混凝土接触的部分，通常采用钢面板(由3~5 mm厚的钢板制成)或胶合板面板(用7~9层胶合板)。面板要求板面平整，接缝严密，具有足够的刚度。

(2)加劲肋。加劲肋的作用是固定面板，可做成水平肋或垂直肋。加劲肋将混凝土传递给面板的侧压力传递到竖楞上，加劲肋与金属面板焊接固定，与胶合板面板可用螺栓固定。

(3)竖楞。竖楞的作用是加强大模板的整体刚度，承受模板传来的混凝土侧压力和垂直力并作为穿墙螺栓的支点。

(4)支撑桁架。支撑桁架采用螺栓或焊接方式与竖楞连接在一起其作用是承受风荷载等水平荷载，防止大模板倾覆。桁架上部可搭设操作平台。

(5)稳定机构。稳定机构为在大模板两端的桁架底部伸出支腿上设置的可调整螺旋千斤顶。在模板使用阶段，用以调整模板的垂直度，并将作用力传递到地面或楼板上；在模板堆放时，用来调整模板的倾斜度，以保证模板的稳定。

(6)操作平台。操作平台是施工人员的操作场所，有以下两种做法：

1)将脚手板直接铺设在支撑桁架的水平弦杆上形成操作平台，外侧设置栏杆。这种操作平台工作面较小，但投资少，装拆方便。

2)在两道横墙之间的大模板的边框上用角钢连接成为搁栅，在其上满铺脚手板。这种操作平台的优点是施工安全，但耗钢量大。

(7)穿墙螺栓。穿墙螺栓的作用是控制模板间距，承受新浇混凝土的侧压力，并能加强模板刚度。为了避免穿墙螺栓与混凝土黏结，在穿墙螺栓外套一根硬塑料管或穿孔的混凝土垫块，其长度为墙体厚度。

五、滑模建筑

滑模建筑是指用滑升模板来现浇墙体的一种建筑。其工作原理是利用墙体内的钢筋作支承杆，将模板系统支承在钢筋上，并用油压千斤顶带动模板系统沿着支承杆慢慢向上滑移，边升边浇筑混凝土墙体，直至墙体浇到顶层才将滑模系统卸下来。滑模建筑结构整体性好，抗震能力、机械化程度高，施工速度快，模板数量少且利用率高，施工时所需场地小。但其操作精度要求高，墙体垂直度不能有偏差，否则容易酿成事故。

滑模建筑适用于多层和高层建筑、水塔、烟囱、筒仓等。

六、框架轻板建筑

(一)框架轻板建筑的定义与特点

框架轻板建筑由柱子、梁和楼板等构成房屋垂直承重体系，以轻型墙板为围护与分隔构件。其优点是空间分隔灵活，自重轻，有利于抗震，节省材料；缺点是钢材和水泥用量较大，构件总数量多，吊装次数多，接头工作量大，工序多，梁与柱接头复杂。

框架轻板建筑适用于要求有较大空间的高层、多层住宅和公共建筑。

(二)框架结构的构件类型

1. 单梁单柱式

单梁单柱式是将框架结构中的梁、柱按每个开间、进深、层高划分成直线形的单个构件。这种划分使构件的外形简单，质量较轻，便于生产，便于运输和安装，如图 6-2-14 所示。

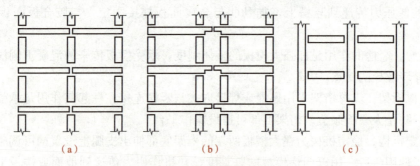

图 6-2-14 单梁单柱式

(a)直线式；(b)悬臂式；(c)柱两层高

2. 框架式

框架式是将整个框架划分成若干个小的框架。这种小框架本身包括梁、柱，甚至楼板，可以做成很多种形状，如 H 形、十字形等。这种做法可以简化吊装工作，加快施工进度，接头数量少，有利于提高整个框架的刚度。但是它的构件形状复杂，生产、运输、安装构件时都比较困难，如图 6-2-15 所示。

3. 混合式

混合式是同时采用单梁单柱与框架两种形式，可以根据建筑结构布置的具体情况选用，如图 6-2-16 所示。

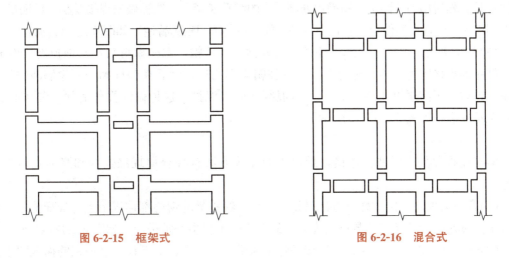

图 6-2-15　框架式　　　　　　　　图 6-2-16　混合式

(三)框架轻板建筑的构件连接

框架轻板建筑的构件连接包括柱与柱、梁与柱、梁与梁、楼板与梁、墙板与框架的连接。

1. 柱与柱的连接

柱与柱的常用连接接头有浆锚接接头、榫接接头和焊接接头等。

(1)浆锚接接头。浆锚接接头是将上柱底端钢筋插入下柱孔洞，且在侧面留有灌浆孔。安装时，将上柱底端钢筋插入下柱孔洞内，用高强度快速膨胀砂浆通过灌浆孔压入插孔内。这种做法构造简单、耗钢量少、节点刚度较大，但湿作业量较大，且需要一定的养护时间，制作要求精度高，如图 6-2-17(a)所示。

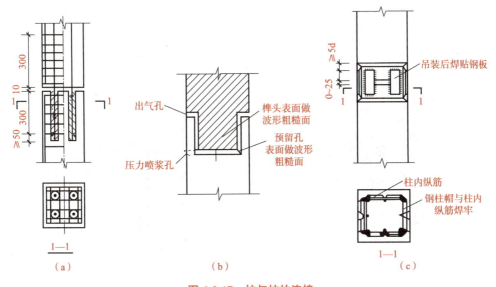

图 6-2-17　柱与柱的连接

(a)浆锚接接头；(b)榫接接头；(c)焊接接头

(2)榫接接头。榫接接头是在上柱下端制作榫头且甩出主筋，在下柱顶端预埋钢板底座且甩出主筋。安装时,将上柱榫头落坐在下柱底座上,且将上、下柱甩出的主筋用剖口焊方法连接,然后用箍筋固定,周围填塞高强度的细石混凝土。这种做法焊接量小,耗钢量少,节点刚度大,但现场湿作业量多且需养护时间,目前采用较为普遍,如图 6-2-17(b)所示。

(3)焊接接头。焊接接头是将柱的接头处预留钢柱帽,钢柱帽由角钢与钢板焊接而成,且与柱主筋焊接牢固。连接时将上、下钢柱帽满焊相连,然后在钢柱帽外侧涂刷防锈漆且包裹钢丝网,用高强度水泥砂浆或细石混凝土砂浆保护。这种做法操作简便,湿作业少,但耗钢量较多,如图 6-2-17(c)所示。

2. 梁与柱的连接

梁与柱通常在柱顶进行连接,最常用的连接方法有叠合梁现浇连接和浆锚叠压连接两种。

(1)叠合梁现浇连接。叠合方法是将上下柱、纵横梁的钢筋都伸入节点,加配箍筋后灌混凝土浇成整体。其优点是节点刚度大,故在实际工程中经常采用,如图 6-2-18(a)所示。

(2)浆锚叠压连接。浆锚叠压连接是将纵横梁置于柱顶,上下柱的竖向钢筋插入梁上的预留孔中后,再用高强度砂浆将柱筋锚固,使梁柱连接成整体,如图 6-2-18(b)所示。

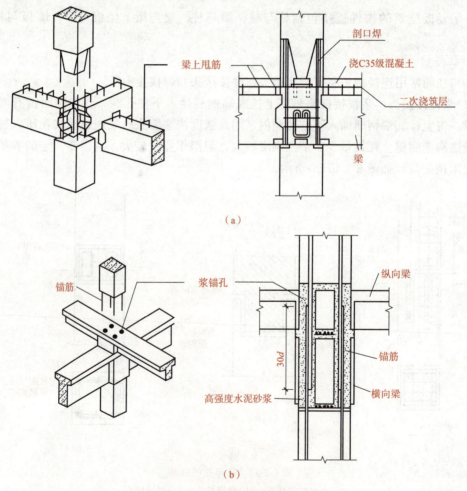

图 6-2-18　梁在柱顶连接

(a)叠合梁现浇连接;(b)浆锚叠压连接

3. 梁与梁的连接

梁与梁的连接有主梁与主梁的连接和主梁与次梁的连接两种情况。

（1）主梁与主梁的连接。主梁与主梁的连接一般应在反弯点处接头，连接的基本方法是将梁内的预留钢筋或预埋铁件互相焊接，然后浇筑混凝土。其做法有搭接与对接两种方式，如图 6-2-19 所示。

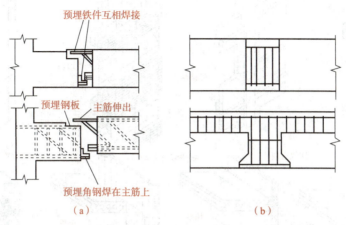

图 6-2-19　主梁与主梁的连接
(a)搭接；(b)对接

（2）主梁与次梁的连接。在有些情况下，主梁与次梁须成 90°搭接，其做法是将主梁的断面做成花篮形、十字形、T 形或倒 T 形。在主梁接头面上坐浆，直接搁置次梁（图 6-2-20）。这种做法较简单，一般只在荷载较小、无振动的情况下采用。

4. 楼板与梁的连接

楼板与梁整体连接常采用楼板与叠合梁现浇连接方法。叠合梁由预制和现浇两部分组成，在预制梁上部留出箍筋，预制楼板安放在梁侧，沿梁纵向放入钢筋后浇筑混凝土，将梁和楼板连成整体，如图 6-2-21 所示。

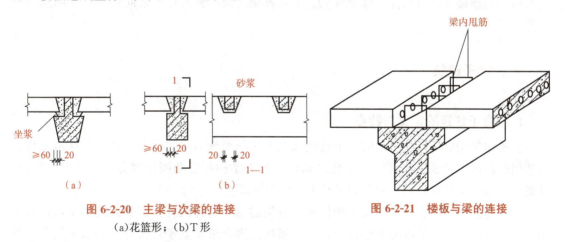

图 6-2-20　主梁与次梁的连接
(a)花篮形；(b)T 形

图 6-2-21　楼板与梁的连接

5. 墙板与框架的连接

框架轻板建筑的内、外墙板均为非承重制品，宜使用轻质材料制成。墙板与框架的连接如图 6-2-22 所示。

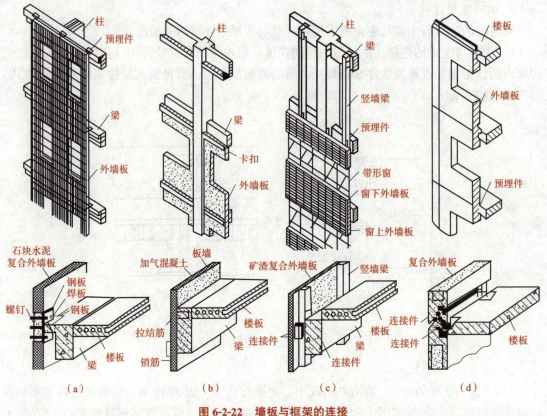

图 6-2-22　墙板与框架的连接

(a)石块水泥复合外墙板；(b)加气混凝土墙板；(c)矿渣复合外墙板；(d)复合外墙板

(1)框架轻板建筑的内墙板，一般采用空心石膏板、加气混凝土条板和纸面石膏板，其构造同隔墙。

(2)外墙板为围护结构，应具有保温、隔热、隔声、防水、防风沙和美观等功能。外墙板与框架的连接方式有悬挂于框架外侧、嵌入框架之间、嵌入楼板之间和悬挂在附加墙梁上等。

七、盒子建筑

(一)盒子建筑的定义与特点

盒子建筑是以工厂化生产的一个房间或几个房间组成的空间盒子构件，是在施工现场吊装组合而成的建筑。完善的盒子建筑构件不仅有结构部分和围护部分，而且内部装饰、设备、管线、家具和外部装修等均可在工厂生产完成。

盒子建筑可分为有骨架的盒子构件和无骨架的盒子构件两种。有骨架的盒子构件通常用钢、铝、木材、钢筋混凝土作骨架，以轻型板材围合形成盒子；无骨架的盒子构件一般用钢筋混凝土制作，每个盒子可以分别由六块平板拼成，但是目前最常采用的是采取整浇成型的办法，因为它的刚度特别大。

盒子建筑施工速度快，比大板建筑工期缩短 50%～70%，装配化程度高，现场用工量仅占总用工量的20%左右，总用工量比大板建筑减少10%～50%，比砖混建筑减少30%～50%；自重轻，盒子构件是一种空间薄壁结构，与砖混建筑相比，可减轻结构自重一半以上。但是建造盒子构件的预制工厂投资太大，运输、安装需要大型设备，建筑的单方造价也较高。

盒子建筑主要适用于住宅、旅馆等低层和多层建筑物。当采用合理的结构体系时，也可以适用于高层建筑物。

(二)盒子建筑的组成方式与构造

单个盒子的结构组成有整浇式、骨架条板组装式和预制板组装式等几种方式。按板材数量，可分为六面体、五面体、四面体盒子等，如图6-2-23所示。

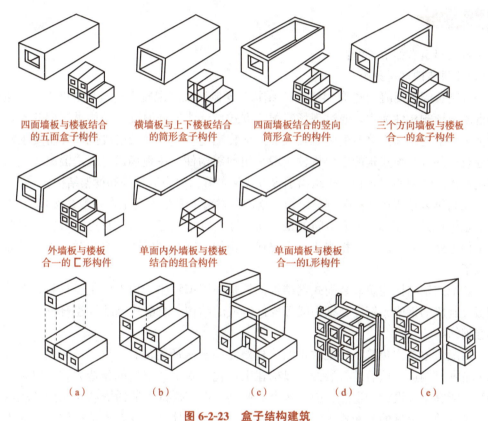

四面墙板与楼板结合的五面盒子构件　横墙板与上下楼板结合的筒形盒子构件　四面墙板结合的竖向筒形盒子的构件　三个方向墙板与楼板合一的盒子构件

外墙板与楼板合一的匚形构件　单面内外墙板与楼板结合的组合构件　单面墙板与楼板合一的L形构件

（a）　　（b）　　（c）　　（d）　　（e）

图6-2-23　盒子结构建筑

(a)叠合式组合；(b)错位式组合；(c)盒子板材组合；(d)盒子框架组合；(e)盒子筒体组合

 拓展阅读

到2025年装配式建筑占新建建筑比例达30%以上

住房和城乡建设部印发《"十四五"建筑业发展规划》，提出到2025年，装配式建筑占新建建筑的比例达到30%以上；新建建筑施工现场建筑垃圾排放量控制在每万平方米300吨以下，建筑废弃物处理和再利用的市场机制初步形成。

《"十四五"建筑业发展规划》提出了加快智能建造与新型建筑工业化协同发展、健全建筑市场运行机制、完善工程建设组织模式、培育建筑产业工人队伍、完善工程质量安全保障体系、稳步提升工程抗震防灾能力、加快建筑业"走出去"步伐等主要任务。

其中提到，大力发展装配式建筑，积极推进高品质钢结构住宅建设，鼓励学校、医院等公共建筑优先采用钢结构，培育一批装配式建筑生产基地；加快建筑机器人研发和应用，积极推进建筑机器人在生产、施工、维保等环节的典型应用，辅助和替代"危、繁、脏、重"的施工作业。

任务实施

工业化建筑有如下类型：

（1）按照结构材料分类。

1）预制装配式混凝土建筑（也称 PC）结构。预制装配式混凝土建筑是指以工厂化生产的钢筋混凝土预制构件为主，通过现场装配的方式设计建造的混凝土结构类房屋建筑，一般可分为全装配建筑和部分装配建筑两大类。全装配建筑一般为低层或抗震设防要求较低的多层建筑；部分装配建筑的主要构件一般采用预制构件，在现场通过现浇混凝土连接，形成装配整体式结构的建筑物。按结构承重方式又可分为剪力墙结构和框架结构。

2）预制集装箱式结构。预制集装箱式结构的材料主要是混凝土，一般是按建筑的需求，用混凝土做成建筑的部件（按房间类型，如客厅、卧室、卫生间、厨房、书房、阳台等）。一个部件也就是一个房间，相当于一个集成的箱体（类似集装箱）。组装时，进行吊装组合就可以了。

3）装配式钢结构建筑。装配式钢结构建筑是采用钢材作为构件的主要材料，即由型钢和钢板等制成的钢梁、钢柱、钢桁架等构件组成的结构。装配式钢结构建筑可分为型钢结构和轻钢结构。

4）装配式木结构建筑。装配式木结构建筑是指建筑所需的柱、梁、板、墙、楼梯等构件都采用木材制造，然后进行装配，以构建工厂化、施工装配化的建造方式。以施工标准为特征，能够整合设计、生产、施工多个产业链，贯彻执行了节约资源和保护环境的国家技术经济政策。常见的装配式木结构建筑有轻型木结构体系、胶合木结构体系、原木结构体系。

（2）按照结构体系分类：框架结构、框架-剪力墙结构、筒体结构、剪力墙结构、无梁板结构、空间薄壁结构、悬索结构、预制钢筋混凝土柱单层厂房结构等。

（3）按照预制构件的形式和施工方法分类：砌块建筑、大板建筑、盒子建筑、框架板材建筑、大模板建筑、滑模建筑、升板建筑。

（4）按照装配式建筑的层高分类：低层装配式建筑、多层装配式建筑、高层装配式建筑、超高层装配式建筑。

（5）按照预制率分类（装配式混凝土建筑）：小于 5% 为局部使用预制构件；5%～20% 为低预制率；20%～50% 为普通预制率；50%～70% 为高预制率。

【课堂任务单】

<table>
<tr><td colspan="6" align="center">课堂任务单</td></tr>
<tr><td>学习项目</td><td>建筑工业化</td><td>班级</td><td></td><td>组别</td><td></td></tr>
<tr><td>训练任务</td><td>任务二</td><td>姓名</td><td></td><td>日期</td><td></td></tr>
<tr><td colspan="6">

完成本任务的学习并填空。

1. 砌块建筑是指用_____作为砌墙材料的一种建筑，适用于____层的住宅、办公楼等大量性建筑。

2. 大板建筑是指由预制的_____和_____、_____及其他辅助的构配件等组合装配而成的建筑，也称为_____，适用于_____、_____等_____建筑。

3. 升板建筑是指利用房屋自身的_____作导杆，将_____和_____提升就位的一种建筑，适用于_____、_____的多层建筑，如_____、_____、_____和其他仓储建筑，特别适用于_____的地段建造房屋。

4. 大模板建筑是采用_____现浇混凝土承重内墙，用_____现浇楼板（或采用预制楼板），用_____（或采用砖砌体）做围护结构的施工方法建造的建筑，在我国_____地区适应性强，可在_____和_____建筑中采用。

5. 滑模建筑是指用_____来现浇墙体的一种建筑，适用于_____和_____建筑、_____、_____、_____等。

6. 框架轻板建筑由_____、_____和_____等构成房屋垂直承重体系，以_____为围护与分隔构件，适用于要求有较大空间的_____和_____。

7. 盒子建筑是以_____生产的一个房间或几个房间组成的_____，是在施工现场_____而成的建筑，主要适用于_____、_____等_____和_____建筑物，当采用合理的结构体系时，可以适用于_____建筑物。

</td></tr>
<tr><td>小组互评</td><td colspan="5"></td></tr>
<tr><td>教师指导
与评价</td><td colspan="5"></td></tr>
<tr><td>成绩(等级)</td><td></td><td>A/优秀</td><td>B/良好</td><td>C/中等</td><td>D/合格　E/不合格</td></tr>
</table>

📖 素养提升

向"新"逐"绿" 智造未来——建筑企业发展新质生产力观察

谈及建筑业，在人们传统印象里往往是建筑工地上尘土飞扬、噪声不止。然而随着新质生产力的注入，建筑业正经历着一场前所未有的变革，正朝着智能化、绿色化、高质量发展的方向迈进，技术创新与绿色发展正在引领建筑业转型升级。

像造汽车一样造房子

走进中国建筑旗下中建海龙科技有限公司珠海基地全封闭降噪隔尘生产车间，映入眼帘的是智能化、自动化的生产线以及产线上忙碌的技术人员和机器人。在这里，传统的建筑业印象被彻底颠覆，取而代之的是高效、智能、环保的全新生产模式。

在建筑行业的发展中，"像造汽车一样造房子"不仅仅是一种设想，在可预见的未来，更是智能建造技术革新的真实写照。MiC(Modular Integrated Construction，模块化集成建筑)技术，作为这一变革的核心，正在重新定义建筑的生产和施工过程。该技术通过精细的优化设计和高效的模块化建造流程，将传统的建筑工地转变为工厂内的精密制造环境，显著提升施工速度，极大缩短工程周期。"与传统建筑方式相比，MiC技术能够在工厂内完成高达90％的施工内容，可以将建造时间压缩至原来的20％，有效减轻了施工对交通的影响、减少了场地占用，并显著降低了施工噪声和扬尘污染。"中建海龙科技有限公司总经理赵宝军表示，采用中建海龙原创研发的C-MiC(混凝土模块化集成建筑)技术，北京市西城区首个原拆原建项目——桦皮厂胡同8号楼，仅用3个月的时间，就让老百姓搬进了在原址上建起来的新家。

MiC技术是新型建筑工业化与智能制造的结合，产业链的"方案＋产品"模式优化生产要素的组合方式，复合型管理人员、产业工人及人机协同生产设备提升生产要素的质量，引入技术和数据等新生产要素实现技术进步和效率提升，显著增强了全要素生产率，推动了建筑行业的新质生产力发展，为建筑行业的转型升级和可持续发展提供了坚实基础。"这种创新的建造模式不仅提高了建筑质量和施工安全性，还实现了资源的高效利用和环境影响的最小化，践行了'像造汽车一样造房屋'的现代建筑理念。"中建海龙科技有限公司首席数据官毛晔介绍道。

建材研发提升科技含量

建筑业是"碳排放大户"，在建材生产、建筑施工及运维的全生命周期会产生大量温室气体，减排潜力巨大。光伏建筑一体化(Building Integrated Photovoltaics，BIPV)技术作为建筑行业绿色转型的重要手段，通过将光伏发电产品集成到建筑结构中，可让建筑实现能源自给自足，显著降低建筑碳排放。

在企业展厅，中国建筑旗下远东幕墙(珠海)有限公司董事长朱敏峰向记者介绍了该公司在BIPV领域研发的仿铝板、仿石材、彩色双玻、双玻透光、光伏地砖以及图纹定制双玻等光伏建材产品。"以100平方米的BIPV应用为例，在广东地区每年可产生约1.2万度的电力，足以满足约6户居民一年的用电需求，显著降低了对传统能源的依赖，减少了碳排放。"朱敏峰介绍说。

BIPV技术的应用是绿色建造理念的重要体现，它结合了技术创新和模式创新，实现了建筑与能源的高效融合。通过离网可供电的特性，BIPV系统能够实现自发自用，极大地提高了能源的利用效率和环境的友好性。

攻克幕墙建造世界性难题

作为世界第一高楼迪拜哈利法塔的建筑幕墙承建商，远东幕墙不仅为建筑赋予了光影交织的外衣，在建筑技术运用上也达到了业界新高度，通过双曲幕墙的数字化设计与建造技术创新，解决了双曲领域的世界级难题——双曲扭拧单元的制造和安装。

"如果说幕墙是建筑的外衣，那么美利道的双曲幕墙就是建筑界'高端定制'。"朱敏峰表示，"为了实现美利道项目像花瓣一样的建筑外形，所有幕墙构件都需要单独定制，像拧麻花一样将金属在常温下弯曲成各种三维形态，同时要保证毫米级的精度，从而让建筑外立面呈现出自由平滑的曲面形态。"据了解，远东幕墙自主研发的双曲扭拧单元技术，打破了全球双曲幕墙技术的瓶颈，实现了曲面建筑外立面的装配式施工。公司在 2023 年还成功中标了深圳欧加大厦项目，该项目是全球最复杂的曲面玻璃幕墙工程之一。

以智能建造和建材研发创新为代表的技术革新正重塑建筑业，也为建筑业的绿色转型和升级奠定坚实基础。

资料来源：学习强国 https://www.xuexi.cn/lgpage/detail/index.html? id＝17607906971028438810& item_id＝17607906971028438810

项目七 工业建筑概述

知识与能力目标

1. 了解工业建筑的分类、特点有关知识。
2. 掌握装配式排架结构单层工业厂房组成内容及特点。
3. 能解释装配式排架结构单层工业厂房的承重结构、围护结构、其他构件的细部构造等问题。
4. 能识读一般单层工业厂房的建筑施工图，并能解决单层工业厂房围护构件连接的一般性问题。

情感与价值目标

1. 理解工业建筑是复杂工程技术与管理科学的结合，并在我国打造世界制造业中心和实现工业现代化的进程中起到越来越重要的作用。
2. 树立打造具有全面竞争力的集成化、专业化、信息化的现代工程建筑信念，发扬攻坚进取、忠诚奉献、务实重行、担当有为的建筑人精神，竭诚提供全生命周期、全产业链、全价值链的服务，奉献更多的传世工程佳作。

任务一 工业建筑的分类及特点

任务要求

通过【任务资讯】的学习，总结工业建筑的特点及类型。

任务资讯

工业建筑是指从事各类工业生产及直接为工业生产服务的房屋，是为工业生产需要而建造的各种不同用途建筑物和构筑物的总称。通常将用于工业生产的建筑物称为工业厂房。一般情况下，工业厂房与民用建筑相比有许多相同之处，但由于工业厂房建筑必须满足生产工艺的要求，所以工业厂房在平面布局、建筑构造、建筑结构、建筑施工等方面又与民用建筑有较大差别。

随着社会的发展，工业生产规模扩大，生产工艺也越来越复杂，各类工业

视频：工业建筑
概述（一）

视频：工业建筑
概述（二）

产品的生产工艺、生产设备和原材料不同，需要的工业建筑也不同。

工业建筑(图 7-1-1)主要包括如图 7-1-2～图 7-1-4 所示的生产车间、材料仓储车间、无尘实验室等生产用建筑工程。

图 7-1-1　工业建筑

图 7-1-2　管道预制生产车间

图 7-1-3　材料仓储车间

图 7-1-4　无尘实验室

一、工业建筑的分类

1. 按厂房的用途分类

按厂房的用途，工业建筑可分为生产厂房、生产辅助厂房、动力用厂房、仓储建筑、运输用建筑、其他建筑等。

(1)生产厂房。生产厂房是指进行备料、加工、装配等主要工艺流程的厂房，如机械制造厂中有铸工车间、电镀车间、热处理车间、机械加工车间(图 7-1-5)、装配车间等。

(2)生产辅助厂房。生产辅助厂房是指为生产厂房服务的厂房，如机械制造厂房的修理车间(图 7-1-6)、工具车间等。

(3)动力用厂房。动力用厂房是指为生产提供动力源的厂房，如发电站、变电所(图 7-1-7)等。

(4)仓储建筑。仓储建筑包括原材料仓库、半成品仓库(图 7-1-8)、成品仓库。

(5)运输用建筑。运输用建筑是指管理、储存及检修交通运输工具的房屋，如起重车库、消防车库(图 7-1-9)等。

(6)其他建筑。其他建筑如水泵房(图 7-1-10)、污水处理建筑等。

图 7-1-5　机械加工车间

图 7-1-6　修理车间

图 7-1-7　变电所

图 7-1-8　半成品仓库

图 7-1-9　消防车库

图 7-1-10　水泵房

2. 按生产状况分类

(1)冷加工车间。冷加工车间是指在常温状态下加工非燃烧物质和材料的生产车间，如机械制造类的金工车间(图 7-1-11)等。其在生产过程中要求车间内部有良好的采光和通风。

(2)热加工车间。热加工车间是指生产过程在高温和熔化状态下，加工非燃烧材料的生产车间，如铸造、锻压、热轧、热处理等车间(图 7-1-12)。热加工车间中机械制造类的冶炼车间，生产中产生大量的余热、废气等，生产要求将排烟与散热作为重点。

(3)恒温、恒湿车间。恒温、恒湿车间是

图 7-1-11　金工车间

指产品生产需要在恒定的温度、湿度条件下进行的车间，如纺织车间(图 7-1-13)。

图 7-1-12 冶炼厂房

图 7-1-13 纺织车间

(4)洁净车间。洁净车间是指产品生产需要在空气清洁、无尘甚至无菌条件下进行的车间，如药品生产车间(图 7-1-14)、集成电路车间(图 7-1-15)等。

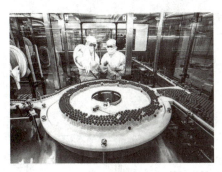

图 7-1-14 药品生产车间

图 7-1-15 集成电路车间

(5)其他特种状况的车间。有的产品生产对环境有特殊的需要，如防辐射电路板操作车间(图 7-1-16)等。

3. 按层数分类

(1)单层工业厂房。单层工业厂房是指层数为一层的工业厂房。其适用于有大型机器设备或有重型起重运输设备的厂房，多用于冶金、机械等重工业。其特点是设备体积大、载量重，车间内以水平运输为主，大多靠厂房中

图 7-1-16 防辐射电路板操作车间

的起重运输设备和车辆进行运输。如图 7-1-17 所示，单层厂房又可分为单跨厂房和多跨厂房两种。对于跨度较大及对相邻厂房有较大干扰的车间，应采用单跨厂房；对于跨度较小且生产工艺和使用要求相同或相近的一些车间，可组合成一个多跨厂房。

(2)多层工业厂房。多层工业厂房是指层数为二层及二层以上的厂房，常用的层数为 2~6 层，如图 7-1-18 所示。多层工业厂房常用于轻工业类，适用于生产设备及产品较轻，可沿垂直方向组织生产的厂房，如食品、纺织、电子精密仪器工业等用厂房。

(3)混合层数的工业厂房。同一厂房内既有单层又有多层的厂房称为混合层数的厂房。其多用于化学工业、热电厂主厂房等。如图 7-1-19 所示的热电厂主厂房，汽机间设置在单层单跨内；除氧间、锅炉房、煤斗间可设置在多层内。

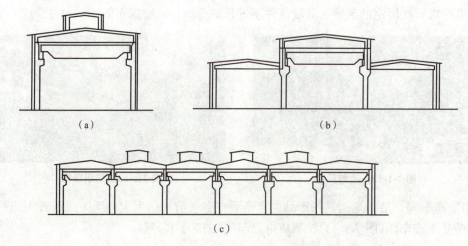

图 7-1-17　单层工业厂房

(a)单跨厂房；(b)高低跨厂房；(c)多跨厂房

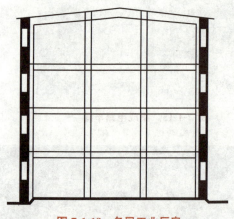

图 7-1-18　多层工业厂房

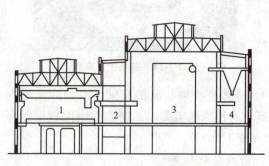

图 7-1-19　热电厂主厂房

1—汽机间；2—除氧间；3—锅炉房；4—煤斗间

4. 按承重结构材料分类

按承重结构材料，工业建筑可分为混合结构、钢筋混凝土结构和钢结构三种。

(1)混合结构(图 7-1-20)。混合结构采用由钢筋混凝土屋架或屋面梁、烧结普通砖柱和基础组成。其承载能力和抗震性能均较低，故一般用于跨度不大于 15 m、柱顶标高不大于 6.6 m、无起重机或起重机起重量小于 5 t 的中小型工业厂房。

图 7-1-20　混合结构厂房

(2)钢筋混凝土结构(图7-1-21)。钢筋混凝土结构由钢筋混凝土屋架或屋面梁、柱及基础组成。由于其具有较高的承载能力和较好的抗震性能，可用于跨度不大于36 m、檐高不大于20 m、起重机起重量不超过200 t的大型工业厂房。

图 7-1-21　钢筋混凝土结构厂房

(3)钢结构(图7-1-22)。钢结构由钢结构屋架或屋面梁和柱、钢筋混凝土基础组成。其承载能力和抗震性能比钢筋混凝土结构更好，可用于跨度大于36 m、起重机起重量超过250 t的重型工业厂房。钢结构厂房是目前最为普遍的厂房类型。

图 7-1-22　钢结构厂房

5. 按跨度尺寸分类

厂房的跨度是指相邻两纵向定位轴线之间的距离。跨度尺寸为相邻两纵向定位轴线之间的距离尺寸，柱距尺寸为相邻两横向定位轴线之间的距离尺寸。跨度尺寸与柱距尺寸均应符合《建筑模数协调标准》(GB/T 50002—2013)和《厂房建筑模数协调标准》(GB/T 50006—2010)的规定，符合建筑扩大模数3M数列。钢筋混凝土结构厂房的跨度小于或等于18 m时，应采用扩大模数30M数列；钢筋混凝土结构厂房的跨度大于18 m时，宜采用扩大模数60M数列；钢筋混凝土结构厂房的柱距应采用扩大模数60M数列，如图7-1-23所示。

按跨度尺寸，工业建筑可分为小跨度厂房和大跨度厂房。

(1)小跨度厂房。小跨度厂房是指跨度小于或等于15 m的单层工业厂房。小跨度厂房的结构类型以砖混结构为主。

(2)大跨度厂房。大跨度厂房是指跨度在15～30 m及36 m以上的单层工业厂房。其中15～30 m的厂房以钢筋混凝土结构为主，跨度在36 m及以上时，一般以钢结构为主。

6. 按承重结构形式分类

按承重结构形式，工业建筑可分为排架结构、刚架结构和空间结构。

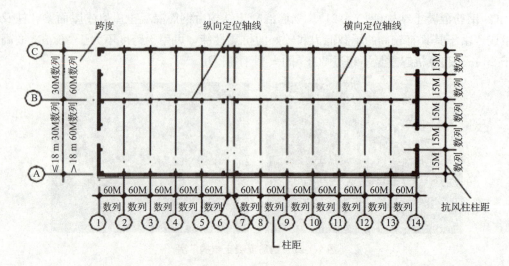

跨度　　　　　　纵向定位轴线　　　　横向定位轴线

C

30M数列 ≤18 m 30M数列
60M数列 >18 m 60M数列

B

15M 15M 数列
15M 数列
15M 数列
15M 数列

A

60M 60M 60M 60M 60M 60M 60M 60M 60M 60M 60M 60M
数列 数列 数列 数列 数列 数列 数列 数列 数列 数列 数列 数列

抗风柱柱距

① ② ③ ④ ⑤ ⑥ ⑦ ⑧ ⑨ ⑩ ⑪ ⑫ ⑬ ⑭

柱距

图 7-1-23　厂房的跨度

（1）排架结构（图7-1-24）。排架结构由屋架（或屋面梁）、柱和基础组成。柱与屋架铰接，与基础刚接。排架结构是单层厂房结构，基本结构形式为屋架、柱子和基础构成横向平面排架，再通过屋面板、吊车梁、支撑等纵向构件将平面排架连接起来，构成整体的空间结构。排架结构是目前单层厂房中最基本、应用最普遍的结构形式。

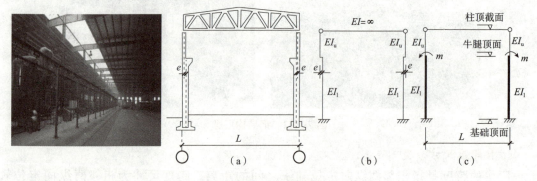

图 7-1-24　排架结构

（2）刚架结构（图7-1-25）。刚架结构由钢筋混凝土的横梁、柱和基础组成。柱和屋架或屋面梁合并为同一个刚性构件，柱与基础的连接方式通常为铰接。刚架结构的优点是梁柱整体结合、构件种类少、制作简单，跨度和高度较小时比钢筋混凝土排架结构节省材料；缺点是梁柱转折处因弯矩较大而容易产生裂缝；同时，刚架柱在横梁的推力作用下，将产生相对位移，使厂房的跨度发生变化。因此，刚架结构一般仅适用于无起重机或起重机起重量不大于10 t、跨度不大于18 m的中小型厂房、仓库等建筑。

（3）空间结构（图7-1-26）。空间结构常用于大厅式平面组合中，面积和体积都很大的厅室，如剧院的观众厅、体育馆的比赛大厅等，它的覆盖和围护问题是大厅式平面组合结构布置的关键。新型空间结构的迅速发展有效解决了大跨度建筑空间的覆盖问题，同时，也创造出了丰富多彩的建筑形象。空间结构系统有各种形状的折板结构、壳体结构、网架壳体结构、悬索结构等。

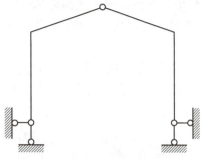

图 7-1-25　刚架结构

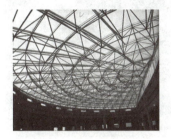

双曲扭壳结构

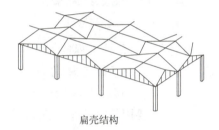
扁壳结构

图 7-1-26　空间结构

二、工业建筑的特点及设计要求

(1)厂房要满足生产工艺流程的要求。每种工业产品的生产都有一定的生产程序，这种程序称为生产工艺流程。生产工艺流程的要求决定着厂房平面布置和形式，如食品无尘车间(图 7-1-27)。

(2)厂房要有较大的内部空间。许多工业产品的体积、质量都很大，生产需要配备大型、中型的生产机器设备、起重运输设备(起重机)等，因此应有较大的内部空间(图 7-1-28)。

图 7-1-27　食品无尘车间

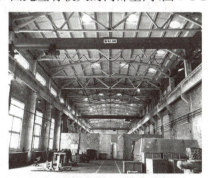
图 7-1-28　空间较大

（3）厂房要有良好的采光与通风（图7-1-29）。有的生产过程中会产生大量的余热、烟尘、有害气体、有侵蚀性的液体、噪声等，这就要求厂房内应有良好的通风设施和解决采光要求。

（4）厂房要满足特殊方面的要求。有的生产过程要求保持一定的温度、湿度或要求防尘、防振、防爆、防菌、防放射线等，设计厂房时应采取相应的特殊技术措施来满足其要求（图7-1-30）。

图7-1-29　采光与通风

图7-1-30　结合生产要求

（5）厂房内通常会有各种工程技术管网，如上下水、热力、压缩空气、煤气、氧气、电力等供应管道，构造上应予以考虑（图7-1-31）。

（6）厂房要满足各种运输车辆通行的需求。生产过程中有大量原料、加工零件、半成品、成品、废料等需要用蓄电池车、汽车或火车进行运输，所以厂房设计时应解决好运输工具的通行问题（图7-1-32）。

图7-1-31　工程技术管网

图7-1-32　运输车辆通行

三、工业建筑的安全性

2021年2月8日上午10：50左右，辽宁康缘华威药业有限公司爆炸事故发生后，本溪市委、市政府高度重视，立即组织安监、公安、消防、环保等力量开展现场救援，12：30左右完成人员救援工作。截至16：00，事故车间受伤人员5名，其中两名重伤人员经抢救无效死亡。经调查，事故为原料药生产车间反应釜发生爆炸导致（图7-1-33）。

事故触目惊心，敲响了企业安全生产的警钟。要预防事故的发生，就要加强安全教育并做好安全防范措施。确保安全生产，一定要做好防火防爆措施，对安全生产常抓不懈。

图 7-1-33　爆炸现场

任务实施

通过查找工业建筑相关国家规范、标准图集，如《钢结构设计示例—单层工业厂房》06CG04、《洁净厂房建筑构造》08J907 等，加深对工业建筑的设计要求及类型的理解。

【课堂任务单】

课堂任务单					
学习项目	工业建筑概述	班级		组别	
训练任务	任务 1	姓名		日期	
简答题： 什么是柱网？扩大柱网有何优越性？ 联系实际： 抄绘工业厂房平面柱网布置图。 讨论题： 1. 工业建筑是指供人民从事各类生产活动和储存的建筑物和构筑物的总称。通常把用于工业生产的建筑物称为工业厂房。谈一谈现今的厂房类型为什么常选用钢结构？ 2. 请查阅建筑力学相关知识，想一想如何理解排架结构厂房与刚架结构厂房的区别？					
小组互评					
教师指导 与评价					
成绩（等级）		A/优秀	B/良好	C/中等	D/合格	E/不合格

任务二 装配式排架结构单层工业厂房

任务要求

通过单层工业厂房组成的学习，以装配式排架单层工业厂房为例，理解单层工业厂房的承重结构、围护结构和其他构件等各组成构件的作用及要求。

视频：单层工业
厂房构造（一）

任务资讯

因为排架结构单层厂房在工业建筑中应用较为广泛，所以以装配式排架为例进行厂房组成的介绍。如图 7-2-1 所示的排架结构，顾名思义是一排一排的，由屋架、柱子和基础构成横向平面排架，是厂房的主要承重体系，再通过屋面板、吊车梁、支撑等纵向构件将平面排架联结起来，构成整体的空间结构。

视频：单层工业
厂房构造（二）

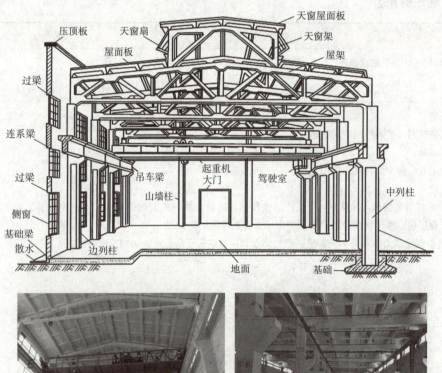

图 7-2-1 排架结构

装配式排架结构单层工业厂房由承重结构、围护结构、其他构件等组成。

一、承重结构

承重结构(图 7-2-2)包括下列几部分承重构件:
(1)横向排架构件由基础、排架柱、屋架(或屋面梁)组成。
(2)纵向连系构件由基础、吊车梁、连系梁、屋面板等组成。
(3)支撑系统由设置在屋架之间的屋盖支撑及设置在纵向柱列之间的柱间支撑组成。

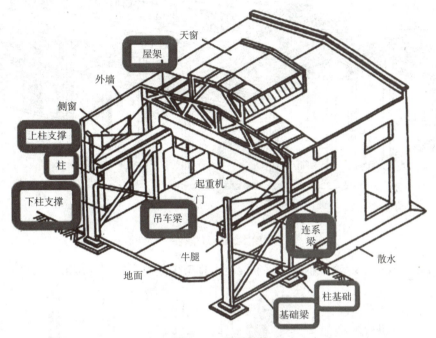

图 7-2-2 承重结构

(一)横向排架构件

1. 基础

与民用建筑一样,基础起着承上传下的作用,它承受柱及基础梁传递来的全部荷载,并传递给地基。因此,基础是工业厂房的重要构件之一。当柱距为 6 m 或更大,地质情况较好时,单层厂房的基础多采用独立式基础,包括阶梯形基础、锥形基础、杯形基础;当地基土承载力不足,独立基础无法满足沉降及承载力要求时,则采用桩基础(图 7-2-3)。

(a) (b) (c) (d)

图 7-2-3 基础
(a)阶梯形基础;(b)锥形基础;(c)杯形基础;(d)桩基础

2. 排架柱

如图 7-2-4 所示，排架柱承受屋架、吊车梁、连系梁及支撑系统传递来的荷载，并将它们传递给基础，有时还承受管道设备等的荷载，因此，排架柱是厂房的主要受力构件之一，应具有足够的抗压和抗弯能力，并通过结构计算来合理确定截面尺寸和形式。

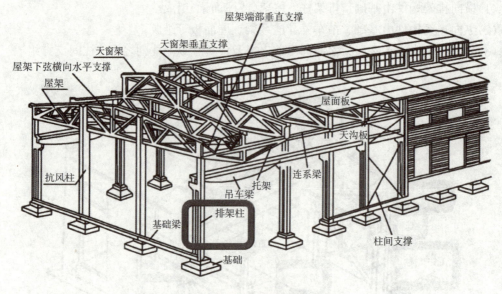

图 7-2-4　排架柱

如图 7-2-5 所示，一般工业厂房钢筋混凝土排架柱截面形式多为矩形、工字形。

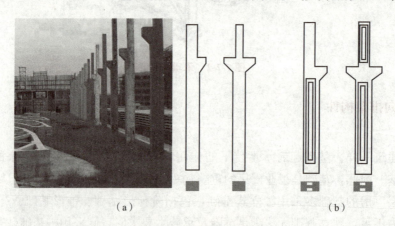

（a）　　　　　　　　　　　　　（b）

图 7-2-5　排架柱截面形式
(a)矩形柱；(b)工字形柱

3. 屋架或屋面梁

如图 7-2-2、图 7-2-6 所示，屋架或屋面梁搁置在柱子上，承受屋面板、天窗架等传递来的荷载及起重机荷载，并将其所受全部荷载传递给柱子。

屋架一般采用钢筋混凝土屋架。如图 7-2-7 所示，屋架的形式有三角形屋架、梯形屋架、拱形屋架和折线形屋架。屋架与柱子的连接方式一般为在屋架下弦端部预埋钢板，与柱顶的预埋钢板焊接在一起(图 7-2-8)。

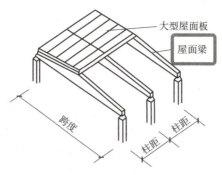

大型屋面板

屋面梁

跨度

柱距

柱距

图 7-2-6　屋架及屋面梁

（a）　　　　　　　（b）

（c）　　　　　　　（d）

图 7-2-7　屋架的形式

（a）三角形屋架；（b）梯形屋架；（c）拱形屋架；（d）折线形屋架

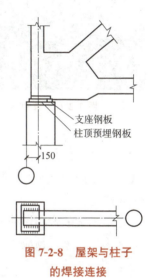

支座钢板

柱顶预埋钢板

150

图 7-2-8　屋架与柱子
的焊接连接

　　钢筋混凝土屋面梁外形有单坡和双坡之分。如图 7-2-9 所示，双坡屋面梁形式简单、制作和安装较方便、梁高小、重心低、稳定性好，但自重大，适用于厂房跨度不大，有较大振动荷载或有腐蚀性介质的厂房。

图 7-2-9　双坡屋面梁

(二)纵向连系构件

1. 基础梁

装配式排架结构单层工业厂房的外墙仅起围护作用,为避免柱与墙的不均匀沉降,墙身一般砌筑在基础梁上(当墙较高时,上部的墙体砌筑在连系梁上),基础梁的两端搁置在相邻两杯形基础的杯口上。这样可使墙和柱一起沉降,墙面不易开裂(图7-2-2、图7-2-10)。

基础梁不仅代替了一般条形基础,既经济又施工方便,还可防止墙、柱基础产生不均匀沉降导致墙身开裂。如图7-2-11所示,基础梁的断面形状常用倒梯形,一般采用预制钢筋混凝土梁。

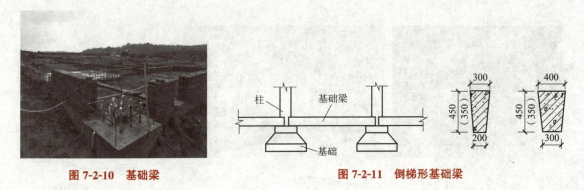

图7-2-10 基础梁　　　　　　　图7-2-11 倒梯形基础梁

2. 吊车梁

如图7-2-2所示,吊车梁搁置在柱牛腿上,承受起重机荷载(包括起重机起吊重物的荷载及启动或制动时产生的纵向、横向水平荷载),并将它们传递给柱子,同时可增加厂房的纵向刚度。

吊车梁一般用钢筋混凝土制成,按其外形可分为钢筋混凝土T形吊车梁、钢筋混凝土工字形吊车梁、预应力混凝土鱼腹式吊车梁,如图7-2-12所示。

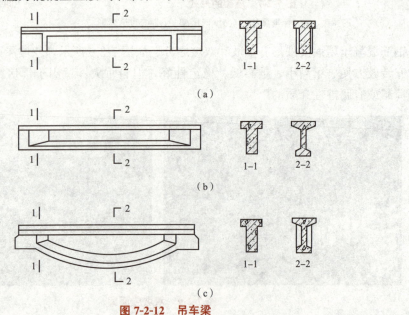

图7-2-12 吊车梁

(a)钢筋混凝土T形吊车梁;(b)钢筋混凝土工字形吊车梁;(c)预应力混凝土鱼腹式吊车梁

吊车梁与柱的连接多采用焊接连接。如图 7-2-13 所示，上翼缘与柱间用钢板或角钢焊接，底部通过吊车梁底的预埋角钢和柱牛腿面上的预埋钢板焊接，吊车梁之间、吊车梁与柱之间的空隙用 C20 混凝土填实。

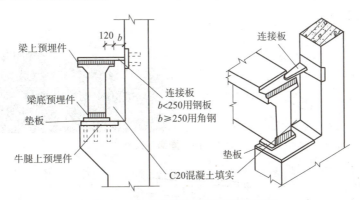

图 7-2-13　吊车梁与排架柱牛腿连接

3. 连系梁

如图 7-2-2、图 7-2-14 所示，连系梁是柱与柱之间纵向的水平连系构件。其作用一是起到水平连系及支撑作用，以增加厂房的纵向刚度；二是当墙体较高时（>15 m），连系梁需承受上部的墙重，以减小基础梁的荷载，承受其墙体荷载。小型厂房一般在吊车梁附近设一道连系梁，当厂房较高时，每隔 4~6 m 高设一道。连系梁一般为矩形载面。

图 7-2-14　连系梁

4. 屋面板

如图 7-2-15 所示，屋面板铺设在屋架或天窗架上。屋面板直接承受其上面的包括自重、屋面材料、雨雪、施工等荷载，并将它们传递给屋架，或由天窗架传递给屋架。

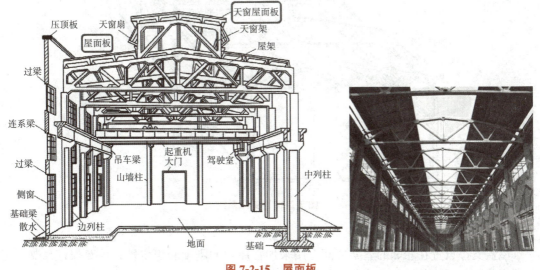

图 7-2-15　屋面板

如图 7-2-16 所示，屋面板的长度即柱距为 6 m，宽度为 1.5 m，与屋架或屋面梁的跨度相适应。屋面板与屋架采用焊接连接，如图 7-2-17 所示，即将每块屋面板纵向主肋底部的预埋件与屋架上弦相应预埋件相互焊接，焊接连接点不宜少于 3 点，板间缝隙用不低于 C15 的细石混凝土填实。

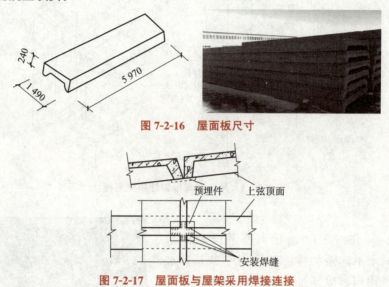

图 7-2-16　屋面板尺寸

图 7-2-17　屋面板与屋架采用焊接连接

(三)支撑系统

在装配式排架结构单层工业厂房中大多数构件节点为铰接，整体刚度较差，为保证厂房的整体刚度和稳定性，必须按结构要求，合理布置必要的支撑系统。如图 7-2-18 所示，支撑系统包括屋盖支撑和柱间支撑。

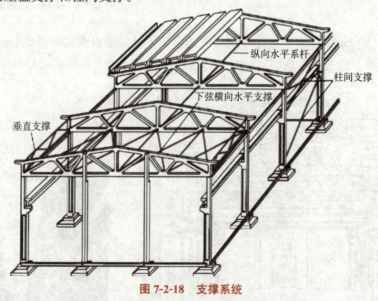

图 7-2-18　支撑系统

1. 屋盖支撑

屋盖支撑设置在相邻的屋架之间，用来加强屋架的刚度和稳定性，主要保证屋架承受起重机荷载、风荷载等水平荷载，并将水平荷载向纵向传递。如图 7-2-19 所示，屋盖支撑包括水平支撑、垂直支撑、纵向水平系杆支撑三类。

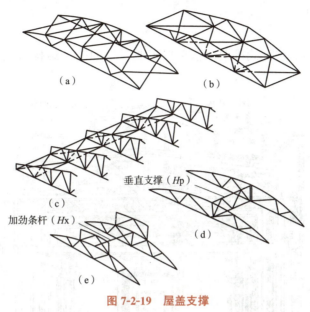

图 7-2-19　屋盖支撑

（a）上弦横向水平支撑；（b）下弦横向水平支撑；（c）纵向水平支撑；（d）垂直支撑；（e）纵向水平系杆（加劲杆）支撑

2. 柱间支撑

柱间支撑是将屋盖系统传递来的水平荷载（如风荷载、地震荷载起重机制动力等）通过排架柱传递至基础，同时加强排架柱的稳定，提高厂房的纵向刚度和稳定性。如图 7-2-20 所示，以牛腿为分界线，柱间支撑分为上柱柱间支撑和下柱柱间支撑。支撑杆的倾角宜在 35°~55°，与柱侧的预埋件焊接连接。

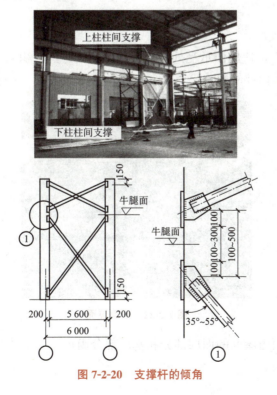

图 7-2-20　支撑杆的倾角

二、围护结构

如图 7-2-21 所示，装配式排架结构单层工业厂房的围护结构由屋面、外墙、抗风柱、门窗和地面组成。

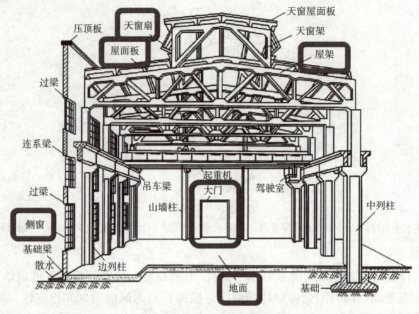

图 7-2-21　围护结构

（一）屋面

1. 屋面作用及组成

如图 7-2-22 所示，厂房屋面承受外界传来的风、雨、雪、积灰、检修等荷载，并防止外界寒冷、酷暑对厂房内部的影响。

图 7-2-22　厂房屋面

单层工业厂房屋面由屋面的面层部分和基层部分组成。基层为屋面的结构部分，而通常将面层部分称为屋面。

2. 屋面排水设置

如图 7-2-23、图 7-2-24 所示，屋面排水一般有有组织外排水和有组织内排水两种。有组织外排水常用于降雨量大的地区和非寒冷地区。

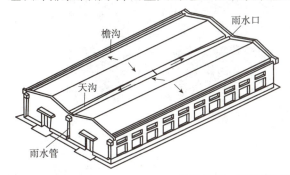

图 7-2-23　厂房屋面长天沟外排水方式

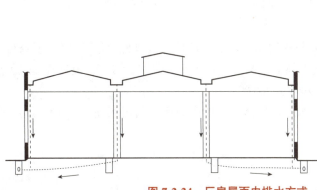

图 7-2-24　厂房屋面内排水方式

在寒冷地区采暖厂房及在生产中有热量散发的车间，为防止雨水室外结冰，宜采用有组织内排水。

3. 屋面防水设置

按照材料和构造形式，厂房屋面的防水设置可分为卷材防水屋面（图 7-2-25）、压型钢板防水屋面。卷材防水屋面构造层次与民用建筑基本相同，防水卷材主要采用高聚物改性沥青防水卷材。压型钢板可分为单层板、多层复合板、金属夹心板等。板的表面一般带有彩色涂层（图 7-2-26）。其施工速度快、质量轻、表面带有彩色涂层，防锈、耐腐、美观，根据需要也可设置保温层、隔热层、防结露层等，适应性较强。

图 7-2-25　卷材防水屋面

图 7-2-26　彩钢瓦防水屋面

(二)外墙

外墙主要起防风雨、保温、隔热等作用，如图 7-2-2 所示，一般分上、下两部分，上部分砌在连系梁上，下部分砌在基础梁上，属自承重墙。单层工业厂房外墙由于高度与长度都比较大，要承受较大的风荷载，同时还要受到机器设备与运输工具振动的影响。因此，墙身的刚度与稳定性应有可靠的保证。

如图 7-2-27 所示，厂房外墙与柱的相对位置有墙体在柱外侧、墙体外缘与柱外缘重合和墙体在柱中三种。根据外墙所用材料的不同，有砌体外墙(图 7-2-28)、板材外墙(图 7-2-29)、金属岩棉夹心板外墙(图 7-2-30)等几种类型。

(1)砌体外墙。如图 7-2-31 所示，砌体外墙的砌筑要求与民用建筑类似，必要时设置墙体加固措施圈梁和构造柱。

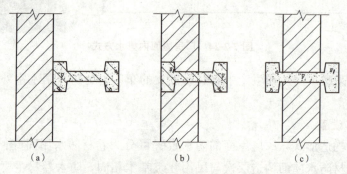

(a)　　　　　　　(b)　　　　　　　(c)

图 7-2-27　厂房外墙与柱的相对位置
(a)墙体在柱外侧；(b)墙体外缘与柱外缘重合；(c)墙体在柱中

图 7-2-28　砌体外墙　　　　　　　图 7-2-29　板材外墙

图 7-2-30　金属岩棉夹心板外墙

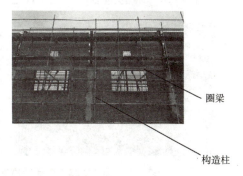
图 7-2-31　砌体外墙

为保证墙体的稳定性和提高其整体刚度，墙体应与柱有可靠的连接。如图 7-2-32 所示，常用的做法是在预制柱时，沿柱高每隔 500～600 mm 伸出 2 根 φ6 钢筋，每根伸出长度不小于 500 mm，砌墙时把伸出的钢筋砌在灰缝中。

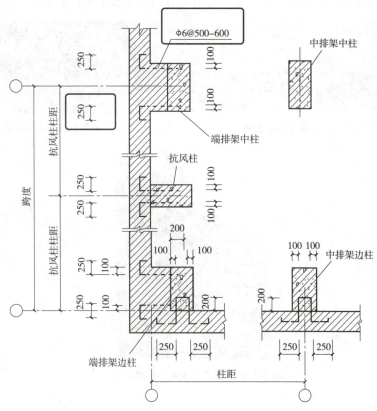
图 7-2-32　墙体与柱的连接

　　(2)板材外墙。蒸压轻质加气混凝土隔墙板是以硅砂、水泥、石灰为主要原料，由经过防锈处理的钢筋增强，经过高温、高压、蒸汽养护而成的多气孔混凝土制品。其隔声与吸声性能俱佳，具有很好的保温、隔热性能。一般墙板的长和宽应符合扩大模数 3M 数列，板长有 4 500 mm、6 000 mm 等，板宽有 900 mm、1 200 mm 等，板厚以 20 mm 为模数进级，常用厚度为 160～240 mm。

如图 7-2-33 所示，蒸压轻质加气混凝土板材外墙安装是通过 C 型槽、不锈钢斜柄连接件将板材固定在厂房外墙的排架柱、抗风柱上。

图 7-2-33　蒸压轻质加气混凝土板材外墙

（3）金属岩棉夹心板外墙。岩棉彩钢板生产工艺实现了在工厂中通过自动化的设备将岩棉和钢板复合成一个整体，从而改变了以前岩棉板材需要现场复合的方式，满足建筑物保温隔热、隔声、防火等要求（图 7-2-34、图 7-2-35）。如图 7-2-36 所示，在厂房柱间以膨胀螺栓连接的方式安装角钢龙骨，再通过 M6 自攻螺钉与龙骨固定安装金属岩棉夹心墙板。

图 7-2-34　岩棉彩钢板截面图　　　　　　　　**图 7-2-35　岩棉彩钢板**

图 7-2-36　金属岩棉夹心外墙板安装

（三）抗风柱

单层厂房的山墙（即外横墙）面积较大，所受到的风荷载也大，因此要在山墙处设置抗风柱来承受墙面上的风荷载。如图 7-2-37 所示，一部分风荷载由抗风柱直接传递至基础；另一部分风荷载由抗风柱的上端与屋架上弦连接，通过屋盖系统传递到厂房纵向柱列上。

如图 7-2-38 所示，抗风柱与屋架之间一般采用竖向可以移动、水平方向又具有一定刚度的"Z"弹簧板连接，屋架与抗风柱间应留有不少于 150 mm 的间隙。

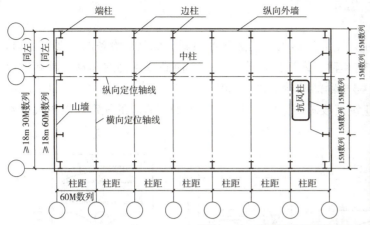

图 7-2-37　抗风柱平面布置图

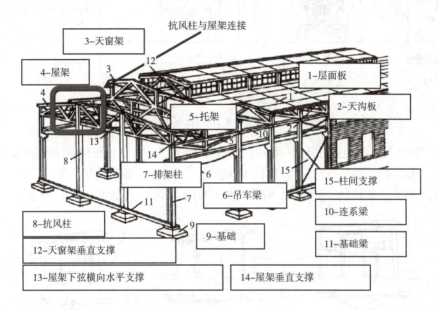

3-天窗架

4-屋架

抗风柱与屋架连接

1-层面板

2-天沟板

5-托架

7-排架柱

6-吊车梁

15-柱间支撑

10-连系梁

11-基础梁

8-抗风柱

9-基础

12-天窗架垂直支撑

13-屋架下弦横向水平支撑

14-屋架垂直支撑

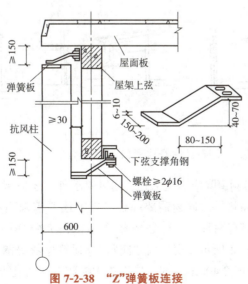

图 7-2-38　"Z"弹簧板连接

(四)门窗

（1）大门。如图 7-2-39 所示，工业厂房大门是运输原材料、成品、设备的重要出入口，因而，它的洞口尺寸应满足运输车辆、人流通行等要求。为使满载货物的车辆能顺利通过大门，门洞的尺寸应较满载货物车辆的外轮廓加宽 600～1 000 mm，加高 400～500 mm，同时，门洞的尺寸还应符合《建筑模数协调标准》（GB/T 50002—2013）的规定，以扩大模数 3M 为进级。

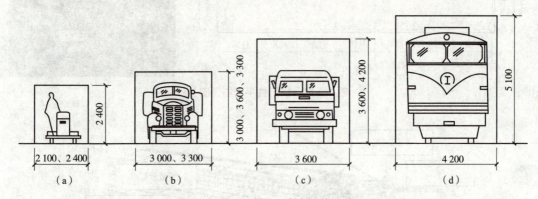

图 7-2-39　常用厂房大门的尺寸
(a)电瓶车；(b)一般载重汽车；(c)重型载重汽车；(d)火车

工业厂房的大门按用途可分为一般大门和特殊大门。特殊大门是根据特殊要求设计的大门，包括保温门、防火门、防风砂门、隔声门、冷藏门、烘干室门、射线防护门等。厂房大门按开启方式可分为平开门、推拉门、折叠门、升降门、上翻门、卷帘门等，如图 7-2-40 所示。

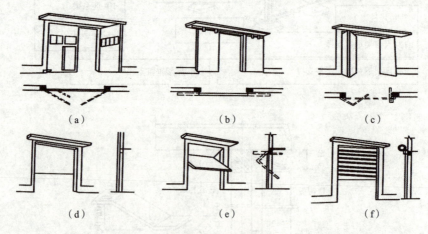

图 7-2-40　厂房大门
(a)平开门；(b)推拉门；(c)折叠门；(d)升降门；(e)上翻门；(f)卷帘门

（2）侧窗。单层厂房侧窗除应满足采光、通风要求外，还应满足生产工艺上的特殊要求，如泄压、保温、防尘、隔热等。侧窗需要综合考虑上述要求来确定其布置形式和开启方式。单层厂房侧窗的布置形式有两种，一种是被窗间墙隔开的独立窗；另一种是沿厂房纵向连续布置的带形窗，如图 7-2-41 所示。窗口尺寸应符合《建筑模数协调标准》（GB/T 50002—2013）的规定。洞口宽度在 900～2 400 mm 时，应以扩大模数 3M 为进级；在 2 400～6 000 mm 时，应以扩大模数 6M 为进级。其构造与民用建筑相同。

图 7-2-41　单层厂房侧窗
（a）独立窗；（b）带形窗

（3）天窗。如图 7-2-42 所示，对于多跨厂房和大跨度厂房，为了解决厂房内的天然采光和自然通风问题，除在侧墙上设置侧窗外，往往还需要在屋顶上设置天窗。

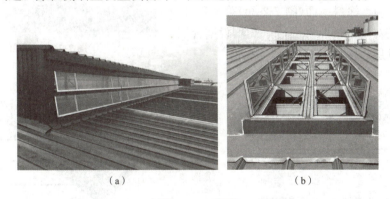

图 7-2-42　天窗
（a）矩形天窗；（b）采光带平天窗

如图 7-2-43 所示，天窗的类型很多，按构造形式可分为矩形天窗、M 形天窗、锯齿形天窗、纵向下沉式天窗、横向下沉式天窗、井式天窗、采光板平天窗等。

（五）地面

如图 7-2-2、图 7-2-44 所示，厂房地面与民用建筑地面相比，其特点是面积较大、承受荷载较大、材料用量多，并应满足不同生产工艺的不同要求，如防尘、防爆、耐磨、耐冲击、耐腐蚀等。同时，厂房内工段多，各工段生产要求不同，地面类型也应不同，这就增

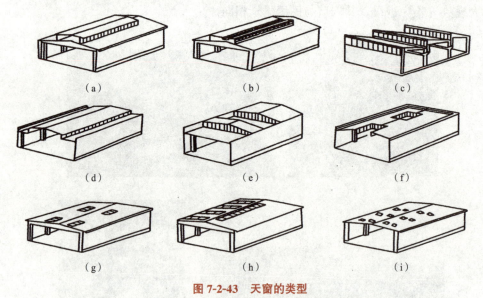

图 7-2-43 天窗的类型

(a)矩形天窗；(b)M 形天窗；(c)锯齿形天窗；(d)纵向下沉式天窗
(e)横向下沉式天窗；(f)井式天窗；(g)采光板平天窗；(h)采光带平天窗；(i)采光平天窗

加了地面构造的复杂性。所以，正确而合理地选择地面材料和构造，将直接影响到建筑造价、产品质量、工人的劳动条件等。

厂房地面基本构造与民用建筑一样，由面层、垫层和基层三个基本层次组成，如预制水磨石板地面(图 7-2-45)、涂料地面(图 7-2-46)等。有时为满足生产工艺对地面的特殊要求，需增设结合层、找平层、防潮层、保温层等。

图 7-2-44 地面

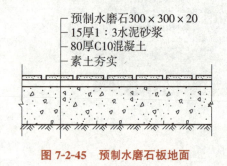

预制水磨石300×300×20
15厚1：3水泥砂浆
80厚C10混凝土
素土夯实

图 7-2-45 预制水磨石板地面

陶瓷颗粒
面层涂料
底层涂料
沥青基材
界面剂（用于混凝土路面）
水泥基材

图 7-2-46 涂料地面

三、其他构件

(一)散水及明沟

1. 散水

如图 7-2-2 所示，与民用建筑相同，为排除雨水及保护地基不受雨水侵袭，在厂房四周应做散水，坡度为 3%～5%，其宽度通常为 600～1 000 mm。

2. 明沟

如图 7-2-47 所示，在降雨量较多地区，为有效地排除雨水和地面水，防止雨水乱流而污染环境，除散水外，厂房四周还应做明沟，并与地下排水管网接通。

图 7-2-47 明沟

(二)坡道

厂房的室内外高差一般为 150 mm 左右，为便于各种车辆通行，一般在厂房门外设置混凝土坡道。如图 7-2-48 所示，坡道的坡度一般为 8%～15%，坡道左右应宽出大门 300～500 mm。坡道与墙体交接处应留出 10 mm 的缝隙。坡道大于 10%时坡面应做齿槽防滑。

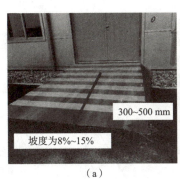
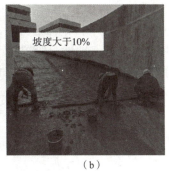

(a)   (b)

图 7-2-48 坡道的坡度和齿槽防滑坡道

(a)坡道的坡度；(b)齿槽防滑坡道

(三)地沟

由于生产工艺的需要，厂房内有各种生产管道(如电缆、采暖管道、压缩空气管道、蒸汽管道等)需要设置在地沟内。

如图 7-2-49 所示，常用的地沟有砖砌地沟和混凝土地沟两种。地沟由底板、沟壁和盖板三部分组成。砖砌地沟一般须作防潮处理，如图 7-2-50 所示。

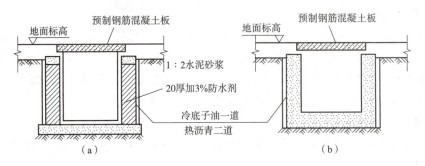

图 7-2-49 地沟

(a)砖砌地沟；(b)混凝土地沟

259

图 7-2-50　地沟粉刷防水涂料

(四)钢梯

厂房需设置供生产操作和检修使用的钢梯，如作业平台钢梯、起重机钢梯、屋面消防检修钢梯等。

1. 作业平台钢梯

如图 7-2-51 所示，作业平台钢梯是为工人上下操作平台或跨越生产设备联动线而设置的通道。其多选用定型钢梯，坡度一般较陡，有 45°、59°、73°、90°四种，宽度有 600 mm、800 mm 两种。作业平台钢梯由斜梁、踏步和扶手组成。

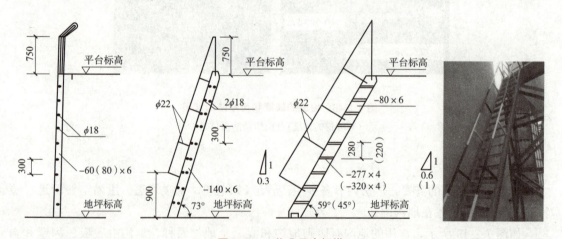

图 7-2-51　作业平台钢梯

2. 起重机钢梯

如图 7-2-52 所示，起重机钢梯是为起重机驾驶员上下驾驶室而设置的。为了避免起重机停靠时撞击端部的车挡，起重机钢梯宜布置在靠驾驶室的一侧。一般每台起重机都应有单独的钢梯。起重机钢梯由梯段和平台两部分组成。梯段的坡度一般为 63°，宽度为 600 mm，标高应低于吊车梁底 1 800 mm 以上，以免驾驶员上下时碰头。

3. 屋面消防检修钢梯

屋面消防检修钢梯是在发生火灾时供消防人员从室外上屋顶时使用，平时也在检修和清理屋面时使用。其形式多为直梯。

消防检修钢梯一般设置于厂房的山墙或纵墙端部的外墙面上，不得面对窗口。如

图 7-2-53 所示，直梯宽度一般为 600 mm，为防止儿童和闲人随意上屋顶，消防检修钢梯应距下端 1 500 mm 以上。钢梯与外墙距离通常不小于 250 mm。梯身与外墙应有可靠的连接，一般是梯身上每隔一定的距离伸出短角钢埋入墙内。

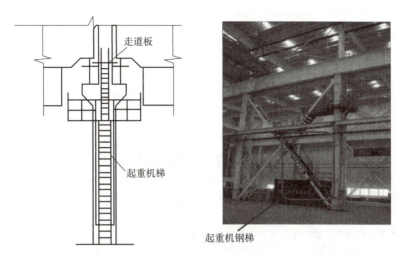

图 7-2-52　起重机钢梯

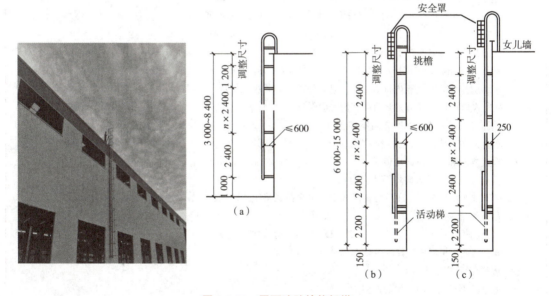

图 7-2-53　屋面消防检修钢梯

任务实施

1. 装配式非架结构单层工业厂房各组成部分的作用及构造要求；
2. 横向排架构件由基础、屋架或屋面梁、柱组成；
3. 纵向连系构件由基础梁、吊车梁、连系梁、屋面板组成；
4. 支撑系统由屋盖支撑、柱间支撑组成；
5. 工业建筑现行的新规范、新图集。

【课堂任务单】

课堂任务单					
学习项目	工业建筑概述	班级		组别	
训练任务	任务2	姓名		日期	

一、判断题

1. 柱网由柱距和跨度组成。（   ）

2. 柱子横向定位轴线之间距离称为跨度。（   ）

3. 柱子纵向定位轴线之间距离称为柱距。（   ）

4. 墙板的布置方案有横向布置、竖向布置、混合布置。（   ）

5. 装配式排架结构单层工业厂房的大门按通行的车辆考虑，在大门上设供人通行的小门。（   ）

6. 装配式排架结构单层工业厂房屋面的排水设置较民用建筑简单。（   ）

7. 抗风柱与屋架连接要牢固，不得有竖向和横向变形。（   ）

8. 钢筋混凝土吊车梁按截面形式不同分为等截面吊车梁和T形吊车梁。（   ）

二、单选题

1. 装配式排架结构单层工业厂房（   ）不是承重构件。

A. 基础　　　　　B. 柱子　　　　　C. 屋架　　　　　D. 墙

2. 装配式排架结构单层工业厂房（   ）是围护构件。

A. 基础　　　　　B. 柱子　　　　　C. 屋架　　　　　D. 墙

3. 当工业建筑跨度≤18 m时，应采用扩大模数（   ）的尺寸系列。

A. 3M　　　　　B. 30M　　　　　C. 6M　　　　　D. 6M

4. 单层工业厂房屋面排水方式可分为（   ）。

A. 有组织排水和无组织排水　　　　　B. 外排水和内排水

C. 有组织排水和有组织内排水　　　　　D. 外排水和无组织排水

5. 装配式单厂抗风柱与屋架的连接传力应保证（   ）。

A. 垂直方向传递力，水平方向不传递力

B. 垂直方向不传递力，水平方向传递力

C. 垂直方向和水平方向均传递力

D. 垂直方向和水平方向均不传递力

6. 对于排架结构单层工业厂房，吊车横向水平荷载将顺序通过（   ）传递到厂房基础及地基。

A. 吊车梁和柱间支撑　　　　　B. 吊车梁和柱

C. 墙梁和构造柱　　　　　D. 圈梁和构造柱

7. 单层工业厂房屋盖支撑的主要作用是（   ）。

A. 传递屋面板荷载

B. 传递起重机刹车时产生的冲剪力

C. 传递水平风荷载

D. 传递天窗及托架荷载

讨论题：

请谈一谈，与民用建筑相比较，工业建筑在组成、构造要求等方面有何不同之处?

小组互评	
教师指导 与评价	

成绩（等级）		A/优秀	B/良好	C/中等	D/合格	E/不合格

工业建筑综合体——趋向复合的新工业建筑

工业建筑是随着工业革命的发展而逐渐产生的一种新的建筑类型。在工业革命初期，由于还没有出现大规模的工业化生产，以手工业或小作坊家庭式为主的生产方式对建筑空间的要求与民用建筑相比并无特别之处，工业建筑与民用建筑在空间和形式上也没有太大的差别。而且，由于生产规模的限制，不可能大规模出现同类产品，这反而使产品的个性及独特性得以保存。即使随着建筑技术和材料的进步，无论是用于工业的建筑还是用于民用的建筑，建筑依然在传统"范式"(Paradigm)中发展，并未出现根本性的变革。

工业革命以后，人类的制造业大致可划分为机械制造时代、电气与自动化时代、信息化时代和智能化时代。现代意义的工业建筑是随着机械制造时代发展而产生的一种新的建筑形式。对此，需要对工业建筑进行定义。一般来说，有物质产出或物质集中存储的建筑被视为工业建筑。

工业建筑的概念：工业建筑是指供人民从事各类生产活动的建筑物和构筑物。工业建筑在18世纪后期最先出现于英国，后来在美国及欧洲一些国家也兴建了各种工业建筑。苏联在1920—1930年开始进行大规模工业建设。中国在1950年开始大量建造各种类型的工业建筑。

工业建筑设计的基本原则是满足生产工艺要求、合理选择结构形式、保证良好生产环境、合理布置生活用房和辅助用房。其实这样的定义不一定全面和准确。有相当多的建筑处在工业建筑和民用建筑之间，其边界未必十分清晰。例如，现在人们都熟悉的超市，其基本形态脱胎于仓储建筑。从建筑设计的定义上划分，仓库属于工业建筑，而超市属于民用建筑。分析超市和仓储建筑，其实不难发现两者之间的诸多共性，而仓储超市又进一步模糊了两者之间的界限。因此，这里提出另一种定义方式，即区分一座建筑是民用建筑还是工业建筑，依据建筑服务的对象是"人"还是"设备"，或者其主要功能的设置是针对"人"还是针对"生产设备"。当建筑空间的物理环境以满足其中的设备设施的工艺要求及运行需求为主要目标时，该空间可被视为具有工业建筑属性的空间。当一座建筑的主要核心空间为具有工业建筑属性的空间时，该建筑可被视为工业建筑。

19世纪中后期，虽然由于工业革命的进程，较传统社会在很多方面已有很大转变，但是新的办公、教学、展览等模式尚未出现，由于使用功能并无本质的改变，因此在民用建筑领域对建筑的空间和形式上进行突破和改变的动力远不如工业生产领域来得急迫。现代工业机械化生产方式及新生产设备，不仅极大地提高了生产效率，对建筑空间的通透性、开敞性、灵活性等方面也提出了新的要求。同时，钢铁、玻璃、电梯、传送带等新建筑材料和建筑设备广泛应用，也给当时的建筑师提供了更加强有力的支持。出于对新功能和需求的重视，以及对新建筑材料的应用和新施工建造技术的突破，新的工业厂房(如法古斯鞋楦厂、透平机车间等)在建筑领域中率先出现

（图 7-2-54、图 7-2-55）。从透平机车间的细部设计中可以感受到对功能性结构构件直截了当的表达，反映出建筑审美转型的端倪（图 7-2-56）。

图 7-2-54　法古斯鞋楦厂

图 7-2-55　透平机车间

新形式的出现在当时时代背景下所引发的不同声音甚至质疑无法阻挡技术进步的趋势，最终成果必然进入大众生活之中，渗入生活的方方面面。适应消费推广需要的博览会的出现，不仅产生出新的标志性建筑和展览类建筑（如埃菲尔铁塔、水晶宫等），也将新材料、新工艺带入民用建筑中，并开始影响人们的审美评价标准。正如德国建筑师曼哈德·冯·格康所言："100 年前，全世界还在欢呼工业化带来的进步。机器生产取代人类劳作是面向未来的巨大的革命，以工业建筑为代表的美学风格得到广

图 7-2-56　透平机车间细部

泛的推崇。1910—1930 年，盛行的'新建筑'的理论基础即从现代工业过程的形式语言发展而来，功能性和客观性由此成为建筑和城市规划中的新设计手法和表现方式"。工业建筑引领的新建筑形式经过几代建筑师的不懈努力，最终带来了建筑从空间到形式的全面转变。

20 世纪，随着生产规模的不断扩大，特别是大规模流水线生产方式的出现，工业制造模式再次发生重大改变。这一次不仅是工业建筑，而是深刻地影响到整个建筑领域。"国际式"可以说就是其中的一个产物。技术的推动作用今天再一次深刻地影响和改变大众的生活，工业建筑也将再次引领建筑学的进步。在数字化时代，由于信息技术的发展和计算机的广泛应用，工业生产方式也会发生重大转变。机械化、自动化生产提供了大量廉价的产品，普遍提高了人们的生活水平，但同时产品的独特性、个性化逐渐消失。高技术、智能化制造是继 19 世纪机械化生产和 20 世纪大规模批量化生产之后又一次巨大的革命。

信息化、数字化的智能制造技术使个性化生产成为可能，公众对于体现个人品位

和格调的个性化产品的追求，使人们极有可能再次进入私人定制时代。而公共社交距离保持及公共卫生安全需求又进一步强化了这种变革。互联网＋、智能机器人和3D打印技术的应用，以及材料的革命性突破，使人、设备与产品实时联通。未来的制造可能不在传统意义的工厂中进行，工业建筑的边界将越来越开放，传统意义的工业建筑极有可能因此发生巨大的转变。这种基于技术和工艺的进步，在部分高科技制造业领域的体现也同样突出。由于工艺的先进性、技术的复合性，在生产、测试、保障等环节均有不同程度的发展，建筑的功能更加多元化，工业建筑的空间边界逐渐模糊。相应地，生产或管控模式的发展对建筑空间提出了与以往不同的要求，工业建筑与民用建筑的边界正在相互渗透，逐渐催生出一种新的工业建筑形式——工业建筑综合体。

在工业建筑设计中，工业建筑综合体形式的出现，将对工业建筑从策划、设计、规范、验收等所有环节提出要求和挑战。这一点可以从民用建筑对综合体的定义中推断出来。综合体建筑是指由多个使用功能不同的空间组合而成的建筑，又称为建筑综合体。其一种是单体式，即只有一幢建筑；另一种是组群式，有多幢建筑。

借助于建筑综合体的定义，可以相应地推导出工业建筑综合体概念，即由多个使用功能不同的空间组合而成的工业建筑，又称为工业建筑综合体。从专业术语的定义中可以概括出工业建筑综合体的某些特征。

（1）工业建筑综合体由多种功能不同的空间组成，其核心部分是具有工业建筑属性和特征的空间。航空领域的建筑设计，以飞机维修为例，技术的迭代更新已可通过对历史大数据、维修实时数据、资源实时状态的分析，实现大数据驱动的精确预测，进而建构智能化的飞机维修间体系架构，实现飞机维修的智能化、安全性、高效率、生态性及成本控制。相应地，机库设计也呈现出与传统单一机库或若干机位机库设计截然不同的特点，更加高效综合的智能化机库正在逐渐取代传统机库（图7-2-57）。

（2）工业建筑综合体中，工业建筑空间部分与民用建筑空间部分的差异性逐渐缩小，边界逐渐模糊。由于工艺、技术的进步，各类空间，包含办公、研发、试验、测试甚至生产、加工，均在同一大空间中完成。这一趋势在电子类工业厂房中尤为明显。由笔者主持完成的某电光所也属于这一类的代表（图7-2-58）。

图7-2-57　某新型飞机库设计

图7-2-58　某电光研究所

（3）在衔接生产与消费的环节，比较典型的是仓库建筑。在航空、电子等高技术制造业中，由于产品的特殊性及与生产和消费的紧密关联，建筑的功能更加多元和复合，出现了民用建筑与工业生产或仓储建筑融为一体的综合体特征建筑。以航空制造业领域为例，飞机交付中心是近期新出现的一个建筑类型。其功能涵盖了飞机交付前的喷漆、内饰安装等最后几个生产步骤，以及最终交付时类似航站楼的功能（图7-2-59）。中国商飞 C919 客户支援与服务中心也是集航材库、飞行员、客舱、机务、办公等于一体的较为典型的工业建筑综合体案例（图7-2-60）。

图 7-2-59　某飞机交付中心

图 7-2-60　中国商飞 C919 客户支援与服务中心

（4）工业建筑综合体由于功能涵盖了工业生产、仓储及较大规模（非生产辅助规模）的办公、研发、服务等空间，更加注重总体环境的生态性，注重建筑的可持续性发展（图7-2-61）。

图 7-2-61　全景

工业建筑综合体——中国商飞上海飞机客户支援与服务中心项目位于上海市闵行区紫竹科技园内，总用地面积为12.6 hm²，由 ARJ-21 及 C919 客户支援与服务中心、航材中心、快速响应中心与技术出版物、学员交流中心、后勤服务、科研办公等部分组成。其中，ARJ-21 客户中心配备5台（套）飞行训练模拟器，C919 客户中心配备6台（套）飞行训练模拟器。全部工程分为3期建成，总规模达到122 000 m²。其中，一期中 ARJ-21 的客户服务中心及航材支援中心，是为 ARJ 机型飞行员、空乘人员、机务人员提供全方位服务、训练的基地（图7-2-62、图7-2-63）。

ARJ-21 飞机是我国第一款按照国际适航标准进行研制和生产的，具有自主知识产权的新型涡扇支线飞机。

2020年6月28日，3架崭新涂装的国产新支线客机ARJ-21在位于上海浦东的中国商用飞机有限责任公司总装基地集结，分别交付给国航、东航、南航三大航空公司。3架飞机同时交付标志着ARJ-21飞机正式入编国际主流航空公司机队。通常，飞机的研发从立项到交付运营一般包含设计、试验、试飞、制造、保障5个方面。航空运输的发展对民用航空业提出了巨大需求，同样，民机市场的竞争也从简单的产品竞争上升到包括客户服务在内，且以客户服务为主的全方位竞争。客户服务与支援中心是现代航空产业链建设的重要一环。中国商飞客户支援与服务中心便属于其中的保障环节（图7-2-64、图7-2-65）。

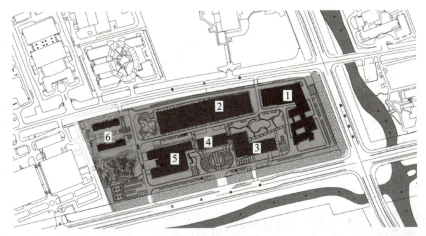

图 7-2-62　总平面

1—ARJ-21客户支援与服务中心；2—C919客户支援与服务中心；3—快速响应中心与技术出版物；
4—科研办公；5—学员交流中心；6—后勤服务

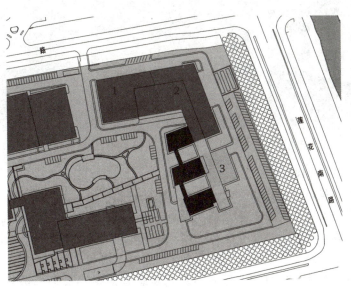

图 7-2-63　功能示意

1—航材库；2—模拟机训练大厅；3—客舱及水上训练大厅

图 7-2-64 外景

图 7-2-65 内庭院

　　客户支援与服务中心的建设为国产支线客机 ARJ-21 提供后勤支援和保障。其中，航材库、立体货架库对地坪承载要求极高，且必须满足货物进出的流程与程序，是典型的自动化仓库建筑。飞行员模拟机训练大厅及客舱训练大厅要满足全动模拟器与客舱的工艺要求，并在高大空间内提供高标准的空调系统、可靠性高的供电系统；模拟机训练大厅的空间设计是以保证模拟机正常运动需求为基本出发点，且模拟机运行时巨大的振动不能对建筑物产生任何影响。此外，还设有飞行员在模拟机训练过程中的讲评、操控等空间，满足人员的工作需求。其中，客舱训练（含游泳池）主要针对乘务人员的训练。目前新型的训练仓同样是动态的，属于丁戊类厂房（图 7-2-66、图 7-2-67）。

图 7-2-66 外景

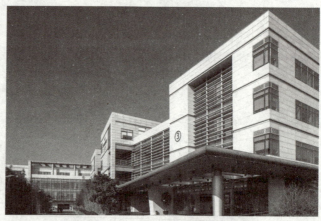
图 7-2-67 主入口

　　功能上，ARJ-21 客户支援与服务中心既要作为工业建筑服务于工艺设备，又有别于传统工业建筑，有着民用建筑特有的人文关怀。从形式上，它也与传统工业建筑按照建筑使用功能及类型分为多幢、单体的设计不同。其飞行员训练、乘务训练、机务训练、航材库、配套办公等整合为一体，提高各部门之间相互交叉的工作效率，形成自成体系、实用经济且彼此关联的综合体。同时，满足设备、人流、物流在同一空间中并行不悖，是这个项目有别于一般民用建筑和传统工业建筑最为突出的技术特点，是典型的工业建筑综合体案例（图 7-2-68）。

图 7-2-68　ARJ-21 模拟机训练大厅

资料来源：https://mp.weixin.qq.com/s/ICZMVkhCOVb-GSfbqfWGWg

配套图纸

参 考 文 献

[1] 罗碧玉. 建筑工程制图与识图（含习题集）[M]. 2 版. 北京：北京理工大学出版社，2022.

[2] 何培斌. 建筑制图与识图（含实训任务书）[M]. 3 版. 北京：北京理工大学出版社，2022.

[3] 张威，刘继海. 土木工程图学[M]. 北京：北京理工大学出版社，2020.

[4] 刘敦桢. 中国古代建筑史[M]. 2 版. 北京：中国建筑工业出版社，2022.

[5] 刘然，谭小贝，刘志红. 中外建筑史[M]. 2 版. 南京：南京大学出版社，2020.

[6] 马立群. 建筑构造[M]. 2 版. 北京：机械工业出版社，2021.

[7] 沈莉. 建筑工程制图[M]. 北京：北京理工大学出版社，2020.

[8] 万春华，李雪莲. 建筑构造与识图[M]. 北京：北京理工大学出版社，2020.

[9] 于瑾佳. 房屋建筑构造[M]. 北京：北京理工大学出版社，2018.

[10] 焦欣欣，高琨，肖霞. 建筑识图与构造[M]. 北京：北京理工大学出版社，2018.

[11] 蔡小玲，陈冬苗. 建筑工程识图与构造实训[M]. 北京：化工工业出版社，2018.

[12] 筑·匠. 建筑识图一本就会[M]. 北京：化工工业出版社，2016.

[13] 李美玲，鞠洪海. 建筑工程制图与识图[M]. 北京：人民邮电出版社，2016.

[14] 孙伟，张美微，孙明，等. 建筑识图综合实例解析[M]. 北京：机械工业出版社，2013.

[15] 黄雪云. 建筑工程制图与识图习题集[M]. 重庆：重庆大学出版社，2015.

[16] 罗献燕，杨业宇. 建筑制图与识图[M]. 北京：人民邮电出版社，2015.

[17] 姜泓列. 建筑识图与构造[M]. 北京：人民邮电出版社，2014.

[18] 吴伟民. 建筑构造与识图[M]. 北京：中国水利水电出版社，2014.

[19] 张威琪. 建筑识图与民用建筑构造[M]. 北京：中国水利水电出版社，2014.

[20] 刘福玲. 建筑工程识图与预算精解[M]. 北京：化学工业出版社，2014.

[21] 王学勇，闫恩诚. 建筑构造[M]. 北京：中国水利水电出版社，2014.

[22] 黄梅. 建筑工程快速识图技巧[M]. 北京：化工工业出版社，2013.

[23] 曹雪梅. 建筑制图与识图[M]. 北京：北京大学出版社，2011.

[24] 刘淑婷，朱广宇. 中外建筑史[M]. 北京：中国建筑工业出版社，2009.

[25] 章曲，李强. 中外建筑史[M]. 北京：北京理工大学出版社，2009.